天下·文化
BELIEVE IN READING

最新組織心理學，
培養成功的成長心態

心態致勝
領導學

Cultures
of
Growth

How the New Science of Mindset
Can Transform Individuals, Teams, and Organizations

Mary C. Murphy
瑪麗 · 墨菲———著

周羣英———譯

目　錄

推薦序
改變世界的新觀點

——卡蘿·杜維克博士

加州史丹佛大學路易斯及維珍尼亞·伊頓心理學教授

《心態致勝：全新成功心理學》作者

　　2006年一個重要的日子，瑪麗·墨菲走進我的辦公室。當時，她是史丹佛大學系上一位備受肯定的研究生，所以當她找我談話時我很高興，我迫不及待想聽她要說些什麼。當時的我完全不知道，那次談話之後我們會建立起密切的關係。

　　讓我為你介紹一下瑪麗之前的研究背景。數十年來，關於心態的研究，讓人們相信自己的關鍵能力（例如智力）不會改變。就這樣，結案。我們稱這種想法為「定型心態」，同時發現這種心態往往會導致人們迴避挑戰，因為這些挑戰可能會暴露出他們的能力不足。人們把犯錯或挫折解讀為缺乏能力，因此當他們遇到困難時更容易放棄。但也有一群人，他們比較偏向「成長心態」，相信可以透過努力的工作、良好的策略，以及別人的諸多協助和支持，讓自己的能力愈來愈好。我們發現，這種信念往往會讓人們願意接受挑戰，進而提高他們的能力，讓他們能夠從錯誤和挫折中學習，然後更有效的堅持下去，從長遠來看取得更多成就。

那天瑪麗來我的辦公室，說了這樣的話：我喜歡妳的研究，我認為妳做的研究很重要，但妳一直只把心態看成是人們腦袋裡的東西。是的，人們確實有不同的心態，這部分的影響的確很大，但是環境、社會脈絡、文化和一個人身處的組織也可能有它們特有的思維模式，這些思維模式會體現在團體或組織主要的理念和實務當中，強烈影響內部的人，無論這些人自己的心態是什麼。

現在，我們已經知道，儘管人們會偏好某一種心態，但他們不會保持某一種心態不變。例如，雖然一個人通常傾向成長心態，但當他遇到重大挫折或失敗時，可能會陷入定型心態。但瑪麗的想法更深刻。她堅信，無論一個人有什麼樣的心態，他們置身的工作或學校環境都會對他們產生很大的影響。也就是說，一個人可以總是抱持著成長心態，但在某些地方，他卻無法運用這種心態。這些地方充斥著定型心態，或是她所說的「天才文化」（Cultures of Genius）。

為什麼工作中和學校裡會充斥著定型心態？因為這些組織在理念與實務上都擁抱著一個觀念：一個人的能力是固定不變的，無法隨著時間而成長。有些人很聰明，有些人不聰明。這樣的環境可能很在乎一個人是否馬上就有完美的表現，並認為不應該有混亂或艱難的時刻。比起真正的學習和成長，這種環境可能更重視天才。這樣的心態文化可能更重視看似有天才特質的人，而不重視它認定沒有天賦的人。此外，無論一個人抱持的心態為何，環境裡充斥的心態氛圍往往會勝出。當你身處的環境會用你聰不聰明、有沒有價值來衡量你的時候，你很難會去接受重大的挑戰，或者從挫折中學習與成長。

簡而言之，瑪麗傳達的訊息是：你所處的環境擁有自己的心態文化。這種心態文化可以是相信並重視人們能力的成長文化；又或者，它是一種相信並重視定型能力的文化，認為有些人更有能力，而有些人的能力（永遠）比較差。

瑪麗在我辦公室裡的這番談話，讓我非常興奮，馬上就意識到這是一個嶄新又重要的想法，這個想法對學術研究來說很重要，對整體社會而言也很重要。於是我對她說：「我們來研究吧！」但在我們意識到這一點之前，瑪麗已經在進行她如今很有名的研究計畫。

在這項研究裡，瑪麗一再證明，懷抱成長心態、並將這種心態融入策略和實務當中的組織和團隊，將擁有更有動力、忠誠、彼此支持、懷抱創造力和創新精神的員工。這些員工也不太會欺騙、走捷徑或竊取別人的想法。在大學課程裡，創造成長心態文化的教師可以讓學生更有動力、學得更多，並得到更好的成績。這些成長文化尊重每一個人，支持他們發展能力，並創造條件來讓每個人都有能力帶來貢獻。在這些文化裡，偉大的想法和貢獻來自組織裡各個層級，而不只是來自被認為聰明、有才華或擁有「高度潛力」的人士。

這種觀點非常新穎，又很有價值。這表示，只是教導組織或課堂成員要保持成長心態已經不夠。以成長心態行事不再只是個人的責任。現在，組織或課堂的領導人也有責任創造成長心態的文化。在這種文化裡，領導人的實際作為會激勵、支持和獎勵成員的學習和成長。但瑪麗為我們帶來的影響不僅於此。她激勵所有研究心態的人去探討如何幫助人們創造這些文化，著手為教師或主管開發並嚴格測試可學習使用的有效做法。隨著時間過去，面對瑪麗的想法，我一開始的興奮之情變得愈來愈熾烈。

如今，瑪麗已和世界各地無數組織一起學習和工作，有些組織擁有「天才文化」，有些則是擁有「成長文化」。她清楚了解這兩種文化的樣貌和運作方式，以及這兩種心態如何發揮作用。在這本書裡，她分享這些引人入勝且極有價值的資訊，以便所有組織和團體都能走上成長之路，創造出支持每個人都能發揮潛力，並為整體生產力、創新和成功帶來貢獻的文化。想像一下，如果這樣的情景發生在一個國家甚至全世界，會是什麼樣的面貌。這本書可以讓我們實現這個目標。

前言
翻轉你的組織心態

　　想像一下，你開始做一份新工作，第一天上班充滿了活力。多年來，你一直想像在這裡工作會是什麼樣子，現在終於如願以償。在你所處的專業領域當中，這家公司是最有名的組織，這個職位令人夢寐以求。你知道這份工作很有挑戰性，但你已經準備好了。另外，這也是絕佳的學習機會，你已經迫不及待想要投身其中！

　　你抬頭看著時鐘，心想週一早上第一次的團隊會議即將開始。會議室裡擠滿人，空氣中充滿嗡嗡聲。坐在你旁邊的人向你自我介紹。「所以，你是新來的。你是哪裡畢業的？」他問。你告訴他，他聽了點點頭。「不錯，」他回覆說，「我從麻省理工學院畢業，有雙學位。」接著會議開始了，老闆向專案負責人詢問最新狀態時，每個人都在吹噓自己的成果。但當大家知道團隊進度落後時，氣氛變得緊張起來。很多人開始指責誰該負責，但沒有明確答案。最後，老闆問大家該如何解決團隊遇到的棘手問題。你很想舉手，認為自己有很好的建議，但你忍住了。想到剛剛目睹的難看場面，你怕自己會說錯話。如果你的想法不太好怎麼辦？老闆和其他人會怎麼看你？你心想也許保持安靜比較好。

會議結束時，你的心一沉。你不禁想知道自己是否有做錯事，也許你根本不夠格在這裡工作。

現在，讓我們倒帶一下，看看另一種可能的情境。

第一天上班的你充滿活力，然後你抬頭看了時鐘。週一早上的團隊會議要開始了。老闆介紹完同事後對你說：「我相信你會為團隊帶來寶貴的技術和經驗，很高興你加入我們。」大家繼續更新工作進度，專案負責人分享他們的成功以及正面臨的困難，團隊裡其他成員提供建議幫他們解決問題。儘管進度落後，但團隊成員沒有相互指責，而是討論可以學到什麼，如何改變流程以確保不再發生這種事，以及他們要採取什麼措施來達到下一個里程碑。最後，老闆問大家如何解決團隊遇到的棘手問題。你等待其他人發言，發現沒有人提出和你類似的建議，於是你說出你的看法，並獲得大力肯定。

會議結束時，你覺得自己是這裡的一份子。你看到整個團隊如何一起解決問題、發想解決方案，共同承擔風險。你很期待接受未來的挑戰和機會！

這是兩種文化的故事：一種是定型心態的文化，我稱之為「天才文化」；另一種是成長心態文化，我稱之為「成長文化」。從這兩個簡短的例子中你就可以看到，你置身的文化對個人、團隊與組織績效而言非常重要。從一開始就很重要。

▌微軟的轉型

　　我將在本書解釋[1]這些心態文化的差異。但是，首先值得注意的是，當薩蒂亞‧納德拉（Satya Nadella）成為微軟執行長時，他做的第一件事就是公開承諾要改變公司的文化。他知道微軟的成功仰賴的是製造嶄新和創新產品的能力。接著，他問道：「成長心態如何幫助我們達到這個目標？」換句話說，企業該如何實踐成長心態，並用它來解決最棘手的問題？

　　2014年納德拉接任微軟時[2]，微軟的股價約為36美元。到了2021年11月[3]，微軟股價創下超過340美元的高點。2022年當科技股崩跌時，微軟的股價表現依舊強勁。原本高度依賴Windows作業系統的微軟[4]，後來轉向雲端運算市場，和巨頭亞馬遜雲端服務（AWS）競爭市占，並在2021年成為美國歷史上繼蘋果之後，第二家市值達到2兆美元的公司。在談到採用各種策略時，人們經常提微軟當案例，因此當你又看到本書強調微軟的做法時，可能會想要嘆氣。然而，這家公司大部分的成功都來自一個理想：納德拉決心讓微軟轉型，變成具備成長心態文化的企業。如今，當運算產業全都聚焦於人工智慧的前景時，微軟正嘗試運用這項科技幫助所有人常保成長心態，以改善職場文化。在微軟的聊天機器人 Tay[5] 以及最近的 Bing[6] 出現一些讓人尷尬的錯誤後，納德拉指示技術團隊想辦法調整產品，讓產品更具包容性和成長導向。我和我的合作夥伴也參與這些工作，一同創造以人工智慧驅動的工具，協助教師和經理人在課堂和團隊中創造成長心態的文化。

　　但到底什麼是成長心態的文化？它真正的展望是什麼？在實務中，成長心態會是什麼樣子？以及朝這種文化發展代表什麼？我將在本書一一說明。此外，我還會說明成長心態文化不僅適用於大公司，也可以提升學校、非營利組織、體育團隊的表現……基本上只要是兩個人以上一起工作的環境，它就可以發揮作用。在此值得一提的是[7]，在2023年NBA季後賽裡，進入前三強的四支球隊當中，有三支隊伍以成長為導向，這表示他們的教練或球隊主管公開提倡成長心態。我們還將探討研究個人心態的最新科學發展，以及這些科學發展如何和我們已知的心態文化有所交集。

　　微軟的轉型在很大程度上要歸功於納德拉，他讀過史丹佛大學心理學教授卡蘿・杜維克（Carol Dweck）的《心態致勝》（Mindset）一書。該書於2006年首次出版，已經翻譯成40幾種語言，讀者數超過700萬人。心態指的是我們是否相信智力具有可塑性，也就是我們認為智力是否幾乎固定不變，或是它可以發展成長。抱持定型心態的人會認為人們要嘛「很聰明」，要嘛「不聰明」，但成長心態的信念則認為智力可以發展和擴展。心態的概念讓我們對個人的理解產生革命性的影響。一個人的心態可以讓我們知道他如何應對挑戰和挫折、他可能追求的目標，以及他的行為。以定型心態行事，可能讓人在沮喪時放棄，在學習和發展上減少冒險行為，並掩飾錯誤。

▋ 組織的兩種心態文化

我在2006年認識卡蘿，當時我是她的研究生。我很驚訝心態不只對個人如此重要，對其他人，尤其是對團體來說也很重要。不管什麼時候，讓你決定按照定型心態或成長心態行事的最大因素，不一定是你的大腦，而是你以外的人事物。你想的沒錯，心態不只存在於你的大腦之中。如今我是卡蘿的同事，我花了十幾年和她一起研究心態如何在團隊和組織層級上發揮作用。我們的研究結果徹底改變我們對系統和團隊運作的理解，也說明人們如何互相影響的力量。

想像一條在湖裡游泳的魚。說心態純粹是個人的特質，就像是說魚的行為方式僅取決於魚本身，卻完全忽略水裡發生的事，也忽略其他在周圍游泳的魚。同樣的，我們所處的心態文化也會明顯影響我們的思考、動機和行為。

我知道現在大家都很關心個人的自主性，認為無論周

圍發生什麼事情,我們都可以學會掌控自己的想法,最後
一切都會在我們的掌握之中,至少主流的想法是這樣,尤
其是西方國家。這種觀念常被用來指責個人,也讓我們對
組織的失敗視而不見。我寫這本書不是為了削弱任何人的
自主性或能力,而是為了凸顯我們周遭環境的強大影響力。
我們會觀察周圍的環境,看看規範是什麼、人們對我們的
期望是什麼,以及我們如何才能成功並贏得他人的讚賞。
我們會從文化裡汲取這些資訊。

　　一個組織可能有崇拜和獎勵定型能力的文化,因此組
織可能會讚揚才華洋溢的人,同時批判和指責不夠出色的
人。在這種文化裡,你會如何行事?你會努力爭取什麼?
與文化背道而馳就像逆水行舟。你當然可以逆流而上,但
這種事實際上不太可能發生。

　　另一方面,成長心態文化則是一種重視、培養和獎勵
所有成員成長和發展的文化。當然,我們有一些基本問題
要考慮,但這些組織相信,繁榮和成功來自於員工的學習、
成長和發展,從而推動自己和公司向前邁進。

　　我們置身的心態文化也開始在更深的層次影響我們,
改變我們看待自己的方式。我們往往在不知情的情況下,
開始把組織的心態當成自己的心態,逐漸影響我們看待和
評價他人的方式。於是我們開始強化這樣的心態文化,讓
文化變得更強大,並進一步創造出持續且不斷強化的循環。

　　只要是有人聚集的地方，都會有一種心態文化，但大多數組織根本**不知道**自己的心態文化是什麼，也不知道心態文化如何影響團隊及成果。在本書裡，我將說明心態文化如何出現在許多團體，無論是在職場、學校、家庭、體育或其他團體之中。我將使用「組織」一詞來指稱這些不同的團體，使用「領導者」（leader）和「員工」（employee）當作簡稱，以利閱讀。但要知道，任何環境都有可能培養出成長心態的文化，不只有職場會這樣。

　　與其說心態是存在於我們內心的東西，不如把它理解成三個彼此作用的同心圓系統：你的心態會受到你所屬的群體或團隊本身的心態文化影響，而群體又受到更大的組織心態影響。組織的心態文化和個人一樣，並不是完全屬於定型或成長心態，而是在一個連續的光譜上發揮作用。過去十年的研究裡，我和我的團隊已經確認心態文化光譜上的兩端分別是天才文化和成長文化。

　　天才文化聽起來很吸引人，對吧？但想想幾個象徵天才文化的領導者：第一個是療診（Theranos）公司的執行長伊麗莎白・霍姆斯（Elizabeth Holmes）[8]。她從史丹佛大學退學，並在史丹佛大學教授的支持下，創立一家現在惡名昭彰的血液檢測公司。支持她的人本來以為自己發現矽谷下一位能夠顛覆世界的人。但療診的領導階層不僅沒有兌現承諾，還在面對問題時撒謊。霍姆斯最後被判詐欺和共謀。

另一個是阿里夫‧納克維（Arif Naqvi）[9]，他同樣偽裝成有影響力的投資人，他的阿布拉吉（Abraaj）私募股權基金，主要支持自覺資本主義（conscious capitalism）[*]。納克維和霍姆斯一樣，都讓投資人目眩神迷。投資人對絕頂聰明的他印象深刻，但這一切都是假象。事實上，納克維從阿布拉吉基金竊取7.8億美元。還有法蘭克（Frank）的執行長查理‧賈維斯（Charlie Javice）[10]，法蘭克是一家財務諮詢服務公司，賈維斯號稱這家公司是「高等教育界的亞馬遜」。賈維斯讓早期投資者驚豔不已，迅速成為科技媒體的寵兒，但後來美國司法部指控她「虛假且嚴重誇大公司的客戶數量」，藉此吸引摩根大通銀行以高價收購公司。

天才文化與定型心態系出同門，主要抱持的信念是天賦和能力是與生俱來的，你要嘛擁有「它」，要嘛沒有它。天才文化最重視聰明才智，因為聰明才智看起來就像是天生的。天才文化幾乎只在意高人一等的固定智力，因此去這些組織應徵工作的人[11]通常會強調他們的智商、考試成績、學術和智力獎項以及成就，希望人們認為他們有價值、是少數能雀屏中選的人。

雖然成長心態文化也需要聰明的人，但這類文化希望

---

[*]　編注：主張企業經營不應以獲利為唯一目的，應要考量顧客、員工、供應商、投資人、乃至社會、自然環境等各方利害關係人的利益。

人們有強烈的動機，並能透過學習、嘗試新策略以及遇到困難時尋求協助來進一步提升自己的能力。因此，人們應徵工作時不會只強調他們的成功，還會凸顯他們為了實現目標所克服的挑戰、他們對工作的付出，以及他們希望進一步的發展。成長心態文化的核心理念是，透過良好的策略、指導和組織協助，可以磨練和強化人才和能力。

就像個人心態能夠預測一個人的行為和結果一樣，心態文化也是如此。研究清楚顯示，組織心態可以預測個人、團隊和組織的成功。心態會影響人們是否合作、是否會提出創新的想法和解決方案、是否願意冒險、是否會從事有礙倫理道德的行為，例如隱藏資訊、隱瞞錯誤和竊取別人的點子。最後，心態會影響公司是否能從不同群體的見解中受益，或是這些人的觀點仍然被屏除在外。你將在書中看到納德拉如何創造成長文化，這種文化形塑微軟的投資策略、與蘋果和其他競爭對手合作的能力，以及從技術失敗中復原的能力。你還會讀到其他成長心態文化的成功故事。例如，有一對姐妹採取以解決方案為導向的方法，**翻轉葡萄酒市場**，讓更多且更多樣化的消費族群能得到優質產品。還有，社區大學如何因為相信所有學生都有學習能力，而徹底改變教學方式，並大幅提高學習成果。

幸運的是，我們可以有意識的塑造組織心態。我和我的團隊在和領導者、經理人以及個人貢獻者（individual contributor）合作時，親眼目睹成長心態文化有很大的力量，可以激發人們的動力、提高個人和組織的績效。我們發現該如何協助組織改變，以落實並促進成長心態。我們發現有些因素會塑造公司的心態文化，以及如何改變策略、做法和規範來幫助人們進入成長心態。

此外，我們也發現心態文化與多元包容之間的關係。也就是說，組織的心態會決定公司是否能夠辨識、招募和留住來自不同群體的人，而這促使我們創辦公平加速器（Equity Accelerator）。這是美國第一個專門把社會與行為科學，應用在創造和維持更公平的學習和職場環境的研究組織。培養包容的成長心態文化，是我們在組織裡重要的工作內容，我也將告訴你如何在你的團隊裡做到這一點。

在本書中，我們將分享前所未見的研究，告訴你和你的團隊如何共同激發成長心態。我們將看到各行各業知名的公司和組織如何改變員工的工作方式，共同創造成長文化。我們將探索教育、非營利組織、體育等領域，看看成長文化如何在各領域蓬勃發展。例如，紐約州有一個督學透過重塑學區的心態文化，扭轉有色人種兒童所面臨的嚴重不平等狀況。還有麵包店和基金會聯合起來，將成長心態應用於人才招募和發展上，不僅為更生人創造就業機會，同時也經營出一家非常成功的企業。

重要的是，我也會告訴你如何讓自己具備成長心態，並激勵周遭的人培養出具備成長文化的團隊。本書有許多練習、工具和實踐方法，讓你今天就可以開始改變組織的工作方式。你會看出哪些線索會觸發你走向定型心態和成長心態（劇透：我們內心都有這兩種心態），學會抓住讓你進入定型心態的線索，並翻轉它們，將這些線索轉化成可以讓你得到啟發和成長的狀況。從這個角度來看，你也能協助其他人做同樣的事，建立起你想要的心態文化。

▌本書的架構

這本書將改變你對心態的認識，同時為你提供清晰的思路，讓你學到有證據支持的新見解和行動，你、你的團隊和組織都能因此從中受益。在第一部分，我們將檢視心態的概念，重新建構我們對心態運作方式的理解。第二部分，我們將深入研究組織心態，看看它如何在以下五個關鍵領域發揮作用：

- **合作**：我們傾向與同事競爭，還是一起合作。
- **創新**：我們能產生新想法，還是只能不斷重複過去的做法。
- **冒險與韌性**：我們願意冒險，還是被迫謹慎行事。
- **誠信和倫理行為**：我們是否靠走捷徑或違反規定來達到預期的表現，隱瞞錯誤或強化自己的名聲。

- **多元、公平和包容**：我們是否想招募和留住有多元才能和觀點的員工，或是根據狹隘的成功模式招募新人。

　　我會告訴你如何辨別組織心態與心態的影響，解釋如何轉向成長心態並持續發展。在第三部分，我們將研究心態線索如何影響我們。我會介紹四個讓我們轉變成定型或成長心態的常見情境：

- 當我們遇到別人評價我們的成果時。
- 當我們遇到困難的挑戰時。
- 當我們收到別人的批評時。
- 當我們面對別人的成功時。

　　你將學習辨識哪些情境會觸發你在光譜上的心態，以及如何更頻繁激發你的成長心態。

　　身為一個人，我們雖然有很強大的能力，但一個人能做的事情只有那麼多。我們一生中最好、最偉大的成果來自與別人合作，一同實現我們最大的潛力。改變心態需要團隊一起努力，所以我鼓勵你分享你學到的東西。成長文化的本質是努力讓每個人成長。只有當我們轉向成長心態，捲起袖子一起努力，才有可能實現這個目標。

第一部

重新理解心態

第一章
心態光譜

　　我們對心態的理解全都錯了。好吧，也不是**全都錯了**，但我們對心態的看法過度簡化，這樣做對我們很不利。

　　心態似乎是一個很容易掌握的概念：你可以認為人的智力和能力幾乎固定，無法改變太多；或是認為我們能隨著時間逐步培養和發展心態。然而，當你反思自己的經驗時，可能會感受到比這種二分法更複雜的事情。

　　回想一下你以前遇到挑戰的時候，你如何應對？例如老闆要你提出一些募款的點子，協助解決資金短缺問題。也許你會謹慎行事，只提出和組織以前做法相同的計畫。或是，你看到有機會在這項任務裡嘗試新事物，並竭盡所能提出有別於傳統的推廣計畫和活動。又或者，你一開始先列出常見的點子，但後來決定要大膽發揮。

　　真相是，沒有人只擁有定型心態**或**成長心態。雖然我們可能偏好其中一種心態，但我們都同時擁有這兩種心態，而且每個人都會在這兩種心態之間切換。此外，當我們從定型心態轉向成長心態時，並非都像按下開關那樣瞬間切換，有時候更像是調整亮度調節器，亮度會慢慢轉變。

也就是說，**心態是一個光譜[1]。我們在特定時刻落在光譜的哪一個位置，往往取決於我們的環境和周遭的人。**

然而，我們理解心態的方式卻沒有反映出這種複雜性。自從卡蘿・杜維克第一次提出[2]心態的概念以來，我們常在課堂和社群媒體看到下面這張插圖[3]：

你是哪一種心態？

成長心態

- 我可以學會任何我想學的東西。
- 當我沮喪時，我會堅持下去。
- 我想挑戰自己。
- 當我失敗時，我會學到東西。
- 告訴自己我很努力。
- 如果你成功了，我覺得受到激勵。
- 我的努力和態度決定一切。

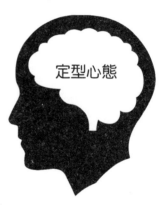

定型心態

- 我很擅長這件事，或是根本不懂。
- 當我沮喪時，我就會放棄。
- 我不喜歡被挑戰。
- 我失敗表示我很遜。
- 告訴自己我很聰明。
- 如果你成功了，我覺得受到威脅。
- 我的能力決定一切。

　　這張圖有什麼問題？的確，每個人偏好的心態都不太一樣，但這張圖把重點放在我們的大腦，暗示心態完全只由大腦決定。而且，這張圖還用非黑即白的方式呈現兩種心態。它要我們分辨自己擁有**哪一種**心態，等於暗示這是二選一的狀況。你看得出諷刺的地方嗎？認為人總是表現出定型心態或成長心態，這種看法本身就是在用極度定型的方式看待心態！

　　這張圖也呈現出人們對心態的明顯偏好：成長是好的，定型是壞的。儘管就像我們後面會看到的，具備較多成長心態的人和文化[4]，可能擁有許多令人讚賞的特質。但是，我們會因為上述誤解而把心態視為有對錯之分。這個問題在美國的教育體系和接受這種想法的公司裡尤為嚴重。當我們認為心態是存在於個人頭腦裡的固有特質，而且當我們相信擁有某種心態的人，比具有另一種心態的人更好時，很容易會用心態把人分門別類。這也表示，我們會把改變的責任放在個人身上，而不是思考如何創造和維持心態的環境和文化。

　　存在於個人之外的心態文化（mindset culture），是由眾人一起積極創造而成。但是，組織的領導者仍常把重點放在個人的心態上，認為好像只要辨識並留住具備「成長心態」的員工，就能建立起擁有成長心態的組織。很多學校會問我和我的同事，有沒有什麼評量可以用來評估老師屬於定型心態或成長心態。也有投資公司請我幫他們評估，讓他們確定哪些創業家值得投資。組織通常都想用這類評估甄選來招募人才。這些要求背後的基本假設是：（A）心態是靜止不動的；（B）心態完全屬於個人特質；以及（C）這類評估可以揭露人們「真實」的心態，讓我們知道他們擁有成長心態或定型心態，以及他們會不會成為好員工。當我們把這些信念強加在個人身上時，他們也會反過來把這些信念強加在其他人身上。

　　我和同事在我們創辦的教師訓練機構裡[5]，看到認同這種誤把心態二分法的老師，會對學習動機和成績較差的學生貼標籤。他們會說：「對不起，這個孩子只有定型心態，我拿他沒辦法，」或是說「這一代的學生有很嚴重的定型心態。」當我們問老師，他們如何幫助學生走向成長心態時，有時候他們會說：「那不是我的工作。學生就是要有成長心態，或是他們的父母要和孩子一起培養成長心態。」但為孩子貼上「他們改變不了」的標籤，本身就是一種定型心態，而且是老師有定型心態。此外，有些老師希望教學可以更輕鬆快速（這是另一種定型心態），因此會馬上告訴學生正確答案，或安慰學生說：「沒關係，不是每個人[6]都擅長數學，」藉此縮短學生的掙扎過程，但卻因此妨礙孩子的學習。

　　這些做法都誤解心態是什麼，以及在特定時刻下是哪些因素決定我們的心態。這麼做把心態變成彼此指責的手段，對任何人都沒有好處。

如果我們問某人是什麼心態，準確的答案應該是：看情況。即使是我們這群專門研究心態的人，也沒有人能夠永遠都傾向成長心態。**我們可能會視情況體現出定型心態或成長心態。**

現在來看看心態的光譜。

 **心態光譜**

我們並非單純擁有定型心態**或**成長心態[7]，而是沿著一個光譜移動。我們有時傾向定型心態，有時傾向成長心態，一切視具體情況而定。但在這個光譜上，我們還有一個預設的心態。也許你比較傾向待在成長心態的一端，又或者你面對挑戰的第一反應比較偏向定型心態那一端。但是也不要太執著於這個觀點，因為我們的預設心態可能隨著時間和不同情況而改變。

就像卡蘿・杜維克的經典之作《心態致勝》所說，了解我們的預設心態[8]也許是個有用的開始，但沒有人生活在與世隔絕的環境裡。事實上，在我們的研究裡，最讓人意外的一個發現[9]是人會根據周遭可預測、可辨識的線索來沿著心態的光譜移動。這就是為什麼想透過心態評估來釐清人們「唯一真實的心態」，往往是緣木求魚的做法。

 ## 心態文化

影響我們的信念、動機和行為**最重要**的一個因素是我們周遭的文化[10]。這種**心態文化**存在於團隊和組織當中。

心態文化的力量如此之大[11]，以至於它實際上會阻礙個人的成長心態。但是，當領導者認為個人的心態才重要時，幾乎就會忽略他們創造的心態文化會帶來什麼影響。很多時候，他們甚至沒有意識到這一點！例如，健身公司Barre3的執行長莎蒂・林肯（Sadie Lincoln）[12]以為自家公司的精神是成長心態，直到後來有人對全公司員工進行匿名調查，調查的結果粉碎了林肯努力建立的形象：一位完美的領導者，讓一切看起來輕而易舉。「我真的很努力那樣做，但實際上並非每次都能輕鬆成功，」林肯說。「我沒有意識到自己創造出追求完美的文化，結果我們失去真實、信任和一起創新的能力。」完美是定型心態文化的一個面向。如

果組織用由上而下的方式，塑造出要求員工要能毫不費力、完美無缺的達成績效的環境，員工會覺得意志消沉、士氣低落，而不是充滿活力並積極接受挑戰。這就是職場的心態文化。即使像林肯這麼細心的領導者，也會驚訝的發現，她無意中創造的不是成長文化，而是我所說的天才文化，這種組織會在它的政策、實務和規範上，都體現出定型心態的信念。

林肯知道她和團隊必須徹底改變企業文化。她首先要負起責任，承認是她製造出這些有害的環境（我們會在第十一章了解她如何做到這一點）。這樣做並不容易，也不是沒有後果。「在這段艱難的時光裡，我失去一些團隊成員[13]，」林肯如此告訴《美麗佳人》（Marie Claire）雜誌。

一些懷抱定型心態且崇尚毫不費力就能達到完美的人，看到林肯公開承認自己的失敗時會覺得惴惴不安。但其他留下來的團隊，則幫助她建立新的成長心態文化。誠如林肯在2020年接受蓋伊・拉茲（Guy Raz）的播客節目《我如何建立事業》（How I Built This）採訪時所說[14]，她的團隊在那段時期學到的經驗教訓，後來幫助他們成功因應新冠肺炎疫情。當時，有無數健身公司不得不永久歇業。林肯的團隊在關閉全美所有據點後的幾天內，就重新在網路上開設健身平台。

但封城只不過是他們剛開始要面對的問題。為了響應

「黑人的命也是命」（Black Lives Matter）運動[15]，林肯和她的團隊邀請專家一起制定計畫，以解決他們在公司內部發現的種族主義、多元化、公平和包容性等結構性問題。林肯告訴拉茲：「這是 Barre3 史上最艱難、最深刻以及最重要的時刻之一……我是一位白人女性領導者，擁有極大的特權，我不自覺的創辦出一家領導階層行事風格都和我很像的公司，」這些領導階層包括公司旗下的特許經營店主和教練。Barre3 一直在和它的多元共容（Diversity and Inclusion, DEI）合作夥伴合作[16]，訓練公司的領導階層和特許經營店主，重塑他們在推廣和招募人才上的做法。他們利用公司的部落格公開分享他們的計畫，建立一套內部指標來衡量工作進展，並努力重塑他們的系統，讓以多元共融為核心的政策成為整個組織的標準做法。

天才文化與成長文化

組織心態是指組織裡的人們，對於智力、才能和能力所抱持的共同信念[17]。組織心態可以透過人們集體的文化產物來呈現，這些產物包括組織的策略、實務、程序、行為規範、來自領導者和其他權威人士的訊息、重要的組織資料，例如組織的網站、使命宣言和其他重要文件等等。

組織心態也有[18]從定型心態到成長心態的光譜。組織心態並非靜止不動，而是會根據不同的機會、挑戰以及整體組織提供的資源條件不斷變化。組織心態抱持的理念[19]，也就是一個特定群體認為智力、才能和能力是定型的還是可塑的，不僅影響我們的行為和我們展現自己的方式，也會影響我們與他人的互動與期望。這些核心信念塑造出群體裡人們的思考、感受和行為。在職場，心態文化會產生連鎖反應，影響一切，例如協作與創新；要錄取、解雇和晉升哪些人；做出道德或不道德的行為；展現多元化和包容性；以及最基本的績效目標為何。在學校，心態文化會影響學生的學習體驗、參與度和表現，也會影響老師和學校行政人員認為哪些學生值得接受有挑戰性的教材和額外的資源。

　　定型心態組織（也就是信奉天才文化的組織）[20]相信並傳達一個觀念：人的能力無法改變，人要不是「擁有聰明才智」，就是沒有這項特質，而且沒有人可以改變這一點。「尋找明星」和「分級排名」這類的評估做法，是定型天才文化裡常見的產物。如果領導階層認為有些人擁有聰明才智而有些人沒有，他們自然會把重點放在尋找、招募和晉升這些明星上，並忽略或解雇其他人。在天才文化裡，組織會鼓勵人們藉由彼此競爭來證明自己的能力，看看誰能爬到頂峰。要做到這一點通常必須不擇手段。

　　諷刺的是，當人們在缺乏背景知識的情況下聽到「天才文化」一詞時，都會張大眼睛驚呼說：「哇，聽起來很棒！」我們社會對天才這個概念有一種文化上的迷戀，認為有些人天生就具備我們一般人沒有的能力與技能。我們甚至還會竄改歷史，重述天才和孤獨英雄的故事，說他們憑著與生俱來的天賦在某一刻「頓悟」，並改變世界。矛盾的是，我們的日常生活愈是需要相互依賴、協作和團隊合作，我們似乎就愈相信這些跟天才有關的說法。誠如哈佛大學教授瑪嘉莉・葛伯（Marjorie Garber）[21]在《大西洋》（*The Atlantic*）雜誌所寫：「我們的社會離個體能動性（individual agency）愈遠，也就是認為個人沒有真正的力量可以改變事物時，我們就愈會把天才理想化。從這個定義來看，天才就是委員會或合作企業的反義詞。的確，有些人反對莎士比亞其實是和其他劇作家，甚至是和同劇團的演員一起創作戲劇的想法。人們之所以反對這種想法，來自於人們殘存且偶爾亟需保有的，對個人天才的觀念。」

　　葛伯接著說，18世紀的天才編年史學家約瑟夫・艾迪生（Joseph Addison），曾經描述過1700年代初期流行的兩種天才：天生的天才和後天的天才。人可以從小就表現出才華，但也可以靠著勤奮（我稱之為**有效努力**〔effective effort〕）來培養聰明才智。但如今，我們幾乎只關心天生的才華，甚至到了崇拜它的程度。這就是為什麼天才文化乍看之下如此吸引人。

　　當我問卡蘿‧杜維克[22]我們對天才的熱愛從何而來時，她推測說：「我認為很大一部分來自階級制度的遺緒」。她解釋說，出生於特權階級並在名校接受教育的掌權者，傾向找理由解釋為什麼他們比較出色。史丹佛大學心理學教授克勞德‧史提爾（Claude Steele）[23]也提過類似的觀點，他說：「這可能是為了維護特權而產生的意識形態。如果你擁有聰明才智，你的日子就好過了；如果你沒有聰明才智，你就倒楣了。如果我是天才而且能力很強，我就保證能得到一定的地位。聰明才智會給你一種別人得不到的排他感，這就是事情的規律。」克勞德補充說，這種觀念「把特權合法化、合理化。現實是，我之所以表現出色是因為我有良好的出身，但只要有天才這個概念，我就不必從這種角度思考，而可以用『這是我的天賦』來思考這一切。」我的研究結果和這些分析相仿[24]，顯示天才心態有助於維持現狀。從現狀裡受益最多的是少數被認為是明星的人，這些人有意或無意的想維持現狀。同時，這個觀點也讓那些不受青睞的人減輕壓力。畢竟，如果我**不具備這種能力**，人們對我的期待就會比較低。

　　如此看來，我們傾向建立天才文化也許其來有自。有天才為我們掌舵，加上我們盡可能延攬天下英才到我們的旗下，這樣我們應該就可以非常成功，對嗎？但我的研究結果顯示並非如此。諷刺的是，你會在接下來的章節裡看到，天才文化培養出來的天才反而比較少。也就是說，天才文化裡的創新、創造力、持續成長、穩定成果等表現都比較差。天才文化建立的「證明與表現」（prove-and-perform）文化，十分推崇毫不費力就臻至完美的作為，但可能因此抑制人們前進的動力，削弱他們為了追求大膽想法或突破而承擔風險的意願，並妨礙他們與其他部門同事合作的意願。

相反的，成長心態文化（或者說成長文化）強調擁抱複雜性、可能性和專注努力，看起來似乎要求更高。但在一個在持續學習的組織裡，我們永遠都有更多改善的方法，總有新的展望可以追求。

然而，人們常常誤以為成長心態比較溫和、不那麼嚴厲，也以為成長文化的領導者會毫無保留的給予溫暖、正能量和滿滿的肯定，同時會對成員努力的過程給予獎勵，而非看重最後的結果。但這些想法和我的研究背道而馳[25]。我的研究顯示，在那些創造成長心態的教授授課的課堂裡，大學生並不會因此覺得教授的課比較容易或不那麼嚴格。相反的，他們認為這些課程的要求很高，有時甚至非常煩人。當教授以成長心態帶領課堂時，他們會不斷挑戰學生，讓學生努力學習和成長。就算只有一個學生陷入學習瓶頸，老師也不會以此自滿。他們會要求學生不斷進步，就算是已經表現很好的學生也不例外。從學生的角度來看，這樣做不見得讓人愉快。但從長遠來看，學生們往往懂得欣賞這一點，因為他們可以做得更好，學到更多。

　　置身在成長文化裡的人相信，可以靠努力、堅持、良好的策略、尋求協助和支援，來發展天賦和能力。成長文化會要求他們經常反思自己的進展，而不僅僅只是報告自己是否達成目標。成長文化還要求他們確認，他們為了取得進展做了哪些事。這些事包括失敗的事，而非只有成功的事。最後，成長文化還會要求他們利用這些知識來改善組織。成長文化提供具體可行的策略和結構，鼓勵創新，並拓展員工的能力。也就是說，成長文化極度重視發展，鼓勵人們認真、專注並全力以赴去主動尋找改善方法。但這裡的關鍵是，個人無法獨自做到這一點，組織會提供支援和資源來幫助人們。

　　我的研究顯示，組織的心態文化[26]會持續影響人們五種常見的合作（或不合作）方式：合作、創新、冒險與韌性、誠信與道德行為，以及包容性（多元共融）。這些**行為準則**（指群體有一些不成文規定，認為哪些行為可以接受或值得鼓勵）通常彼此相關，因此當團隊在合作、創新遇到障礙時，他們往往也會在冒險、倫理和多元共融上遇到麻煩。我會在第二部分說明心態文化如何塑造這些準則，以及如何利用這些準則來打造組織信任、員工滿意度和承諾，當然還有利潤。

　　這裡牽涉的範圍很大，所以你應該很想問我，怎麼知道有這麼多領域都由心態文化塑造？

▌組織心態是創造意義的系統

　　組織心態可能建立在[27]共同的信念上，但它會對人的其他信念、目標和行為產生一系列的影響。當我們遇到挫折、當我們要在工作中投入大量精力，或者當我們需要掌握一個新領域時，組織崇尚的重要心態和信念會告訴人們該怎麼做最好。在成長型文化裡，我們周遭的線索會敦促我們，把挑戰視為拓展自身能力和發展專業的機會。但在天才文化裡，我們則會傾向將這種情況視為捍衛和證明自己能力的理由，甚至在必要時會以犧牲別人為代價。在這種文化裡，我們要的不是學習，而是提升或鞏固自己的地位。

　　組織不會在所有時刻或情境下都只展現出天才文化或成長文化。換言之，組織並非鐵板一塊。組織心態和個人心態一樣[28]，都是一個光譜。雖然組織通常有明顯的整體心態文化（即預設文化），但組織內部往往也有各種**心態微文化**（mindset microcultures）。例如，雖然組織整體可能主要呈現出定型心態，但組織內部的某些機構、部門或團隊可能更傾向成長心態。

　　接著，我們還有個人的心態。透過研究，我們分析出

四種常見、可預測的情況，稱為**心態誘因**（mindset triggers），
這些心態誘因會引導我們展現出個人的定型或成長心態。
你和其他人可能經歷過這裡沒有列出的其他心態誘因[29]，
但根據我們的文獻分析，以及與各種組織合作所蒐集到的
個人經驗來看，本書列出的心態誘因是最可靠的觸發因素。
了解這些情境很有幫助，因為這些情境可以讓我們知道自
己何時比較容易展現出定型心態，以及如何讓自己轉向成
長心態。我們會在第三部分說明相關內容。如果你還是有
點疑惑這些內容彼此之間有什麼關係，請不要擔心，我會
隨著篇幅進展好好說明清楚。

　　現在，讓我們重新思考本章一開始描述個人心態的那
張表。心態不再是兩個彼此競爭的頭腦，而是一種更精確
的運作方式。我在這裡談心態時，是把「心態文化」和「心
態線索」的影響納入考量，這兩種因素會讓我們在個人定型
心態和成長心態的光譜上移動。

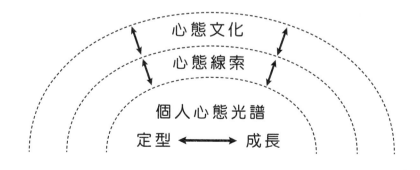

　　儘管我們可以在一定程度上控制自己的心態，但組織的心態文化這類外在因素，對我們的思想、動機和行為會產生重大影響，但這些影響卻沒有受到重視。

　　你的組織有自己的心態文化，所以我們在這裡要問的問題是：你知道你的組織心態文化是什麼嗎？這種心態文化如何影響置身其中的你和其他人？

第二章
組織心態

　　威廉‧詹姆斯（William James）經常被公認為[1]是美國心理學的創始人之一，他曾說，一個人「有多少不同的社會性自我，就有多少他在乎的各種群體觀點」。當你思考自己在不同職業和社交場合裡的身分時，就會明白這個概念如何運作。例如，如果我參加朋友在教會舉行的婚禮，我會以適合當下場合的方式行事，我的行為將和我在教室，或者我在星期五晚上和朋友外出時不一樣。我們會以各種身分出現，行為也會根據環境而改變。群體的心態文化是環境的特徵，它會引導出不同面向的我們。

　　我在讀研究所的時候，第一次注意到不同的心態文化如何改變人們。史丹佛大學心理系和大多數心理系一樣，包含不同的領域，例如社會心理學、認知心理學、發展心理學、神經科學。每年年底，各領域的博士生都要提出研究報告，回顧他們從事的計畫，並分享他們的進展。對大多數學生來說，這些報告可能讓人提心吊膽。對於要在教授面前演講的一年級和二年級研究生來說更是如此。

　　某天下午，我在卡蘿的辦公室，提到我發現兩場研討會的學生有很不一樣的表現。第一場研討會明顯呈現出「證明與表現」的定型心態文化。出席第一場研討會的是一些最傑出而且獲獎無數的教授，很多人曾經入選美國最有名的科學機構：國家科學院（National Academy of Sciences）。教授們彼此較勁，爭相找出學生研究裡的致命缺陷，用最有效的方式駁斥這些缺陷，並提出最嚴厲的評論來打擊對方。由於教授彼此競爭，想成為這場秀的明星，學生們因而深受其害。學生努力了一整年，個個都是自己研究專案的專家，卻突然被教授發出的「**嗯、喔、呃**」聲音淹沒，忘記自己研究裡的一些重要細節。雖然學生對自己的研究瞭若指掌，但他們還是語塞。事後，他們沮喪又洩氣的說：「我當時為什麼不這樣說，不那樣說呢？我可以用很多方法來回答這個問題啊。數據根本不支持教授的說法！」

　　雖然第二場研討會也有很傑出的教授，但氣氛卻比較偏向成長文化。這場研討會依然是一個嚴謹的場合，這些教授會指出學生研究裡的瑕疵和問題，但他們並沒有爭相表現出誰比較聰明，而是採取「解構是為了建構」的方法。這些教授認為，研討會的目的是找出研究時遇到的問題，並學習如何正面解決這些挑戰。他們互相推敲，提出改進研究設計和分析方法的建議，以強化研究。要在受人尊敬的教授面前演講，學生還是覺得緊張，但和在瀰漫著定型心態的研討會上的學生相比，這些學生不會突然結巴或整個人僵住。他們能夠回答問題，並和教授一起集思廣益，討論改善研究的方法。而且學生們離開會議時充滿動力，決心要有所改變，在課業上表現得更積極。

當我描述完這些研討會如何影響學生的行為後，我問卡蘿：「有人研究過心態是一種文化因素嗎？有人研究過心態是整個群體或環境的一種特質嗎？」她臉色一亮，笑容燦爛的搖頭說：「沒有！沒有人研究過，但是瑪麗……我們應該一起研究！」**心態文化**的概念就這麼誕生。

過去30年，人們一直認為心態僅存於個人的內在。大量研究顯示[2]，當個人以定型心態或成長心態行事時會如何，卻沒有人研究過當我們遇到組織心態時，我們會如何思考、感受和行事，甚至沒有人研究過組織心態。

組織如何展現心態文化

我的團隊評估過人們對心態文化的反應，其中一個方法[3]是讓他們觀看天才文化或成長文化公司的使命宣言。除了公司的使命宣言之外，網站、創辦文件、任職流程以及評估和晉升政策等其他公司的文化產物，都可以體現出組織的心態文化。把這些東西放在一起，一幅組織的側寫圖就浮現了。當公司狹隘的只在乎結果，例如給員工「證明自己的機會」，還要求員工「發揮自己的最佳表現」；或是公司吹噓自己「看結果說話」，或當公司明確表示重視「最優秀的人才」以及人才的「天賦和成功」，卻不曾提到實現這個目標所需的成長和發展時，公司就傳達出定型心態文化。這些公司的文化產物描繪出一幅非黑即白的文化景象：員工不是成功就是失敗；不是表現出色就是成績普通。對這種組織來說，重要的是最後的結果而不是過程。

　　大多數的成長心態組織和定型心態組織都有一些共同特徵，兩者都想要有出色的表現（誰不想要呢？）以確保得到起碼的成果。但是這兩種組織期望員工獲得成功的**方式**卻不一樣。擁有成長文化的組織看重進步，並透過協助員工來實現這個目標。公司會提供員工成長的機會，而不是給員工「表現自己能力的機會」。這些公司重視進步和發展（是的，這是最起碼的要求），但它們也同樣重視員工的進步與發展。具備成長文化的組織可能認為，除了能力、才能或智力之外，還有許多特質對成功來說也很重要，例如動機、創造力、解決問題的能力，以及自我發展的意願。

　　我的研究顯示，具備成長文化的組織[4]，公司文化更有效，員工的滿意度和效率也更高。

　　以下表格總結兩種文化的一些差異。當我們分析公司的使命宣言和招募文宣這類文化產物時，就可以發現這些差異。

組織心態

以下是我們在心態文化光譜的兩極
所看到的公司特徵 [5]

天才文化

- 讓員工有機會創造最佳表現
- 強調員工的才能和成功
- 注重結果
- 崇拜天才：只相信最佳直覺、
  最佳創意、最佳人才

成長文化

- 讓員工有機會可以自我成長
- 強調員工的動力和努力
- 注重結果與過程
- 培養熱愛學習、熱情、創造力
  與充滿智慧的氛圍

如果你開始懷疑你的組織以天才文化為主，並想知道如何將這種文化轉變為成長文化，請明白心態文化是**可以**改變的。然而，改變就像駕駛一艘大船，讓船轉向並不容易。於是，許多公司又陷入錯誤、棘手的二分法心態。但請放心，組織心態確實有改變的可能，我會在第二部分告訴你一些方法，包括你可以馬上採用的具體方法，這些方法可以用在自己身上，也適用你管理的員工身上。

 ## 心態文化的週期

也許你還不確定你的組織處在心態光譜的哪一個位置，

所以很自然會問下一個問題：「我該如何知道我們處在光譜的哪個位置？」也許你會希望有一個測驗，能幫助你辨別擁抱定型心態的領導者或員工。我們可以理解為什麼人們希望有這種測驗，尤其當我們置身在沉迷於排名和靜態評估的世界裡時。然而，就心態而言，這些評估可能無法達到我們想要的目標。評估也許能夠告訴我們某人對自己當下的能力和智力有什麼看法，卻無法告訴我們他當時的心態是在光譜上哪個位置、何時會偏向定型心態或成長心態，或是身為主管或導師的你應該採取哪些措施幫助他發揮潛能。

我們要問的問題不是：「你的思維模式傾向定型心態或成長心態？」而是要問：「你何時處於定型心態，何時處於成長心態？」在組織的層面上，我們要問的問題不是：「我們如何避免雇用定型心態的人？」而應該問：「是什麼讓我們的員工傾向採取定型或成長心態的觀點和行為？我們該如何塑造環境，鼓勵成長心態？」

組織為了評估個人的預設心態，往往過度關注員工帶來的結果，而不夠重視這些結果是如何建構而成。

我們來看看，當我們以心態的概念為人們貼標籤時，會發生什麼事。假設有一位人資經理正在尋找有天賦的人才。但這種才華捷思法[6]（brilliance heuristic，一種認知捷徑，我們透過這個捷徑尋找我們認為有才華的人和模式）很快就會出現偏見。當我們思考哪些特質代表一個人有才華和天賦時，不可避免的會受到社會文化規範的影響，這看起來很像刻板印象。畢竟，在我們的文化裡，天才通常指的是誰？為了好玩[7]，你可以在Google圖片搜尋「天才看起來是什麼樣子？」然後，Google給你的結果大部分是愛因斯坦的照片。天才文化在找的對象是領導者認為天生就有才華的人，因此天才文化也會暗中排除掉在過往歷史上，被認為技術和能力不佳、屬於劣等群體的那些人。領導者之所以排除這些人，不是因為這些人欠缺才華和天生的才能，而是因為當領導者在尋找天才文化推崇的天才原型時，腦海裡不會浮現這些人的樣貌。

在天才文化中，哪些群體會被排除在外通常會由所屬產業而定。在科技和其他理工（STEM）領域裡，白人、有時候包括亞洲人，往往象徵天才的原型。例如，想想看最知名的科技創辦人，他們幾乎清一色是白人或亞裔男性。哪些人不符合這些領域的天才原型呢？女性；黑人、拉丁裔和原住民；LGBTQ+以及身障人士等等。在天才文化裡[8]，人們聯想這些原型的過程通常會自動且不自覺的發生。決策者在思考不符合原型的人是否能為組織帶來貢獻之前，就已經想好要雇用什麼樣的人。成長文化也很重視強大的技能和能力，但成長文化更重視人們的動機、成長軌跡、奉獻精神，以及是否願意不斷成長。無論一個人的種族、性別、年齡、能力狀況或其他人口特徵為何，在成長文化當中，願意成長是每一個人都具備的特質。

有一個例子，可以說明核心信念如何影響行為規範[9]。為了更詳細說明這個過程，我們先思考一個完全不同的例子：人對時間的信念。如果一個組織或團隊認為時間有限，必須充分利用每一分鐘，那麼人們對於會議何時開始（每次都要準時）以及遲到（千萬不要遲到，否則就慘了！）的態度就會非常明確。這種觀念會塑造人們的行為（準時參加會議）。但是，如果人們認為時間充分而且可以延長，他們就會常常花時間思考。這樣的組織可能更傾向採取深思熟慮、謹慎的方法，而不是急著執行想法，然後在過程中把事情搞砸。已故的麻省理工學院榮譽教授艾德格・施奇恩（Edgar Schein）[10]研究組織文化數十年，他解釋過這些規範如何來自人們核心的信念。這些規範深植於組織內部，塑造出無意識且理所當然的行為，構成組織文化的精髓。

和時間一樣，心態也是影響人類行為的一種核心信念[11]。心態是組織文化的基石。我們認為智力、才能和能力會固定不變或是具有可塑性，會讓組織重要的流程形成自我強化的循環。我稱之為組織心態的文化週期（Organizational Mindset Culture Cycle）。

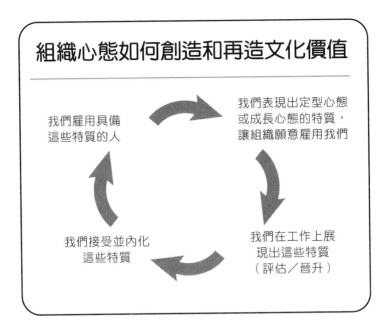

組織心態如何創造和再造文化價值

我們雇用具備
這些特質的人

我們表現出定型心態
或成長心態的特質，
讓組織願意雇用我們

我們接受並內化
這些特質

我們在工作上展
現出這些特質
（評估／晉升）

我們會根據自己對公司價值觀的看法[12]，表現出定型心態或成長心態的特質，讓組織願意雇用我們，或者之後把我們分配到享有盛譽的團隊或任務當中。一旦組織錄用我們，我們就會表現出這些特質，藉此得到來自組織的好處，例如正面的評價、更多的升遷機會和獎金等等。然而，當我們表現出團隊重視的定型心態或成長心態特質，以便贏得團隊的尊重和讚賞時，我們就會開始接受這種作為。而為了讓行為與信念相符，我們開始相信這些特質象徵自己。為了進一步解決我們的認知失調，我們於是將組織的思考方式內化，讓組織心態成為我們的思考方式。

在我實驗室的研究裡，我們發現[13]，當人們長期表現出組織偏好的心態特質時，他們不僅會開始讚揚其他也具備這些特質的人，招募人才時，也會更傾向選擇表現出這些心態特質的人，這一切都進一步強化組織心態。這些回饋循環，形塑個人在組織內的體驗，反過來又影響員工的績效、持續性和參與度，從而對個人和組織的成果產生重大影響。

與成長文化相比，員工對天才文化的信任度和投入感較低[14]。因為天才文化相信有些人有天賦，有些人沒有，所以人們必須不斷證明和表現自己，因為他們知道自己的表現只能和上一次一樣好。在這種環境下，同事之間不斷相互競爭，都在想誰可能會取代自己。這種文化破壞人們對同事的信任，也破壞他們認為組織會發現、重視和欣賞自己能力的信任。所以我們不難看出，為什麼員工對於充斥著天才文化的公司，忠誠度較低。相較於置身在成長文化的員工，充斥天才文化的組織員工更容易被挖角，也更有可能早早尋求跳槽。

▌組織心態塑造行為準則

如果一家公司宣稱核心價值是合作，它是否更有可能具備合作文化？或者說，文化是否更精準的反映在人的行為和互動方式上？我和同事發現[15]，雖然組織在使命宣言裡表達的價值觀可以指出組織的心態為何，但兩者之間的關聯並不明顯。要了解心態實際上如何影響行為，我們需要更深入的研究。例如，合作、冒險、創新和誠信，這些行事準則通常牽涉到更大的組織信任與承諾，而且會影響生產力和業績表現。然而，我們卻對形塑這些準則的信念了解不多。換句話說，準則和信念之間如何相互影響？因此，我和同事決定研究組織心態如何影響真實工作場合裡的員工。我們的案例來自《財星》500大公司。

當然，我們已經預料到天才文化和成長文化之間會有差異，但這兩者之間的差異大到讓人吃驚。**我們的分析發現，和具有較強成長文化的組織員工相比，天才文化較強烈的組織員工，對公司文化的滿意度低40％。**

我們檢視《財星》500大企業（這些企業占美國國內生產毛額的三分之二）的使命宣言，並將這些宣言與企業評論網站Glassdoor上員工評價公司滿意度的數據進行比較。結果很明顯：公司在使命宣言中宣稱的心態，顯然會影響員工對公司文化的感受。然而，只是公布理想的行為準則和價值觀，無法保證會實現這些準則和價值觀。

有趣的是，在天才文化中，員工在各方面的滿意度並沒有比較低。例如，當我們聚焦在薪資和福利時，我們發現兩種文化之間有相似的滿意度。這表示員工並非只是簡單的根據認知來評價一切，認為成長文化什麼都好、天才文化什麼都不好（心理學家稱此為**光環效應〔halo effect〕**）。相反的，心態文化對組織的行事準則與價值觀有著清晰而獨特的影響。它不會影響每件事，**它影響的是人們看待自己的方式、人們與他人互動的方式，以及組織的運作方式。**

　　於是，問題就變成組織心態是否會影響人們實際的行為。我們和聖地牙哥一家文化顧問公司合作進行過另一項研究，調查成長文化和天才文化的行事準則。我們發現在這兩種文化裡，與公司的積極文化和業績表現有關的合作、創新和誠信，呈現出的面貌並不一樣。置身在天才文化裡的員工表示，組織不太提倡合作，創新程度比較低，也不太鼓勵大家跳出常規的思考模式，探索新的可能。此外，這些公司的員工也表示，人們在這個環境下更有可能做出不道德的事，例如作弊、偷工減料、資訊不透明、彼此藏私，以及為了重要的升遷或任務而私下協調。這一點不讓人意外，因為當公司更傾向天才文化時，員工比較不信任公司，也沒那麼忠誠。

　　值得注意的是，我們發現組織心態確實強大到足以塑造人們的行為。回想一下我之前說過，天才文化其實可以壓過個人的成長心態。大多數人都親眼看過或親身經歷過這樣的情況：一個擁有成長心態的人，嘗試在定型且設限的組織文化裡堅持自己的特質，但最後的結果不是臣服於組織文化，就是放棄掙扎並離開組織。我們的分析顯示，在天才文化較強烈的環境裡[16]，員工會感受到公司文化比較欠缺變化。心理上，員工的忠誠度也比較低。與成長文化較強烈的員工相比，置身天才文化的公司員工比較不相信公司會公平的對待他們，也更有可能離開公司尋找其他機會。

接下來，相較於員工對公司的看法，我們很好奇經理人如何看待公司[17]的行為準則，以及如何評價下屬。我們再次對於我們的發現感到驚訝。相較於在成長文化裡工作的經理人，置身天才文化裡的經理人表示，他們的部屬在合作、創新和道德上的表現都比較差。經理人也察覺員工對組織的信任與認同有差異，並表示天才文化裡這兩者的表現都比較差。經理人的發現與員工自己觀察的結果相似。換句話說，他們的看法一致。出乎我們意料的是，心態文化對績效和領導潛力的影響。畢竟，如果天才文化謹慎的招募並選擇最優秀的人才和價值，並長期推行這種做法，那麼與成長文化的經理人相比，天才文化的經理人不是應該會認為他們的員工具備最好的才華和領導潛力嗎？相反的，成長文化中的經理人表示，他們的員工績效水準比較高，並展現出更多的領導潛力。那些置身在天才文化裡的人，可能認為自己是具備領導潛力的明星，他們的經理人一開始可能也這樣認為。但隨著評估時刻的到來，這些信念似乎消失了。也許他們並沒有錯，因為在天才文化裡，人們很難發揮自己真正的潛力。

　　既然我們已經了解組織心態的重要性，現在就來看看如何判斷你屬於哪一種心態。

▌辨識心態文化的線索

　　當公司請我和團隊協助評估和改變公司的心態文化時，我們發現最有效的一個工具是**線索審查**（cues audit）。我們會讓員工了解定型心態和成長心態是動態的，以及讓人在這兩種心態之間轉換的四種常見情況。接著，我們請員工回想他們在組織裡經常會遇到的做法和實務，這些做法和實務（可能在無意間）可能會傳達出定型心態或成長心態。組織經常在無意間對員工發出混合兩種心態的訊息。線索審查不僅可以有效辨識這種細微的不一致，還可以讓員工糾正這些不一致的地方。

　　我們可以從經理人的言行裡找到這些線索。2016年，一家大型跨國銀行和我們的研究團隊接洽，想知道心態文化如何塑造公司員工的體驗。研究過程中，我們發現經理人對員工的看法會影響經理人的行為。以成長心態對待員工的經理人，會採取更多符合成長心態的策略來引導員工，並與員工互動。這些經理人認為，部屬有困難和困惑是很正常的事，尤其當員工正在努力發展新技能時，更容易出現這種狀況。他們也比較願意把時間和精力投入到每位員工身上,而不會只關照和他們直接互動的員工,或是只關心傑出的明星員工。這一點與他們相信每一位員工都能夠發展和成長的信念一致。最後,當員工身陷困境時,他們會動員整個團隊幫忙,把挑戰視為是「大家」需要克服的挑戰,而不是某個人要獨自面對的難題。

以定型心態對待員工的經理人,則比較喜歡不需要太多成長的明星員工。他們相信,優秀的經理人可以讓表現最好的員工永遠保持積極和快樂,所以經理人會把無聊、無趣的工作交給他們認為潛力比較差的人。這些經理人表示,最好安撫遇到困難的員工,告訴他們有難度的任務不是他的強項。最後,經理人會把更多發展機會留給他們認為最有才華的人,而不是把重點放在發展整個團隊。在經理人創造出不同的心態微文化當中,這些定型心態的行為模式是大多數公司都會出現的狀況。

受到我在這家機構和其他大公司的研究啟發,我和創業家班‧陶貝爾(Ben Tauber)以及心理學家克里斯多福‧桑薩(Christopher Samsa)合作,針對165位矽谷新創公司創辦人進行調查。在美國考夫曼基金會(Ewing Marion Kauffman Foundation)的凱瑟琳‧博伊爾‧達倫(Kathleen Boyle Dalen)和溫蒂‧托倫斯(Wendy Torrance)的另一項研究裡,我們則是研究300位創業家的心態。在這兩個研究裡,我們想知道創辦人的心態如何影響他們在公司裡創造的文化。我們的研究與《財星》500大的結果一致[18]。我們發現，認為自己偏向定型心態的創辦人，他們創辦的公司有較明顯的競爭文化，員工更有可能從事不道德的行為，而且員工認為公司對錯誤的容忍度比較低。由較具成長心態的創辦人領導的公司則更鼓勵員工冒險，並且更靈活、更能適應變化。這些組織的文化更創新、更有道德，人與人之間的競爭比較少，員工的流動率也比較低，員工更信任和認同組織。企業文化也影響創辦人能否成功實現募資的目標。**心態不僅影響觀念與行為，也會塑造出公司文化中最重要的部分。**

 ## 心態文化的影響

　　現在，讓我們仔細看看，心態如何影響組織內的實際行為和結果。在第二部裡，我們將介紹心態文化影響的五種行為準則和結果。這些行為準則分別是**合作**，這是指人們是否願意且有動力一起工作，或是陷入競爭的泥淖；**創新**，指員工是否覺得組織支持和鼓勵自己大膽思考，或是員工的創造力會受到狹隘的思考所阻礙；**冒險與韌性**，這是指員工是否覺得組織賦予自己權力，能夠得到資源從事大膽的計畫，並能夠在無法實現目標時從挫折裡復原過來，還是員工和組織會因為害怕失敗而過分謹慎行事，並在遇到挫折時變得脆弱；**誠信與倫理行為**，這是指組織是否鼓勵員工做正確的事，還是默許員工遊走在灰色地帶的捷徑；**多元、公平和包容**，這是指組織是否能夠吸引並留住多元族群，同時支持所有員工取得成功，或是組織創造出排他文化，只容納和支持少數人。

　　接下來，我們要談的第一個行為準則是合作。

第二部

心態文化

第三章
合作

　　我剛在印第安納大學當教授時，第一次參加的一場教職員會議是討論如何安排系上教職員的加薪。我們和許多組織一樣，年度加薪的幅度通常很小。如果有加薪預算的話，每年可能也只會加薪1％到2％。

　　過去，績效審查委員會會檢視60多名教職員的年度生產力報告，包括我們寫了多少篇論文、指導多少位博士生，以及得到多少獎助金等等，並依序為每位教授評分和排名。我驚恐的發現，每位教職員的信箱都會收到一封信，信中把所有人從最高分到最低分排序，並以黃色顯著的標示出你的排名。我們系上的表現十分傑出，無論你用出版品、獎助金、獎項、國家科學院成員資格、教學評估，還是接受指導和就業的學生人數來衡量，我們系上都有全美生產力最高的教授。然而，當信件寄達每個人信箱的那一天，卻是許多教授每年最害怕的一天。

　　在這種制度下，資淺的教授幾乎總是被列在名單的最下面。當資深的同事擁有那麼多資源和機會，例如有能力

創辦更大的實驗室，容納更多學生和職員，並有更多的獎
助款來挹注更大的學術產出時，這些資淺的教授該怎麼競
爭？對資深學者來說，日子久了不可避免會出現薪資壓縮
的現象，讓整體制度變得不公平。25年後，由於每年的加
薪幅度跟不上通貨膨脹的速度，資深學者的薪水於是和資
淺教授的起薪差不多。幾乎每個人都同意，整體而言，排
名造成部門之間過度競爭，而這一切只是為了得到那潛在
的1％到2％加薪。

　　教職員不是唯一受這類排名所苦的人。幾週後，當我
經過教學大禮堂時，注意到門外的牆上貼了幾張紙。仔細
一看，紙上列出「心理學入門」這個科目的學生考試成績，
成績也是從高排到低。當學生們魚貫經過時，有些人會故
意忽略那幾張紙，有些人則靠過來，用手指在清單上滑動，
尋找自己的學號，希望在第一或第二張紙上找到自己的學
號，而不是在第四或第五頁才找到。

　　從課堂上依照成績排座位，到公司裡的排名系統，我
們都常常要爭奪一席之地。在一個追求強大（卻過時又偏
頗）精英主義價值觀的社會裡，根據一組標準為人們排名並
依此分配資源，似乎是很合理的做法，無論資源指的是錄
取更嚴格的課程、得到獎學金、升職還是加薪。然而在組
織裡，這種做法會助長內部競爭，而這往往會帶來意想不
到的後果，包括破壞合作。

如果你打算站起來捍衛互相競爭的優點，請聽我把話說完。想取得長期的成功，確實要有**市場**競爭力，尤其對資本主義企業來說更是如此：你會希望成為人們首選的公司、品牌或學校。但我說的不是組織之間的競爭，而是組織**內部**的競爭。當人們在組織內為了地位和資源相互爭鬥、當人們必須證明自己比別人更傑出，或是當成功的機會很少時，組織裡大行其道的就會是問題而不是解方。有些領導者認為，營造出電影《飢餓遊戲》（Hunger Games）的氛圍是逼大家拿出最佳表現的最好方法，但是，我們都知道這個故事的結局，研究也已經證實這一點。**當成功機會渺茫時，人們往往會陷入定型心態**。長遠來看（有時候甚至在短期內），人們的行為可能不利於他們自己的表現，並限制他們的潛力，進而影響組織的發展。

在這一章，我們會研究組織心態如何影響環境，讓環境變得更具競爭性或更合作。我們也會研究一些形塑和強化心態文化的策略和行為，以及心態如何影響組織的成果。最後，我將給你一些具體建議，告訴你如何鼓勵組織採用以成長為導向的合作方法。

你可能認為，想要創新和成長，就必須讓員工之間彼此競爭。然而，雖然競爭可能會在有限的方法和時間裡在某些人身上產生正面效應，但我們之後會看到，這些成果背後的代價可能很高昂。促進合作不只是為了讓人覺得良好，而是為了創造一種環境，讓組織裡的更多人取得長久和可持續的成就。

由於成長文化強調合作，因此某些人認為這種文化似乎欠缺成功所需的優勢和動力。但我們的研究結果恰好相反。這些組織有足夠的動力，但不認為需要把成就變成槍口對內的武器，像天才文化經常做的那樣把人們分為贏家和輸家。**成長文化將個人、組織的現狀與理想目標之間的差距視為一種動力，來推動合作，使所有人朝著目標前進。**我們的研究顯示，成長文化[1]在市場的表現上極具競爭力，而且不會像天才文化那樣，對人們造成額外的傷害。

在我們深入探討如何培養具有成長意識的合作文化之前，先仔細看看為什麼合作文化會比讓人們互相競爭更好。

 ## 內部競爭為何會帶來輸家

共享空間 WeWork 創辦人亞當・紐曼（Adam Neumann）表示[2]，WeWork 是在競爭中茁壯。眾所周知，這位前執行長經常親自讓員工彼此對抗。在傑德・羅斯坦（Jed Rothstein）的紀錄片《WeWork：470 億美元獨角獸的誕生與毀滅》（*WeWork：Or the Making and Breaking of a $47 Billion Unicorn*）裡，紐曼的一位前助理描述在 WeWork 透明玻璃隔間會議室裡的一次內部績效評估會議，當時紐曼說她做得很好，但當另一位員工經過他們會議室外時，紐曼卻指著那名員工對她說：「但是你不像她。你可以做得和她一樣好，但你不像她那麼自信。」這位助理說，她回家後問自己，該怎麼做才能變得跟那位員工一樣。「你永遠在擔心『其他人會搶走我的工作。我必須努力才能留在這裡』，」她說，「我一直覺得呼吸困難。」她補充說，紐曼經常告誡員工：「我可以把你們全部開除，我自己做就行。」

　　WeWork認為應該不斷開除績效差的員工，所以公司每年解雇20％的員工。人們稱這個過程為分級排名[3]，這個方法因美國奇異公司前執行長傑克・威爾許（Jack Welch）的推廣而廣為人知，但在WeWork，人們卻冷酷的把這個方法稱為「珍妮大屠殺」（Jenocides）[4]，因為珍妮佛・貝倫特（Jennifer Berrent）是公司裡主要負責裁員的法律總監。對於留下來的人來說，要保持前80％的排名本身就是一個挑戰。公司很少給員工資源或支持來協助他們完成重大目標。WeWork很多員工是千禧世代，他們被紐曼所謂「做自己喜歡做的事」所吸引，但員工在到職後短短的18個月就離職卻是司空見慣的事。他們離開的原因也可能只是因為受夠了。置身在天才文化裡，具備成長心態的員工會因為發展機會有限而覺得沮喪。他們認為自己不受重視，同時必須不斷注意自己的工作是否朝不保夕，所以他們無法承擔成長所需冒的風險。這些都會影響組織的成果。高流動率不僅會在財務上帶來高昂的代價，也會影響組織的聲譽。諷刺的是，在競爭激烈的市場中，當各家公司都想招募最炙手可熱的員工時，高流動率的公司可能會失去競爭優勢。

美國進步中心（Center for American Progress）的數據顯示[5]，公司大約要花員工年薪的20％，來替換掉年薪低於5萬美元的員工，而替換更高階員工的成本甚至更高，高達其年薪的幾倍之多。根據蓋洛普估計，光是千禧世代的流動率[6]，每年就造成美國經濟高達305億美元的損失。千禧世代最重視的是[7]工作的使命感，以及公司的價值觀與自己的價值觀是否一致。就像我們針對Glassdoor數據所做的研究顯示[8]，天才文化裡的員工，對雇主的滿意度低於置身成長文化的員工。如果一家公司想要培養大量人才，尤其是培養年輕的人才，那麼致力於投資人才可能是吸引和留住優秀和忠誠員工的關鍵。2021年，勞動市場出現史無前例的「大離職潮」[9]，超過3,000萬美國人離職。組織行為專家指出[10]，人們辭掉的不只是工作，還拋棄糟糕的職場文化。由於員工可能大規模外流，成長文化於是更適合留住人才，並讓重視個人發展與支持的人願意駐足留下。

員工如何認知主管的心態，會對員工的經驗、動機和績效產生極大影響[11]。事實上，員工的看法比領導者自己宣稱的心態更能預測績效成果。之所以會有這種差異，有一部分原因是傾向以定型心態行事的領導者，對自己的認知可能存有較大的盲點。紐曼的前助理一直到她最後離開公司時[12]，才完全意識到紐曼和主管描述的公司文化與她自己體驗到的公司文化之間，有多麼大的差距。

在天才文化裡，把成功或失敗歸因於一個富有魅力的領導者非常容易，因為天才文化讓這類神話永垂不朽。然而，正如我們的研究所示[13]，當組織的員工接受組織的心態時，組織心態才會帶來最大影響。如果我們像許多人一樣，急於把WeWork的興衰完全歸咎於紐曼和他奇特的個性，我們就會忽略一個事實：在紐曼創造的文化裡，其實有很多經理人、主管和投資人都參與並鼓勵這種行為，並創造出一種自我持續的文化循環。

諷刺的是，WeWork以公司文化為賣點[14]，但人們對於WeWork文化的體驗卻與WeWork在網站上的描述和紐曼的說法形成強烈反差。WeWork確實擁有強大的文化，但不是它宣傳的那種文化。公司宣稱自己重視的價值，與人們實際體驗到的真實文化之間有很大的差距（這稱為**價值與實施差距，value-implementation gap**），這個差距會帶來極高的代價。紐曼在WeWork首次公開發行失敗後被趕下台[15]，公司的估值也在短短幾週內就從470億美元崩跌到約90億美元，因為人們發現，WeWork的財務很大程度上是被紐曼的推銷技巧以及創投的巨額投資撐起來的煙幕彈。

透過近期的WeWork[16]和療診公司[17]，以及富國銀行[18]

與安隆[19]等較早期的案例，我們可以發現讓人們彼此競爭是天才文化慣用的方法。讓人不安的是，分級排名的做法[20]似乎正在科技圈捲土重來。但是，競爭不一定是透過分級排名這種正式的方法，相反的，競爭可以直接[21]來自人們**對組織心態的看法**。如果人們認為公司支持定型心態，這就足以讓員工對職位你爭我奪。員工有可能會選擇性的展現自己出眾的才能和能力，但同時隱藏自己的錯誤和弱點。展現聰明才智的壓力會導致員工相互競爭而非合作，畢竟，在天才文化裡，合作會讓我們更難辨識出個人的貢獻程度。當工作的成果來自團隊的努力，我們就比較難把某個人視為出眾的明星。在天才文化裡，人們會避免承擔創新或有風險的任務，因為冒險可能招致失敗，而失敗則代表你的能力比較差。最後，當人們感受到一股必須證明自己的壓力時，他們更有可能做出不道德的行為，例如隱瞞資訊或隱藏錯誤，好讓人們認為他們既聰明又有能力。接著，這些行為又進一步強化定型心態的觀念，認為有些人有聰明才智，有些人沒有，於是這種文化心態就會持續循環下去。

▌心態文化如何塑造個人行為

在我對《財星》500大公司的研究中[22]，我發現如果公司較傾向成長文化，例如它們在網站和企業使命裡表示會致力培養員工，研究人員就會預期這些公司更支持合作。

相反的，當公司宣揚的是天才文化，例如它們只招募最聰明、而且只在意結果和績效的人，那麼研究人員會預期這些公司內部員工之間會有更多競爭。儘管這些看法可能會影響潛在員工決定是否要加入這些組織，但對我們外部人士來說，這些對組織的看法還不夠。我們還必須知道公司內部員工和主管如何看待組織心態，以及這些觀念如何影響人們的行為。

我們和一家管理顧問公司合作，招募多家《財星》1000大公司參與研究，這些公司涵蓋能源、醫療保健、零售和科技等產業。我們對這些公司的員工提出各種問題，想確定他們公司的組織心態，例如，公司裡大多數領導人認為才能是固定的還是可塑的，以及公司裡合作和競爭的行為準則。我們問員工是否同意以下看法：

- 在這家公司裡，人們一起努力得到成果。
- 在這家公司裡，讓大家知道你有多聰明非常重要。
- 在工作中，表現出我比別人更有才華非常重要。
- 在工作中，別讓主管認為我懂的比別人少很重要。

研究結果很明確。天才文化組織的員工表示，公司裡大多數人傾向於彼此競爭而非合作。而在成長文化裡，人們則比較可能一起努力解決問題，並實現目標。主管也注意到並確認有這些差異。這些結果意義重大,因為員工認為組織傾向於合作或是競爭,會影響他們的信任與認同。**對於成長文化的員工來說,這種渴望並支持合作的文化會促進組織的信任與認同。在天才文化裡,競爭常態化會讓員工的認同感比較低。**

天才文化透過建立競爭的行為準則、減少用於員工成長和發展的資源,來展現定型心態價值觀。既然明星員工已經表現良好,公司就可以直接開除表現不佳的人。誠如執行長、創業家和商學教授瑪格麗特・赫弗南(Margaret Heffernan)所寫[23]:「當我們崇拜表現傑出的人時,我們就會低估其他人,並傳達出一個訊息:在傑出的人面前,每個人都可以、甚至應該表現得很消極。」組織是否懷有崇拜明星員工或明星團隊文化的觀點,也會影響外部人士對公司的看法。只要問其他棒球隊的球迷對紐約洋基隊有什麼看法就知道了。

巧的是,來自堪薩斯大學和莫瑞州立大學(Murray State University)的一組研究人員[24],專門研究體育特許經營權,調查人們對「買來」和「自組」球隊的喜愛程度與信念。「買來」的球隊是指從其他球隊獲得明星球員,而「自組」球隊則指自己長期培養球員的才能。在調查中,人們一直都偏好自組球隊,而不是買來的球隊。這個結論不僅適用於體育運動,也適用其他職業。當研究人員問受訪者為什麼為自組的球隊歡呼時，最常見的回答是受訪者認為這種團隊必須加倍努力、付出更多才能成功，這是他們欽佩和尊重的重點。他們也欽佩這些組織願意栽培球員。人們認為，擁有球星的球隊是靠走捷徑取得成功。第二個最常見的反應是人們認為，自組的團隊會因為大家一**起**成長，而具有更強的「團隊凝聚力和合作感意識」。這些研究與我們對《財星》500大的調查結果一致：比起天才文化的主管，成長文化的主管更能看見員工的優異表現與領導潛力。在天才文化裡，人們期待「買來」的明星要能夠展現出他們本來就具備的能力。

　　Atlassian是一家採用「自組」方法的公司。這是一家軟體開發商，設計專案管理系統等產品來支援團隊。許多天才文化公司在招募人才時，採取讓人們「自己想辦法」的態度，不給應徵者任何支援，但Atlassian的做法明顯不同，它會告訴應徵者如何才能取得成功。這種方法不是為了找出完美的應徵者，而是在公平競爭的環境裡培養人們的潛力。例如，公司會向設計部門的應徵者保證[25]他們不會被迫在壓力下工作，因為「當一個人有壓力時，他們很難知道自己能做什麼，以及是否能為團隊帶來附加價值。」此外，Atlassian還鼓勵應徵者在面試中展現「最真實的自己」，並告訴他們公司的期待，以及該如何才能表現良好等相關具體資訊。例如「在開始工作前，請務必提供我們了解你工作內容的背景知識……我們知道大多數專案都需要團隊合作，所以請坦白說明你的具體貢獻。」Atlassian網站[26]還有三位來自不同種族和族群的女性員工分享的訊息，說明女性如何在科技領域獲得成功。還有一個頁面是提供給實習生和應屆畢業生參考的問答[27]，包括安慰他們「生產力本來就有週期起伏」，因此如果這些新人無法總是發揮最佳能力，也無須過度擔心。與此相反，定型心態組織網站上雄心勃勃的語言常側重於溢美之詞，例如自稱是「公認的領導者」，具有「競爭優勢」，可以帶來「世界一流的績效」和「卓越的成果」。

　　Atlassian的理念是[28]，「員工的職涯發展始於員工到職後的90天」，因此公司制定一項90天計畫，幫助員工用正確的方式開啟新職涯，包括學習組織的價值觀與流程，建立和同事的初步關係，以協助新員工完成工作並在任職期間成長。在這個基礎上，經理和員工一起制定職涯發展計畫，為員工在公司任職期間的職涯發展擘畫藍圖。Atlassian也會分享員工的升遷過程[29]，除了分享成功的故事之外，也把可能遇到的困難和挑戰當成很常見的事，例如有人會說：「我在就任經理的前六個月，真的不知道自己在做什麼。」Atlassian也會不斷了解[30]員工的職涯目標，而不會只在員工要離職時才詢問這件事。Atlassian人才管理與發展經理莎拉・拉森（Sarah Larson）鼓勵經理人不要等到員工要離職時才面談，而是要和團隊成員進行「留任面談」，以確認員工的認同感和滿意度，並在必要的時候找出改善員工工作體驗的方法。拉森說，經理人應該詢問團隊成員他們的動力是什麼，他們對工作有什麼期待，是什麼讓他們留在公司，又是什麼讓員工考慮未來繼續留任，以及他們最近一次考慮離職是什麼時候。「你的目標是建立連結和信任，並在員工當前的現況和未來的計畫之間，創造出能夠持續溝通的管道。」這些做法都在對員工發出訊號，讓他們知道自己身處一個可以持續成長和發展的工作文化，而且公司也期待並支持他們這樣做。根據 Glassdoor 在 2023 年的數據[31]，93％的 Atlassian 員工會向朋友推薦自家公司，而且 Atlassian 在文化和價值觀方面的得分為 4.8 分（滿分是 5 分）。擔心成長文化在市場上的競爭力較差的人[32]可以看看這個數據：截至 2023 年 5 月，Atlassian 的估值超過 380 億美元，它們的產品，包括 Jira 和 Trello，一直都是相關產業裡名列前茅的產品。

研究顯示，過多、長期且持續性的壓力（也就是在人際競爭文化當中形成的壓力）可能會讓我們付出沉重的代價。葉杜二氏法則（Yerkes-Dodson Law）[33]說明壓力與績效之間的關係，顯示在某種程度上，壓力會在人們挑戰任務時不利於學習。**當員工害怕被競爭的同事或明星對手取代會失去工作，因而積極努力時，這不僅會影響他們的心理**

安全感和長期健康，還可能損害他們發展和進步的能力。

　　壓力本身不是決定績效的重要因素，畢竟幾乎所有工作環境都有高壓的情況，也有最後期限的限制。問題是，我們可否轉化這種壓力，藉此激發合作、同事情誼和創新，把壓力重新定義為我們可以靠集中精力、資源和貢獻來一起克服的事情；又或者，壓力是否會因為我們必須不斷注意同事會不會在背後捅我們一刀，以及必須自己孤軍奮戰而加劇，而這會破壞我們的創造力和凝聚力。長期下來，員工可能會變得沮喪，或因為身體出狀況而離開。我們的研究再次顯示[34]，當員工置身在天才文化時，他們更有可能另謀高就。

　　現在，我們已經探討內部競爭的負面影響，以及這些競爭如何阻礙合作，接下來我們要更仔細的了解，合作如何促進成長文化裡的績效與成果。

 ## 成長文化如何促進合作並戰勝競爭

　　珍妮佛・道納（Jennifer Doudna）還是個小女孩時[35]，就對詹姆斯・華森（James Watson）與弗朗西斯・克里克（Francis Crick）發現DNA雙螺旋結構的故事很有興趣。但最讓她著迷的也許是科學家同事羅莎琳・富蘭克林（Rosalind Franklin）對這項發現帶來的貢獻。對道納來說，富蘭克林的故事讓她知道，女性也可以成為科學家。這件事不僅影響道納的人生軌跡，也永遠改變遺傳學的研究進程。道納和實驗室內、外部人員合作，取得一系列的科學發現，這些發現直接促成CRISPR的發展。CRISPER是一種基因編輯技術，未來我們有機會利用這種技術根除許多嚴重的先天性疾病。人們也正在利用這個技術，開發檢測和對抗病毒威脅的新方法。

　　華森和克里克沒有承認富蘭克林對他們的科學發現帶來貢獻[*]，這一點可能也對道納產生影響。她的職業生涯之所以傑出，不只是因為她的實驗室取得最先進的發現，還在於她的團隊**如何**發現這些結果。科學界普遍存在天才心態，但道納的團隊不同，她的團隊成員表現出獨特的友誼。他們之所以能夠如此是因為道納的信念，她認為與其由一、兩個研究人員獨自工作，合作可以帶來更有效的進展和更好的解決方案。2020年，道納與實驗室外部的科學家艾曼紐爾．夏本提爾（Emmanuelle Charpentier）一同獲得諾貝爾化學獎，道納和她合作進行重要研究，為CRISPR的發展帶來貢獻。當新冠肺炎疫情爆發時，道納召集一個跨組織的特別工作小組，以確定CRISPR技術可以用在對抗新型冠

---

[*]　編注：富蘭克林所拍攝的DNA晶體繞射圖片「照片51號」以及相關資料，成為華森與克里克解出DNA結構的關鍵線索。

狀病毒（SARS-CoV-2）。她也放下[36]和基因編輯研究員張鋒（Feng Zhang）的長期競爭，兩人同意集中資源，並公開分享他們所有的發現，讓其他人不須擔心專利許可的問題。結果他們以CRISPR為基礎的檢測[37]，在2022年初獲得美國食品藥物管理局（FDA）的緊急授權。

對道納來說，維護[38]實驗室的文化非常重要。就像華特・艾薩克森（Walter Isaacson）在《破解基因碼的人》（*The Code Breaker*）書中的描述，招募團隊時，道納「除了評估對方的研究成果，也會確保他是合適的人選。」有一次，艾薩克森對道納的方法提出質疑，想知道她是否可能因此錯過一些「雖然不合適，但非常傑出的人」。道納回答說：「我知道有些人喜歡有創意的爭執，但我比較喜歡實驗室裡的人可以好好合作。」面試博士生時，道納會讓她的團隊參與討論，確保大家都同意誰能加入團隊。「我們的目標是找到獨立又能夠合作的人。」當人們的內在動機與成長心態的文化結合起來，就不需要靠和隊友競爭來敦促人們前進，因為他們內在的驅動力更大，他們想要共同成長、學習和達成目標。眾所周知，道納有強烈的競爭意識，但在她的團隊裡，她鼓勵並希望成員能彼此合作，讓每位科學家的優勢和專長為大家共同的研究領域提供養分，帶來新的發現。她由上而下塑造出實驗室的文化。

在道納的實驗室裡，團隊沒有殘酷的競爭，而是靠合作取得進展。有一次,當道納注意到一位學生沒有盡自己最大的努力時,她把學生拉到一旁,並對他說:「像你這麼出色的學生,你做的專案不應該只是這樣。我們為什麼要研究科學?我們這麼做是為了探索重要的問題並且承擔風險。如果你不去嘗試,你永遠不會有突破。」在道納的鼓勵、密切指導和持續支持下,這位學生陸續取得多項發現,推動相關領域的發展。道納在實驗室外也採取相同的方法,與人共同創辦一個CRISPR會議,讓從事基因編輯的科學家齊聚一堂,為科學家們創造出一個可以放心分享尚未發表的數據和新想法的場合。

　　道納重視合作與團隊凝聚力,這有助於建立和維持成長文化,讓她的實驗室成為同類型實驗室中最成功、最具創新力和財務競爭力的實驗室之一。但除非刻意促進合作,否則組織可能會在無意間對員工傳達出截然不同的訊息。這就是我們在針對跨國銀行的研究中發現的現象。雖然有許多與心態相關的資訊來源,但員工會從主管身上蒐集大量與組織重視哪些行為相關的資訊。我們對數千名員工和經理進行多項調查,並分析相關數據,發現有一套管理策略會影響員工傾向與同事競爭還是合作。其中一個策略是,組織會把比較有挑戰性的工作交給明星員工以取悅他們,避免讓明星員工失去工作動力,並把比較乏味、無趣的工作交給比較沒有才華的員工。這些經理人在無意間培養出天才文化。一旦員工察覺到經理人擁抱定型心態的行為，他們就會開始互相競爭職位。相較之下，較具成長心態的經理人會將困難的工作分配給全體團隊，並與部屬一起確認如何取得成功。

在戶外運動服飾品牌巴塔哥尼亞（Patagonia），經理人採用這種提高參與度、注重成長的方法來招募和培養員工。巴塔哥尼亞的創辦人伊馮・喬伊納德（Yvon Chouinard），從公司創立開始[39]就有意識的培養合作精神。「我們不會去找想要得到特殊待遇和福利的『明星員工』，」他說，「我們盡全力合作，巴塔哥尼亞的文化鼓勵一起合作的人，容不下需要受人矚目的人。」這提供一個很好的例子，說明定型心態（你可以選擇合作或不合作）也可以帶來積極的影響（喬伊納德和巴塔哥尼亞的其他領導階層除了無法容忍想提高自己地位的人之外，也對持續成長和遵守道德標準毫不妥協）。

巴塔哥尼亞仍然想要高績效的人才，但這些人必須關心團隊和組織表現，而非只關心個人的排名或結果。「我們不會雇用你能對他們發號施令的人，我們不想要只會聽從指令的機器。我們要的員工是，當他們收到糟糕的決策指令時，他們會質疑決策是否明智。」巴塔哥尼亞十分堅持高道德和品質標準，因此上述最後一點尤為重要：設計與生產團隊必須密切合作，否則只要簡單改變設計，製造產品的工廠就可能改變，這意味著需要有一個全新的認證流程，以確保材料和工人的待遇符合標準。

巴塔哥尼亞屬於「自組」團隊的文化。他們傾向從內部提拔人才，這樣做很有效，因為這家公司和道納一樣，非常重視招募到在文化上契合、願意合作和有潛力的人才，即使這代表有些員工必須學習更多特定的技能、花費更長時間才能開始進入狀況。巴塔哥尼亞的模式非常成功，以至於它必須不時停下追求成長的腳步，以確保公司依然遵守環境影響標準。但即使如此，巴塔哥尼亞仍是唯一一家不僅持續獲利，而且在重大經濟衰退期間依然持續成長的主要零售商之一。

像道納和喬伊納德這樣的領導者，對組織心態有重大的影響。我的團隊研究顯示，其他企業家也有同樣的影響。我在前面提到與考夫曼基金會合作的研究裡，我們發現，一家偏向成長心態的公司，它們的創辦人往往相信努力與能力呈現正相關：愈努力，你的能力就愈強，而懷抱定型心態的人則斷言能力和努力之間呈現負相關：如果你必須努力才能跟上，那可能表示你的能力比較差。和創辦人傾向定型心態的公司相比，具成長心態的創辦人所領導的公司，競爭的行為比較少，合作的行為比較多。但是，擁有成長文化的公司，是否為這些合作（相對於競爭）的準則付出代價？一點也不。正如我前面所說，這些組織的人員流動率不僅比較低，而且由具成長心態的創辦人領導的公司，更有可能實現他們為自己設定的年度募資目標。你可能會想，這是不是因為具成長心態的創辦人把目標設定得比較低，但實際上，他們和定型心態的創辦人一樣野心勃勃。

話雖如此，但可能有些讀者依然堅信，組織的內部競爭有時候能帶來最好的結果。也許，在外科手術等攸關生死的領域，個人確實必須成為超級明星，這是個可以證明競爭會帶來優勢的例外。但知名神經外科醫師大衛・蘭格（David Langer）的看法卻並非如此。

蘭格是紐約市列諾克斯山醫院（Lenox Hill Hospital）的神經外科主任[40]，《美國新聞與世界報導》（*U.S. News & World Report*）評價該醫院為全美最好的神經內科與神經外科醫院。「如果沒有合作[41]，」蘭格說，「沒有優秀的團隊，也沒有人互相幫助，一切都會崩潰……。我們之所以做得很好，是因為我們的專注、熱忱和合作文化。這種人與人之間的特殊情感，讓我們能夠和美國最大的神經外科部門競爭。」

 ## 創造合作的成長文化

以下有一些方法可以幫你建立自己的合作成長文化，同時盡可能減少組織內部的負面競爭。

▋進行線索審查

　　在了解一個組織時，我的團隊幾乎都會進行一次線索審查，以確定當下的策略、實務和準則為何，以及這些線索是否會促使人們更傾向定型心態或成長心態。你可以在你的組織裡做類似的審查。你需要特別注意常規、例行性的運作模式，這些方式可能會讓人們彼此不和，破壞團隊的凝聚力。

　　當我們進行線索審查時，通常會從組織的關聯群體（affinity groups）開始，這些群體指的是背負著負面刻板印象、弱勢，或者人數代表性不足的人。我們從研究裡得知，這些人往往對環境裡的各式線索更加警覺，而這些線索透露出公司是否懂得尊重、包容與合作。例如，如果我詢問種族關聯群體的人，他們在團隊裡有哪些合作與融入群體的經驗，我就可以知道很多與公司行為準則相關的資訊。有時候我會聽到一些群體表示，公司把他們「當成門面一樣擺著」，並且「象徵性」的向外界展示他們，「讓公司看起來好像很不錯的樣子」。但是，談到工作時，這些人並沒有得到有挑戰性的任務，也沒有機會接觸到能幫助他們成長和發展的網絡。這等於在告訴我，這家公司的文化有問題。我們常聽到員工說，有些人有犯錯的機會，並可以從錯誤中學習，但公司裡有些人卻沒有這種彈性。實際上有些員工會告訴我，公司會根據種族和性別給予犯錯的機會。

　　當我們開始進行線索審查時，我經常談到心態光譜，接著討論不同的策略和做法會如何傳達出不同的心態。然後我會問人們，「在你平常的工作裡，有哪些互動、政策或做法，會讓你覺得公司傳達出定型心態或成長心態的訊息？」我們會從那裡開始談起。想知道如何進行線索審查，詳細說明請造訪本書網站：www.marycmurphy.com。

▍看數據怎麼說

　　人們常誤以為，相較於天才文化，成長文化比較不以數據為導向，但事實上情況往往相反。信仰天才的人，通常更依賴他們或天才的直覺行事，此外，查看數據可能會挑戰一個人的天才。跑步教練史提夫‧麥格尼斯（Steve Magness）[42]是舉報耐吉教練阿爾貝托‧薩拉薩（Alberto Salazar）行為不道德和虐待運動員的其中一人。他回憶薩拉薩曾抱怨一位第一次獲得世界冠軍的運動員「太胖」的事。麥格尼斯讓薩拉薩看數據圖表，表示那位跑者的體脂肪比例極低。據說，薩拉薩反擊：「我根本不在乎科學怎麼說，我只知道就我親眼所見，她必須減肥。」順帶一提，麥格尼斯說薩拉薩還經常威脅，如果麥格尼斯不繼續「證明」自己的能力，就會縮短與他的合約。當人們不願意看數據，不願意跨團隊、跨部門分享資料以協助改善公司時，我通常就可以判斷出我們面對的是天才文化。

在天才文化裡，人們可能堅持人與人之間的競爭是成功的關鍵因素，但如果他們仔細觀察，就會發現數據說的往往是另一回事。數據說的故事，與企業相信的迷思不符。在我們的研究裡，我們發現有較強成長文化的團隊，會在工作裡採取更多合作的行為準則，這讓我們預期這個團隊的季度績效評估會比較高，員工的滿意度也更高。

這一點往往讓領導階層感到驚訝，但如果他們不看數據就不會知道這一點。不過，請不要相信我的話，看看你自己的數據怎麼說。

▌重新定義競爭

在美國情境喜劇《六人行》中[43]，大家都知道莫妮卡這個角色對任何事情都有很強的好勝心。在某一集，莫妮卡得知自己不像自稱的那樣，能夠提供最好的按摩服務，她為此十分沮喪。事實上，她的按摩服務很差勁。為了減輕她的打擊，她的男友錢德勒重新陳述這個消息，告訴莫妮卡她提供「最好的爛按摩」。重新定義競爭不是為了討好脆弱的自尊心，而是為了幫競爭的觀念帶來一些趣味和創造力。

問題是：如何鼓勵員工在合作、成長、發展上競爭，而不是讓員工以定型心態痛擊彼此？科技公司數位海洋（Digital Ocean）[44]為合作的行為提供非財務的誘因和獎勵，包括送員工電子書閱讀器Kindle，裡面預先儲存公司執行長精心挑選的商業書籍。在百事可樂，員工的年度獎金和他們努力協助其他員工取得成功有關。你可以思考一下，該如何重新設計激勵和評估機制，對發展最快或展現出能夠一起創新的個人和團隊給予重視。如果公司表揚最能促進跨團隊或跨部門合作的專案呢？公司甚至可以挑戰團隊，要團隊提出具有成長心態的競爭方式，並把這當作團隊的首要任務。

▌ 重新設計你的評分系統

2013年，微軟拋棄[45]分級排名系統。如果你的組織使用分級排名的方法，或用類似會讓員工爭得你死我活的方式來讓人們競爭寶貴的資源，請考慮採用另一種評估和分配資源的方法。這種新方法不鼓勵人們和同事競爭，而是鼓勵人們合作。

當巴塔哥尼亞開始質疑自己的徵才制度時，公司做出的一個改變就是廢除個人評分系統。巴塔哥尼亞人力資源主管迪恩・卡特（Dean Carter）[46]表示，在管理人員方面，他學會遵循永續農業運動的模式。目前標準的農業耕種方法是，一旦植物成熟，我們就會採摘或切下它的果實，然後重新耕耘農地。但誠如卡特所說，這種過程會耗盡地力，所以當你再次重複這個過程時，必須投入資源重新施肥。

這是一種完全把重點放在榨取資源的方法，也是我們對待組織員工的方式。然而在再生農業裡，農民不僅在意產出，也重視投入，希望讓土壤保持健康。卡特意識到，巴塔哥尼亞過去幾乎完全專注在公司可以從員工身上得到什麼，而不關心公司可以回饋員工什麼，因此無意間侵蝕公司的「土壤」。他問道：「在人力資源上，我們有哪些流程具有榨取的特性，哪些流程具有再生性？」這些問題讓卡特的團隊思考巴塔哥尼亞的年度績效評估流程，他們意識到這個流程造成的巨大痛苦，就像我和我的同事在年度績效加薪流程遇到的那樣。就像卡特所說，這是「員工和經理人都覺得痛苦的一段日子，基本上每個人都要在下一個週期裡恢復過來。」員工因為評分而精疲力竭，公司於是加薪並提供獎金，重新施肥並試圖恢復士氣。當卡特宣布巴塔哥尼亞正在徹底改革公司的績效管理流程時，員工「真的站起來鼓掌」。巴塔哥尼亞很有名，因為它給予員工極大空間，讓員工自己決定如何才能把工作做到最好。但儘管如此，當公司要舉辦新的會議，分享如何重新進行績效管理的想法時，踴躍參與的員工還是讓出席率創下紀錄。「現場座無虛席」，大家腦力激盪，表達該如何重新思考績效。現在，巴塔哥尼亞不再進行年度績效評估，而是由人資部門提供一種工具，員工可以選擇使用這個工具幫助他們提高績效。「他們可以根據自己的狀況、需求以及經理的需求，決定他們仰賴這個工具的程度,而不是由人資部門強制執行,」卡特說。這個新方法提高員工績效,並讓人資部門能夠騰出時間,尋找有趣的洞見和數據,以幫助員工進一步發展。卡特說,透過這些新的績效分析辦法,人資部門現在可以得到更多有用的資訊。他補充說,這個系統還「為員工和經理空出時間好好工作,或者就巴塔哥尼亞的情形來說是,員工多出許多時間可以去衝浪。」

　　在軟體開發商GitLab的人才評估計畫裡,其中一部分[47]是鼓勵經理人不僅要評估員工過去的表現,還要評估員工未來的成長潛力。就像GitLab所說,「成長潛力是指,一個團隊成員成功承擔起愈來愈廣泛或複雜的責任,以及學習新技術的能力和渴望,而不是僅限於特定工作類別裡同儕和角色的職責。這包括人們在自己的工作類別裡晉升到下一階段的成長潛力,以及/或橫向發展到其他工作類別的潛力。」經理人可以根據適應能力、可擴展性、一致性與自我意識這四個主要部分,判斷員工的成長潛力,並依此推算出員工實現潛力的最佳路徑。在真正的成長文化裡,公司會注意到員工的成長潛力會隨著他們的技術、能力與興趣的變化而改變。你可以為員工提供類似的協助,幫助他們辨識並實現成長的機會。

　　在本章一開始,我說明我的同事每年用讓人尷尬的方式流傳大家的績效評分。但現在,我們展示教職員在論文、專案和研究經費上相互合作的程度，我們也把系上的合作網絡圖貼在辦公室前面，就在教職員的信箱旁邊。想一想你可以在組織當中使用哪些指標以激發合作的成長文化，並挑戰競爭的天才文化。請記住 Atlassian 高度個人化的發展計畫，期待並支持每個人不斷成長。當你採用新系統一段時間後，別忘了檢查數據，以準確了解和舊系統相比，新系統對於績效、流動率等指標的影響，以便根據你的需求做出調整。

第四章
創新與創造力

　　談到能源的未來，我們別無選擇，只能改變我們做事的方式。以化石燃料為基礎的公司，將不得不從相對可靠的工作模式，轉變成充滿未知與複雜性、而且必須找到出路的工作模式。就像殼牌（Shell）公司提出的問題：「我們如何從相對可以預測的環境，邁向一個本質上不確定的世界？」全球能源正在轉型。「我們不知道轉型的速度有多快¹，也不知道規模有多大……但我們知道轉型即將到來。」殼牌人力資源執行副總喬里特‧范德托格特（Jorrit van der Togt）說道。順帶一提，范德托格特擁有社會心理學博士學位。為了應對不明朗的未來，殼牌需要改造公司的整體業務。但該怎麼改造呢？

　　范德托格特考察各行各業，看看其他歷史悠久的組織是否成功的應對如此巨大的轉變。他把眼光投向微軟，以及微軟在雲端技術領域上從落後到領先的轉變。微軟執行長納德拉將公司的組織文化從天才文化轉變為成長文化，進而產生改變。范德托格特知道殼牌也需要進行類似的文化轉型，才能滿足全球能源不斷變化的需求。

　　巧的是，當殼牌在尋找發展方向時，范德托格特也在改革殼牌的員工發展計畫，當時史丹佛大學是可能和殼牌合作的候選機構之一。范德托格特飛往加州帕羅奧圖（Palo Alto），花了一天時間聆聽教授的演講，了解組織如何因應像殼牌公司正面臨的轉型時刻。我和范德托格特就是在那裡認識彼此。我簡報說明什麼是組織心態後，他開始有了想法。他知道殼牌迫切需要創新，而且必須發揮一切創造力來解決正在面臨的挑戰。也許把重點放在組織心態可以幫助殼牌應對這些當務之急，就像微軟那樣。

　　我前往海牙與殼牌公司當時的執行長班・范伯登（Ben van Beurden）以及執行團隊成員進行一系列會議，他們都同意范德托格特的看法。他們明白組織文化必須由上而下推動，所以轉變必須從他們身上開始做起：他們必須發揮領導與示範作用。每位主管都在思考自己屬於哪一種心態，反思他們的定型心態體現在什麼地方，他們如何以及為什麼會轉變為成長心態，以及這種轉變對他們的職涯有什麼幫助。

　　可以理解的是，殼牌的執行團隊希望能測試我們的心態文化改革模式。它們本來可以採用風險很小的測試，這樣就算測試沒有達到效果，潛在的負面影響也會很小。但相反的，他們卻戰略性的把重點放在公司最重要、最有挑戰性的優先事項上：安全。范德托格特說，「我們這一行本質上很危險，操作不當可能會讓人員致死，因此對我們來說，安全是最重要的環節。」

從過去的歷史來看，殼牌極度仰賴天才文化來經營公司，尤其是在安全方面。這樣做很合理，對吧？畢竟，安全是一個需要嚴格管控的領域。殼牌裡的每一個人，包括高階主管，脖子上都掛著一條掛繩，上面寫著公司重視的安全原則。問題是，殼牌雖然因為嚴格遵守安全原則而成功減少許多事故，但無論他們遵守多少規定或做了多少事後分析，還是無法做到「零事故」。

殼牌在 2007 年設定「零事故」的目標[2]，是該公司對安全的極致追求。他們的目標是確保整個組織系統能夠做到零傷害和零洩漏，包括人員、流程和運輸操作，從地下開採石油到使用卡車、鐵路、輪船來運輸；把石油儲存在巨大的儲存槽裡，並把石油製品銷往全球。雖然殼牌極力防止人員死亡和石油洩漏等問題，但還是無法實現零事故的目標。多年來殼牌公司穩步發展，逐漸降低事故數字，但公司想知道，成長心態的文化能否幫助它們完全達到目標。人們能否擺脫定型心態和常規的工作模式，轉為著重學習，尤其是在不可避免會出錯的環境裡？隨著殼牌轉變業務模式，公司一方面必須為能源轉型設定全新的目標，一方面又要兼顧對安全的高度要求，這讓殼牌在創新時面臨比其他產業更高的挑戰和風險。我們一起努力，幫助員工積極尋找改善安全規範的方法，並鼓勵員工在處理安全議題時表現出殼牌所說的「學習者心態」（learner mindset）。我們將在本章稍後看到殼牌在改變組織心態以追求零事故目標時，會有什麼表現。

與合作一樣，創造力和創新也會受到組織文化的影響。合作促進創新，因此成長文化可以從鼓勵合作裡得到雙重的好處，因為它鼓勵人們提出新想法或用新方法結合當前的概念。雖然天才文化可以創新，也確實在創新，就像殼牌在安全議題上所做的那樣，但它們通常需要克服由定型心態在結構和人際關係上造成的限制。在天才文化裡工作，就像在逆風中駕駛飛機：你可能會抵達目的地，但成本會更高，而且你的班機可能延誤，旅途的壓力也更大。雖然天才文化有時候可能會產生重大創新，但我們依然要問，如果組織更常採取成長心態，它們可能得到哪些更大的成就，成本又會降低多少。

當我們談到**學習型組織**（learning organizations）時，我們想到的是成長文化。在這種公司裡，每天都是一場尋寶之旅，員工渴望尋找新想法來改善產品和流程。天才文化主要是**傾向型組織**（leaning organizations），它們傾向以現狀或過去做事的方式來決定目前該怎麼做。這種組織有時候可能會提供資源並鼓勵創新，但它們通常只把資源給少數特殊的明星員工，或用來支持主管最喜歡的專案。

　　這一章，我們會探討成長文化與天才文化如何用不同的方式創新，以及心態帶來的具體幫助或障礙。

 ## 心態如何推動或阻礙創新

　　談到創新，你可能最不會想到的領域是會計。然而，坎蒂絲・「坎蒂」・鄧肯（Candace "Candy" Duncan）卻做到這件事。她鼓勵人們拓展思維，在創造力和遵守嚴格法律與道德之間找到細微的平衡。鄧肯擔任安侯建業會計師事務所在華盛頓都會區業務的經營合夥人，是公司第一位女性經營合夥人，領導公司在審計、稅務和顧問方面的品質成長重要任務。雖然她的經歷很豐富，但在安侯建業為鄧肯工作過的人，對她的印象通常是她常問的一個問題：「我們如何提高標準？」

　　鄧肯在接受採訪時表示[3]，她會挑戰每一個在她麾下工作的人：「每天都要盡力而為。這聽起來很簡單，但下週這樣做，下個月也要這樣做，不要取巧走捷徑。無論你是剛從學校畢業的新鮮人，還是在51歲擔任新的主管職，我發現設定這樣的目標很有幫助，一年後你會很驚訝的發現你有長足的進展。看看過去37年來，我的職涯累積到什麼程度就知道。」以身作則是鄧肯成功的原因[4]，她說：「我從不要求任何人去做我不會做的事情。」有一個針對財務顧問的學術研究支持她的做法：以成長心態行事的人，在看到別人展現出類似的行為時，會更願意為客戶付出額外的努力。

鄧肯表示，要在到處都有監理限制的環境裡創新，其中一個關鍵是鼓勵合作、認真的團隊。「我認為，團隊十之八九都能夠想出更好的答案，」她說，「多元化的團隊可以貢獻更多經驗，因此這樣做很明智。為什麼不充分利用你擁有的一切？」鄧肯補充說，例如，公司各級員工提出的多元觀點曾讓她意識到自己的盲點。「有時候你不知道自己不知道什麼，」她說，「當你和某人一起工作時，你不知道為什麼他們要那樣做。如果你願意傾聽對方的想法，突然間你就會以不同的方式看事情。」鄧肯的好奇心，以及她願意向每個人學習的核心價值觀，是成長心態的標誌。

說到企業文化，許多公司都依賴組織內的一套價值觀。以共乘汽車應用程式優步（Uber）為例[5]，它當年有幾個現在已經惡名昭彰的核心價值觀，充分顯示這家公司崇尚天才文化的心態：（1）永遠忙碌；（2）主動承擔；（3）大膽下注；（4）為城市喝采；（5）顧客至上；（6）徹底了解；（7）充分授權；（8）創造魔法；（9）能力至上，登上顛峰；（10）正向領導；（11）有原則的對抗；（12）無所畏懼；（13）贏家思維；（14）做自己。我們該如何期望員工同時注重勝利、能力至上，同時又能做自己？就像《紐約時報》記者麥克‧伊薩克（Mike Isaac）在《恣意橫行》（*Super Pumped*）書中所說，優步早期會評估員工的一些特質，例如強悍、成就表現、無所畏懼和創新能力等。「公司可能會解雇得分低的人，」伊薩克說，「而得分高則會影響加薪、升遷和年終獎金。」他還透露分數高低「往往取決於特定員工和評分的經理或部門主管之間的交情」，這不讓人意外。

　　優步之前的定型心態文化缺乏明確、適當的標準。然而，人們卻常常把成長文化看成不受約束，而且沒有明確界線的文化。其實，在成長心態組織裡，人們會知道真正的界線在哪裡，並在其中發揮創造力和創新力。在安侯建業[6]，鄧肯面臨的挑戰是所處的產業有嚴格的法律和監管界線，因此再多的創造力也無法讓她的團隊實現目標，至少在道德上是如此。鄧肯回憶說，她在安侯建業紐約辦事處一個老闆手下工作時，有過一個相關經驗。當時，某一個政府機構才剛公開招標一個案子，結果美國聯邦政府就因故關門。政府關門期間，你不能去問聯邦雇員和那個案子有關的問題，因為關門期間他們不應該工作。但鄧肯的老闆無法接受華盛頓特區政府機構不願意提供更多資訊，好讓公司的出價更有競爭力。於是，她的團隊竭盡所能發揮創意，「揣摩政府機構給我們的訊息，並在我們的投標裡反映那些資訊。」當她的老闆堅持要員工聯繫和競標相關的聯邦雇員時，鄧肯知道他們不應該這樣做。「這樣做不合法，」她解釋說。為了解決這個問題，鄧肯去找老闆的兩位主管，向主管解釋這樣做可能會出現的法律問題。最後，她的老闆放軟姿態。鄧肯示範了即使老闆逼你破壞規定，你也要堅守立場的樣子。

相較之下，優步[7]的創造力卻往往有陰暗的一面，例如每年花費數千萬美元使立法者為優步提供服務，並用高科技工具對不願意這樣做的人發送垃圾郵件。他們還祕密追蹤用戶停用優步應用程式後的動向；招募前中央情報局、國家安全局和聯邦調查局雇員來監視政府官員；並雇用記錄不詳、沒有資格取得正規商業駕駛執照的司機，以擴大公司的潛在司機人力庫。優步有一項「創新」，員工暱稱它為「地獄」。那是一個高科技程式，用來監控來福車（Lyft）司機的活動，因為很多來福車的司機也同時為優步工作。優步還有一個策略是戰略性的操縱優步的薪資，讓司機願意多接優步的單。這些例子有力卻可悲的說明組織的行為規範如何彼此影響，讓員工不惜一切代價創新，但成功的代價之一卻是道德可能出現瑕疵。

在零和的世界裡，優步正在玩一場可能會輸的遊戲。大規模的「#取消優步」（#DeleteUber）活動向世人揭發優步的一些手法。此外，時任優步工程師的蘇珊・佛勒（Susan

Fowler）貼出一篇文章揭露優步的性騷擾文化，這篇文章在網路上瘋傳後，讓優步差一點垮台。優步的共同創辦人兼執行長特拉維斯・卡蘭尼克（Travis Kalanick）被認為是優步文化出問題的主要亂源，最後因此被趕下台。然而，文化是一種根深蒂固的東西，哈佛商學院教授法蘭西絲・傅萊（Frances Frei）受聘擔任優步的領導和策略副總裁，負責改善優步的文化，她對此深有所感。傅萊大力加強高階主管的教育[8]，特別注重邏輯、策略和領導力，以協助改善經理人在職責與能力之間的差距。然而，在她的評估裡，「教育的對象很明顯必須遠遠超過這個範圍。」附帶一提，優步新任執行長[9]達拉・霍斯勞沙希（Dara Khosrowshahi）很快就廢除卡蘭尼克那14條價值觀，並以更注重包容和道德的價值觀取而代之，例如「為差異喝采」和「我們做對的事」。儘管如此，想要從錯誤中學習、改善形象並實現真正的潛力，優步還有很多工作要做，而心態文化的轉變正是這個變化的重要部分。

我們已經看過一些成長文化和天才文化創新的例子，現在讓我們剖析組織文化的一些要素，以了解組織心態如何推動或阻礙創新。

▌心態如何影響創造力

在成長文化裡，創造力是每個人都具備的能力，而不

像天才文化那樣，認為這是少數有天賦的「創意者」才有
的能力。研究顯示，當我們處於「證明與表現」的模式時[10]，
這些壓力會削弱我們的創新能力。具體來說，當我們把焦
點都放在其他人如何看待和評價我們的努力時，我們用來
理解手上任務的資源就會減少。研究人員曾在實驗裡，給
大學生和研究生一系列的數學或語言表現任務。接著，研
究人員給他們一組非常明顯的指示，藉此激發他們的定型
心態。例如，他們會說「在這個任務裡，實驗者將評估你
的表現。對你來說，重要的是要表現良好並得到高分，才
能展現出你的能力。你應該知道很多學生也會參加這項任
務，所以你要努力脫穎而出，要表現得比大多數學生更
好。」當學生陷入定型心態時，他們的表現比較差，因為他
們擔心別人會如何評價他們。

　　這些研究支持一個假設：專注在社會比較並試圖努力
展現自己的能力，會消耗掉工作記憶*。當員工擔心績效不
佳的後果時，他們可以動用的腦力就會減少，這代表創新
減少，解決問題的能力也會比較差。順便說一句，我們把
這種在心裡喋喋不休的行為，**稱為和任務無關的想法**（task-ir-
relevant thoughts），因為當人們在解決挑戰時，其實並不需

---

*　編注：負責將訊息暫存在短期記憶中，等候大腦處理。

要思考這些想法。相反的，另一個研究顯示[11]，當受試者對創造力抱持著成長心態的想法時，他們更有可能對創造性思考產生興趣，而且實際的表現也會更好。

從認知的角度來看，一般認為創造力涉及至少兩種不同的思維方式：發散性思維（divergent thinking），即在多個面向和解決方案中尋找方法；以及收斂性思維（convergent thinking），即找出單一最佳或最正確的解決方案。研究人員曾透過一項研究來衡量[12]發散性思維，研究心態和創造性解決方案兩者之間有什麼關係。結果顯示，與認為自己創造力有限的人相比，支持成長心態並相信自己有創造力的人，會產生更多元、更獨特的想法。

在另一項研究裡，研究人員給受試者10分鐘時間，解決一系列的頓悟性問題（insight problems），藉此衡量收斂性思維[13]。例如，「有一個女人的耳環掉進一個裝滿咖啡的杯子裡，但她的耳環卻沒有濕掉，為什麼？」（好吧，我就不吊你的胃口，答案是這個女人的杯子裝的不是準備要喝的咖啡，而是咖啡渣。）結果顯示，處於定型心態的人不太喜歡創意類型的任務，而且有可能在處理這類問題時感受到負面情緒，表現也更差。但是，懷抱成長心態的人卻享受這類任務，有可能在任務過程中體驗到正向的情緒，也更有可能付出更多努力來解決問題。**有助於人們邁向創造力的成長心態環境，更有可能激發員工對自己的創造力，**

產生自我效能感^{*}和熱忱，成為更有效的問題解決者。

▌培養靈活度

　　正如達爾文經常引用的一句話[14]：「倖存下來的物種不是最強大的物種，也不是最聰明的物種，而是對變化反應最快的物種。」在心理學裡，認知彈性（cognitive flexibility）是指人們根據環境變化而改變思維或注意力的能力。根據這個定義，我們不難理解為什麼靈活度是創新的重要成分。然而，企業常常面臨一個困境[15]：到底要謹慎行事並盡可能利用資源（即**利用**〔exploitation〕），或是尋求新產品、新領域或新的合作關係以帶來成長（即**探索**〔exploration〕）。研究顯示，長期保持成長心態的個人和組織[16]，往往更有彈性。

　　賈桂琳・諾佛葛拉茲（Jacqueline Novogratz）在複雜的金融領域裡有出色的職涯表現[17]，但她一心想為世界帶來真正的改變。因此，當有個機會可以去非洲時，她接受了，在盧安達和其他國家，以小額貸款等方式努力幫助當地的創業家。然而，當地不健全的系統令她很沮喪，讓她難以給予當地人有意義的協助。例如，想要幫助非洲創業家的

---

*　編注：或稱為個人效能，用於衡量個體對完成任務和達成目標能力的信念的程度或強度。自我效能高的人，完成任務、達成目標的機會高。

組織，提供的資金往往有嚴格的限制，而且這些限制並未考慮到當地經濟實際的運作方式，也不在乎哪些事情對當地創業家以及他們的服務對象真的有幫助。談到影響力投資（impact investing）*時，提供資金的人往往也會拿出自己的方法，從他們的角度告訴別人怎麼做才有效。諾佛葛拉茲在當地一再看到這種做法的問題。這種做法可能會讓出資方感覺自己有很大的貢獻，但實際上對當地卻沒有太多幫助。諾佛葛拉茲和他人共同創辦一個成功的小額貸款計畫後，決定擴大她的計畫範圍。她的組織「聰明人基金」（Acumen）是一家非營利的全球企業，為非洲及世界其他地區的當地企業家提供財務和諮詢顧問，發展和拓展他們證實有效的概念，以協助貧窮人口。聰明人基金的出資人想要看到的不是自身的經濟回報，而是當地社區的成長、創新和經濟利益。這個組織的創新模式，把創投的商業觀點和慈善事業的同情心，以及真心對服務對象的尊重結合起來。

　　聰明人基金支持的其中一位創業家是安吉特・阿加瓦爾（Ankit Agarwal），他決心做一些事情，協助印度神聖的恆河減少汙染。印度各地的印度教徒每天都會拜訪寺廟，

---

* 　編注：為有意為社會及環境造就正面、可衡量的影響力，同時創造利潤的投資。

為眾神獻上鮮花和食物。當花愈積愈多後，祭司會把花丟
進當地的河裡。雖然漂浮的鮮花很美，但這些花大多用殺
蟲劑處理過，會汙染下水道。恆河就是這種情況。

阿加瓦爾和他的摯友兼商業夥伴卡蘭・拉斯托吉（Karan
Rastogi），一起創辦一家能夠同時解決多項挑戰的企業。他
們的新創公司 Phool（印地語「花」的意思），從恆河沿岸
的寺廟收集鮮花，噴灑有機清潔劑以去除毒素，然後把鮮
花轉製成線香。這樣做不僅可以防止農藥進入下水道，而
且做出來的線香還能以更健康的方式替代傳統的木炭香，
因為傳統的木炭香會對呼吸系統產生負面影響。阿加瓦爾
和拉斯托吉還進一步擴大他們的願景，雇用印度最低種姓
階級的工人「挖糞者」，這些社會中最貧困的人通常從事最
不受歡迎的工作，例如處理人類的排泄物。Phool 為他們提
供薪資、健保和交通，還有吸引人又舒適的工作場所，工
人也可以帶乾淨的飲用水回家，和家人分享。聰明人基金
還支持更大的計畫，包括一家名為 d.light 的公司，這家公
司為世界各地的低收入人口提供價格實惠的太陽能照明和
電力解決方案。截至 2023 年，d.light 已經幫助[18]70 個國
家、約 1.4 億人獲得廉價且環保的電力，改善他們的生活品
質。

諾佛葛拉茲表示[19]，聰明人基金目前支援 40 家從事離
網能源（off-grid energy）業務的公司。「我們可以直接這麼

說，我們希望透過離網式太陽能和電力，為地球上最難以獲得電力的2.15億人提供乾淨的電力。」這才是真正的影響力。

　　所謂的利害關係人資本主義往往做不到這些要求，而且許多問題都是因為天才文化的心態作祟。我和諾佛葛拉茲談話時[20]，她分享她和一個避險基金投資人之間的對話，內容是聰明人基金在印度比哈爾邦支持的一家企業，在稻稈氣化上遇到的一些挑戰。避險基金的人回答說：「好吧，何不直接讓我們經營妳的公司？」這些避險基金的人連印度都沒去過，也沒有處理氣化流程的相關經驗。諾佛葛拉茲說：「這就是天才文化讓你失望的原因，」她在這一行普遍看到這種心態，「他們有一種根深蒂固的假設，認為讓他們來做我們在做的事情，他們會做得比我們好。他們的智力也許可以在他們的腦袋裡發揮作用，但不一定能在出現問題的地方派上用場。」

　　相反的，聰明人基金強調傾聽、學習和謙遜，認為要深入了解問題，才能和當地的企業家合作發展出最好的解決方案。在決定要支持哪些創業家時，聰明人基金不會被創業家畫的大餅左右。它們看的不是創業家的魅力，而是他們的個性。「個性決定一切，」諾佛葛拉茲告訴我。聰明人基金想要找到能夠「以可信且有韌性的方式坦率談論失敗，以及從失敗裡學到東西的人。他們有能力接受別人的回饋，能夠傾聽別人，也對自己在當地服務的對象有很強的好奇心。他們最起碼要意識到自己的不足，並試著建立團隊，讓圍繞在身邊的團隊幫助他彌補這些不足。」諾佛葛拉茲說，這正是她在當地建立團隊的原因。擁有這樣深厚且多元化的團隊陣容，可以讓組織在有挑戰性的市場裡解決複雜問題時，表現出靈活和彈性。

▌從行銷到心態

到目前為止，我們關注的幾乎都是心態文化在組織**內部**的表現。然而我們的研究顯示，對組織外部的人來說，某些展現公司心態的訊號顯而易見，無論那些訊號有意或無意。

你是否會根據自己的心態，選擇你最喜歡的牛仔褲、墨西哥捲餅或租車品牌？根據多項研究[21]，包括我和卡蘿·杜維克的研究顯示，答案確實如此。如果你正在找一本法國食譜，期待要在廚房裡挑戰自己，或者期待要在下一次晚宴展現你的廚藝，這也許能夠說明當時的你用了比較多的成長心態或定型心態。了解核心客戶的心態，可以幫助公司確認用什麼方式溝通，最能夠了解消費者的目標。

辛辛那提大學的研究員喬許·克拉克森（Josh Clarkson）[22]和我，也證明心態會引導我們選擇某些產品，因為那些產品可以幫助我們實現績效目標或學習目標。我們發現，處於成長心態的人，會傾向購買能拓展知識範疇、藉此強化使用者學習能力的產品。例如，一個更有成長心態的梅洛葡萄（Merlot）愛好者，會傾向嘗試全新類型的葡萄酒，例如夏多內（Chardonnay），而不會一直只喝他們喜歡的相似葡萄酒，例如梅洛－卡本內蘇維濃（Merlot–Cabernet Sauvignon），因為這樣可以學到更多潛在知識。具有成長心態的參與者更喜歡新奇的異國風味巧克力、仍處於開發階段的軟體、從未聽過的音樂類型以及新型電動跑車，因為這些選擇擴大他們對各種產品的學習。

傾向以定型心態思考的人[23]，比較可能設定提升自我績效的目標，而非學習新東西。例如，如果他們走到品酒櫃檯，可能會更想讓別人知道他們已經精通的東西，例如評論酒的單寧或風土條件，而非提問和尋找新資訊。在我們的研究裡，定型心態的參與者比較可能追求能夠彰顯他們能力的產品，並告訴別人在特定產品類型裡，哪些才是最佳選擇。這些參與者會選擇梅洛－卡本內的葡萄酒；「巧克力味道更濃」的巧克力，而不是全新異國風味的巧克力；業界標準款的更新版軟體，這種軟體已經經過驗證與疊代；聆聽他們最喜歡的音樂類型；以及一台在說明書裡就能證明車子性能好、加速快的跑車。

產品的行銷方式[24]會決定這些產品對定型心態還是成長心態的人更有吸引力。例如，小小愛因斯坦（Baby Einstein）*影片為幼童提供被動吸收的天才知識，這種影片更能迎合我們的定型心態。另一方面，Lumosity 應用程式的「大腦訓練」平台，或 Duolingo 語言應用程式，讓人能夠透過持續的努力學習來提高技能，這比較符合我們的成長心態。此外，組織行為的研究顯示[25]，定型心態的人會希望品牌能夠幫他們向別人證明和表現自己：他們希望品牌能讓他們炫耀和品牌相關的正面特質。想一想，有多少人選擇印有高端品牌的奢華皮夾來彰顯自己的風格，或選擇常春藤名校的商品來凸顯自己的聰明才智。

人們通常認為，定型心態的組織[26]比較有威望，但其實成長心態的組織更值得信賴。此外，當一家公司表現出學習心態時，消費者更容易信任他們。這也是汽車租賃公司艾維士（Avis）能成功推展「我們更努力」活動的一個原因[27]。這個活動強調艾維士在市場上屈居第二，落後赫茲租車（Hertz），並以此解釋為什麼艾維士有動力為客戶加倍努力。艾維士在廣告中說：「我們從事汽車租賃業務，在巨頭面前屈居第二。最重要的是，我們必須學習如何生存……我們的老二哲學是『做對的事情』、尋找新方法，以

---

* 編注：一系列針對出生3個月的嬰兒到4歲幼兒的多媒體產品和玩具。儘管這些產品備受父母推崇，卻很少能夠得到兒童早期教育領域的專家們的認同。專家們認為透過對周邊世界的探索來學習更重要。

及加倍努力。」根據網路雜誌《頁岩》（*Slate*）的報導，艾維士推出的廣告一炮而紅，讓艾維士從每年虧損320萬美元翻身為獲利120萬美元，這是艾維士10年來第一次獲利。

如果名聲是天才文化追求的目標，那麼就算名聲對公司有利，也可能是以犧牲消費者的信任為代價。比特幣和其他加密貨幣之所以崛起，很大程度是因為人們對傳統金融服務的信心下滑，尤其是年輕消費者的信心。臉書一項針對千禧世代的調查顯示[28]，高達92％的受訪者不相信歷史悠久的機構能夠妥善處理他們的資金。他們不信任這些組織，因為這些組織極度仰賴讓消費者負債的方式賺錢，而且頻頻發生管理不善的情事。受訪者還認為，這類傳統公司不了解他們的需求。這些情緒為新型態的貨幣，以及過去通常和金融無關的公司創新服務或產品打開市場，例如維珍集團（Virgin Group）及旗下品牌延伸出來的維珍財務公司（Virgin Money）。事實證明，信任也許是你身處的產業裡關鍵的差異化因素，當人們對一個組織或部門的信任感降低時，創造力和創新可以幫你抓住這些機會。

說到維珍，它已經成功透過各種產品，讓消費者跟著他們的品牌展開各種旅行，包括唱片、航空和太空旅行、行動電話服務等等，不過這家公司也有過一些有名的失敗經驗，包括維珍可樂。歷史告訴我們，惡搞汽水的風險很高，這是可口可樂在推出新可樂時向消費者傳達的訊息[29]。

雖然新可樂的口味在測試階段表現良好，但當可口可樂正式推出新產品時，卻遇到可樂愛好者的強力抵制。可口可樂被消費者視為「老字號品牌」，就像雷夫羅倫（Ralph Lauren）經典的 Polo 衫，以及偉特（Werther）的經典奶油太妃糖一樣。這些品牌很難成功延伸它們的品牌，因為廣大的消費者已經對這些產品的品質產生既定的定型心態。換句話說，在某種程度上，這些品牌的消費者已經根深蒂固的認為這些產品永遠不會改變。這就是為什麼可口可樂後來被迫推出經典版的可口可樂，放棄新口味的可樂。另一個例子是番茄醬公司[30]為了吸引小孩而做出的努力。亨氏公司（Heinz）的「唧唧裝」（EZ Squirt）番茄醬，把傳統的紅色番茄醬改成「刺激綠」、「時髦紫」和「火熱粉」等各式顏色番茄醬。雖然這些產品一開始很流行，但最後卻失敗了。有一部分原因是注重健康的父母擔心這種產品有人工色素和香料，五花八門的顏色讓產品看起來很像技術加工食品，而不是他們比較喜歡的天然食品。反觀像維珍這樣的品牌，一直都把自己定位為尖端和引領潮流的品牌。這類品牌激發消費者的成長心態[31]，使他們期待這些品牌拓展出其他產品，甚至是和原本既有市場八竿子打不著的產品，例如維珍從航空公司擴展到提供電話服務。

　　在公司鎖定目標市場的過程中，組織心態也會在創新時發揮作用[32]。組織心態會塑造我們對特定族群的看法，以及我們認為什麼會吸引他們，什麼不會。**群體間心態**（intergroup mindsets）是指[33]人們認為**其他**群體具備哪些特徵，以及他們認為這些特徵是定型的或是可以被改變的。定型心態可能會讓組織迴避某些市場，例如當公司傳統上以白人市場為主時，具有多元種族或族群背景的消費者就不會是公司的目標對象，因為組織認為公司會「很難虜獲」這類消費者的心。或者，如果組織帶著定型心態進入新市場，他們可能會推出對新的目標消費者有刻板印象的產品或服務，結果難以和消費者產生共鳴。

塔可鐘（Taco Bell）快餐店在墨西哥推出的產品就是這樣的例子[34]。塔可鐘在墨西哥的總經理很自豪的說，他們推出的菜單幾乎和美國的菜單一模一樣。然而，像我這種熱愛德州墨西哥菜的德州人，可能會告訴他在美國流行的食物，實際上並不是正宗的墨西哥菜。墨西哥人對這家連鎖店賣的脆皮炸玉米餅覺得很困惑，在某些情況下甚至覺得很困擾，因為墨西哥當地的美食當中根本沒有這種食物。「這不是墨西哥捲餅……而是折起來的炸玉米餅，而且看起來很醜，」一位顧客抱怨說。麥當勞在拓展海外市場時，則更靈活的注意到[35]當地消費者真正的口味。麥當勞在法國、比利時、德國和奧地利的餐廳裡賣啤酒，在加拿大賣肉汁乳酪薯條，在澳洲賣維吉麥（Vegemite）抹醬。當組織以成長心態接觸新的消費族群或市場時，它們更有可能了解並適應不同消費者的偏好，帶來更適合市場的創新，雖然這代表它們在過程中必須稍微改變產品。

　　要涉足新領域，並希望在嘗試新方法時覺得自在，這時就需要心理安全感。想培養並保持成長文化，心理安全感是非常關鍵的因素。

心理安全感

　　「恐懼會阻礙學習」[36]。

　　哈佛大學組織行為專家艾美‧艾德蒙森（Amy Edmonson）如此寫道。害怕或焦慮會耗盡我們的生理資源。如前所述，當我們把整副心神都用來注意別人如何看待我們的表現時，我們可以用來從事解決複雜任務的工作記憶就會減少。恐懼和我們的定型心態，會破壞我們的創造力和解決問題的能力，而這些創造力和解決問題的能力對創新極為重要。我們希望人們受到挑戰，但也希望他們能夠得到資源並覺得獲得支持以應對挑戰。可惜的是，由於天才文化注重定型的能力和競爭，因此常常讓人處於備受威脅的狀態。就像艾德蒙森在《心理安全感的力量》（*The Fearless Organization*）書中總結，「當人們覺得恐懼時，就很難盡自己最大的努力去工作。」成長文化透過創造心理安全感，來鼓勵人們走向成長心態。

　　艾德蒙森就讀博士一年級時，曾加入一個團隊，研究醫院的醫療疏失。她的重點是研究團隊合作對錯誤率的影響。護理調查員在6個月內蒐集數據，艾德蒙森則調查和觀察醫療團隊。在研究裡，艾德蒙森假設最有效的團隊犯的錯誤最少，但數據顯示的結果卻讓人感到困惑，因為比較好的團隊實際上犯的錯**更多**。進一步調查後，艾德蒙森發現，其實並不是表現最好的團隊犯更多的錯誤，而是它們比其他團隊更願意公開談論錯誤，並且更願意匯報錯誤，而其他團隊則比較不願意在報告裡載明所犯的錯。學習，再加上坦言錯誤所需要的心理安全感，讓表現最好的團隊能夠持續進步。

心理安全感的訴求重點不是為了讓人覺得比較舒服而避免批評，而是培養出彼此尊重的坦誠之心。當員工發現某些做法沒有效果時，如果環境讓他們覺得有安全感，他們就更有可能說真話，因為他們不必擔心別人會因為他們說真話，就忽視、嘲笑或解雇他們。而且，成長心態文化會更進一步，鼓勵員工積極尋找創新和改進的機會，無論是為產品還是自己。心理安全感將氣氛轉變為讓員工可以更放心分享見解與想法的氛圍。在這一點上，在研究害羞人士的預設心態如何影響他們面對社交場合時，研究人員發現傾向保持成長心態的害羞人士，實際上會尋求更有挑戰性的社交場合，因為他們認為這種互動可以提高他們的社交技巧。相反的，那些傾向定型心態的人則是偏好強度

不那麼高的互動，因為他們認為這樣他們的社交弱點就不
會被凸顯出來。他們在社交互動中比較傾向迴避。

　　誠如諾佛葛拉茲在創立聰明人基金前觀察到的[37]，缺乏
心理安全感，是人們難以和非洲創業家有效互動的巨大障
礙。在她參與的幾個計畫裡，有創新想法的女性創業家已
經學會要說一些投資人想聽到的話，而不是表達自己的看
法，或她們成功真正所需要的東西。「總是必須依賴別人
提供慈善或善舉的人，往往很難說出自己真正想要什麼，
因為通常沒有人會問他們需要什麼。而且就算問了，弱勢
的人也會認為沒有人想要聽到真相，」她在她的書《藍毛
衣》（ *The Blue Sweater* ）中寫道。組織內部也常出現相同的
狀況：公司鮮少以學習的心態傾聽員工的聲音，以至於員
工懷疑自己的意見是否能發揮影響。諾佛葛拉茲在創立聰
明人基金時，就將這些想法帶進公司。她告訴慈善家和其
他想要參與聰明人基金的合作夥伴，所謂的領導力「是從
傾聽開始」。

 ## 殼牌如何轉變心態文化

　　當殼牌試圖培養成長心態的文化，以便能夠在安全方
面進行創新時，並不是所有人都相信改變思考方式可以讓
他們更接近零事故的目標。如果這樣做會讓他們離目標更

遠怎麼辦？

　　當我抵達殼牌公司總部時，我拿到大樓裡每個人都必須配戴的安全卡掛繩。在公司的門口大廳，有一個大螢幕清楚顯示公司的「零事故目標」。這些文化產物顯示殼牌非常重視安全文化，但零事故的目標仍然遙不可及。公司是否應該大幅改變思維方式？這樣做可以幫助它們達成目標嗎？

　　殼牌決定致力於文化變革，它知道舉辦一系列的腦力激盪會議和標準安全活動遠遠不夠。公司還要讓每個部門的**每一個人**都轉向成長心態，從財務、技術、法律、人力資源到參與基層執行的員工和承包商都包含在內。而且還不只有殼牌的員工和承包商，也包含在辦公室、油田現場和海洋鑽井平台上的其他組織合作夥伴。如果沒有徹底投入，殼牌如何讓員工願意投入學習新技術和新產業的困難工作，在安全的前提下保持創新、建立新的合作關係，並從不可避免的錯誤裡吸取教訓呢？雖然讓每個人都願意參與非常重要，但殼牌高層也知道改革必須從他們開始。

　　身為昔日天才文化心態的一部分，人們期待殼牌高層是萬事通（know-it-alls），而不是萬事學（learn-it-alls）。「如果中階主管[38]嘗試做點不一樣的事情，但高層卻說『我們領導階層本來就知道該怎麼做』，那麼兩邊就會脫節，」范德托格特解釋道，「所以我們的結論是，領導者不應該是

擁有所有答案的老師，而是一位學習者，他要幫助員工、引導員工和團隊去**尋找**答案。不要根據我們的知識去操作，而是要找到更好的答案，並且比競爭對手做得更快。」重點不在於你知道**什麼**，而是你**如何**知道。領導者這種自認為無所不知的心態，是我首先要幫助殼牌改變的事。

我們從當時的執行長范伯登和負責監督公司各領域的執行委員會開始。委員會針對心態以及心態如何表現在工作場合中提出尖銳的問題，尤其著重在經理人與員工之間的關係。然後，每位主管都在自己的職業生涯中找到一些例子，體認到自己的定型心態妨礙他們或團隊的發展。他們還回憶起，當他們轉向成長心態後，這種心態如何幫助他們堅持、創新並取得職涯成就。他們致力與高階領導團隊分享他們的故事，並建立一個系統，讓領導團隊可以透過這個系統，在組織裡分享一樣的故事。

殼牌也研究過哪些常見的行為規範可能會引發員工的定型心態。例如，會議通常如何進行？會議強調的是「無所不知」還是「無所不學」？組織可以設計哪些流程讓人們更傾向成長心態？

公司也檢視評估流程，確保公司在評估員工的績效時，能把成長和發展當成討論重點。公司鼓勵員工設定有成長性的學習目標，並定期和經理與團隊一起檢視這些目標，尤其在員工陷入困境或遇到障礙，而新策略可以有所貢獻的時候。但最重要的是，每個人都會因為尋求改進工作的方法而受到鼓勵和獎勵。殼牌公司還建立一個可以向經理人提供改進建議的管道，讓好的想法（尤其是與安全規範有關的想法）可以進行大規模測試和實施。突然間，大家不再只是遵循脖子上掛牌所寫的安全程序行事，或是在某些事情不符規範時才說出自己的想法。現在，公司鼓勵員工和承包商積極主動並提出新的改善想法，因為大家都在努力學習怎麼做才會更好、更安全。

從那個時候開始，公司內部的人資部門和策略領導者就把成長心態融入公司業務的各個方面。殼牌把這樣的成長心態稱為「學習者心態」。在每年的安全日，殼牌全體86,000名員工會齊聚一堂，討論他們的學習計畫。他們會在會議一開始提出這個問題：**領導者必須採取哪些不同的做法？**范德托格特解釋人們為什麼要「先傾聽，在最後下評論之前多問四到五個問題。我們確實改變自己思考安全的方式，不再是『必須不惜一切代價避免錯誤』，因為人不可能避免所有錯誤。現在我們的態度是，『學會在犯錯時快速反應』」。換句話說，在處理完當下的狀況後，要加倍學習，然後再繼續前進。

殼牌把研究發現心態如何塑造員工的行為付諸實踐。在只有明星才能成功的天才文化裡，人們競相展現自己的才華、淡化自己的錯誤，導致人們可能重蹈覆轍。對於以

安全為核心的組織來說，這些行為尤其危險。殼牌致力於
建立成長文化的做法，表示領導階層開始擁抱學習，並認
為錯誤是公司制定嶄新前瞻式策略的機會，這些策略可以
在未來改善業績表現，並從錯誤中學習。領導階層的學習
者心態為員工創造必要的心理安全感，讓人們能夠暢所欲
言、公開系統裡的錯誤和漏洞，並積極主動尋求改善組織
的方法。殼牌學會如何從錯誤中獲得有價值的學習。

　　「我認為，我們現在對於如何處理安全規範的狀況，有
更好的應對措施，」范德托格特說，「但隨著時間過去，我們
不再只是關注如何學習，也更在意如何傳播這些學習的內
容，並確保所有殼牌的員工都能從中學習，」他說。

　　2020年，殼牌朝「零事故目標」向前邁出一大步[39]。
殼牌的全球營運單位達成零死亡事故的目標，但讓人遺憾
的是，它們的競爭對手當年仍然發生死亡事故。轉向成長
心態的文化，幫助殼牌保護和拯救生命。

 ## 如何鼓勵和促進創新

　　你可以運用無窮無盡的點子，協助員工把創新和改善
組織當成每一個人的職責。以下是一些建議。

▌讓創意無所不在

　　在成長文化裡，出色的想法可能來自組織裡的任何地方。巴塔哥尼亞的理念是[40]，公司最大的競爭對手是環境破壞，這是它們要戰勝的對手，而這需要所有人齊心協力，才能提出最佳解決方案。在內部營運的過程中，巴塔哥尼亞維持「一目了然」的政策，這樣員工就能輕鬆了解管理階層的決策，並定期在公司內部的各個單位尋求意見和回饋。這種透明、易懂的做法，有助於人們相信所謂重視每個人的看法不是口頭上說說而已。

　　動畫公司皮克斯（Pixar）採取許多策略[41]，包括排除員工的參與障礙，以確保每位員工都能帶來最好的貢獻。早期，公司有一間大會議室，中間放置一張設計精美的桌子，創意團隊會聚在這張桌子旁邊討論正在製作的電影。導演、製片和其他資深團隊成員會坐在桌子的前面和中間，如此每個人都能聽到他們的聲音。隨著團隊規模日益擴大，桌子已經坐不下，其他的團隊成員只能把椅子擠在牆邊或站著。最後，有人開始製作名牌，幫資深員工保留座位，卻因此造成意料之外的後果。有一天，皮克斯共同創辦人艾德・卡特莫爾（Ed Catmull）意識到，只有有名牌的大人物或和他們關係密切的人才會發表意見。公司不僅在無意間建立起階級制度，還讓其他人很難貢獻自己的看法。因此，他們拿掉名牌，換了更大的空間、擺上座椅，讓每個人都可以坐在桌子旁邊並發表意見。

　　Wildfang是美國一家結合傳統男裝設計方式的創新女裝公司，公司共同創辦人艾瑪・麥克羅伊（Emma McIlroy）[42]分享她用四個簡單的字，幫助自己記住好創意可能來自任何地方：「**對，也許是……**」。艾瑪7歲時，曾幻想自己是一位剛剛嶄露頭角的古生物學家。有一天，她和母親在故鄉北愛爾蘭的海灘上，發現一個東西，她非常肯定那是猛獁象腳的化石。艾瑪的母親知道，女兒手裡拿的那塊岩石不是猛獁象的腳，但這次她不再只是對她說「喔，是嗎？」而是點點頭說：「對，也許是。我們把它帶去讓博物館看看吧。」麥克羅伊說，當我們用類似「喔，是嗎？」之類的話來回應別人的想法時，會切斷彼此的對話與可能性，而且常常會讓對方感覺不舒服，下次可能就不想再與你對話。但說「對，也許是」則可以讓人們繼續思考，並有機會延長對話。幾年前，有一位資淺的客服專員去找麥克羅伊，分享他對某件事的新看法，但麥克羅伊很快就在心裡搜尋專員思考上的漏洞。她說專員的看法非常奇怪荒謬，而且從表面上看，麥克羅伊可以想到各種行不通的原因。然而，她不得不承認，她從來沒有想過這個專員提出的想法。她想到那天她和媽媽在海灘的情景，於是她請員工繼續思考他提出的想法，去做一些研究和初步工作，看看會有什麼結果。麥克羅伊說，很多年輕人進入Wildfang，是因為他們想要成為這種優秀企業文化的一分子，因為公司的文化認為「好點子可以來自任何地方」。然而，「員工不一定接受過企業訓練」，因此有些想法缺乏對現實世界的認知。「有時候當想法出現在面前時，你會看到其中的弱點和缺陷，」所以這個階段的挑戰是，不要在這些想法還沒有發展之前就把它們消滅殆盡。麥克羅伊說，現在的她每天都要面臨一個選擇：「是要放棄那些想法，還是讓這些想法成長。」

　　麥克羅伊表示，實踐「對，也許是」的心態，比嘴巴說說還難。她發現，要落實這一點，最有幫助的做法之一就是將這個問題內化到個人層面。在她看來，很多人都在限制自己的可能性，所以對自己說「對，也許是」，可以讓我們的創新能力大大改觀。麥克羅伊對失敗有很高的容忍度，並把失敗視為是「創新旅程上的一部分」，這樣的態度對她很有幫助。麥克羅伊是在為愛爾蘭擔任國家隊選手、並參加各種國際比賽時學會這種心態。她明白，如果她失敗的次數不夠多，就代表她參加的比賽水準不夠高。她也以同樣的方式看待 Wildfang 的創新，將公司取得的每一項重大進步都歸功於曾經經歷過的失敗。「我們打造出來的文化非常重視適應和接受失敗的能力，然後從中學習並分享經驗……如果從領導階層到個人，大家都接受並承認失敗，整個組織就會接納這種態度，也會成為一個有機體。組織會開始用你沒有意識到的方式成長和前進，因為人們感受到組織真的賦予人們權力，可以勇於嘗試並失敗。」對了，小艾瑪發現的那塊岩石後來怎麼了？她和媽媽真的把石頭帶去博物館，結果證明那不是猛獁象的腳，而是兩億年前的魚龍頭骨。但是博物館的工作人員告訴小艾瑪，那塊岩石是人們目前在愛爾蘭發現的類似頭骨裡，最好的一塊頭骨。如果你人在那附近，去看看吧！那塊岩石現在還在貝爾法斯特（Belfast）的阿爾斯特博物館（Ulster Museum）裡展出。

　　無論是透過哲學方法或物理設計，成長文化都會找到並克服障礙，讓每個人知道任何想法都會受到重視。

▌花時間創新

　　Visa 共同創辦人狄伊・哈克（Deep Hock）曾說[43]：「挑戰不在於如何把嶄新、創新的想法帶進你的頭腦，而是你如何擺脫舊的想法。清出你頭腦裡某個角落，創造力馬上就會注入其中。」對一些公司來說，達成這個目標的策略就是挪出員工行事曆上的一些時間。在第三章，我描述過軟體公司 Atlassian 很喜歡合作。由於心態文化是一套有凝聚力的意義系統*（meaning system），因此展現出合作等成長心

---

* 編注：個人解釋和理解周圍世界的框架或結構。

態準則的組織，也可能體現出創新等其他成長心態的做法。Atlassian把這些規範和他們的推出日（ShipIt days）結合起來[44]。在推出日這一天，員工有24小時時間可以組隊合作，解決他們有興趣的任何問題，從服務台系統問題到員工休息室的遊戲機沒有遊戲可以玩的問題等。Atlassian每季舉辦推出日的其中一個好處是，這個活動可以促進跨部門員工之間的合作，在未來帶來更多創新。

　　許多組織也有類似鼓勵創新的機制[45]，這個想法源自於跨國集團3M，這家公司以便利貼等產品聞名全球，生產大約6萬種產品，並管理46個技術平台。每年，公司大約有三分之一的銷售收入來自過去5年內開發的產品，這樣的目標設定是有原因的。3M表示，之所以能夠不斷推出成功的新產品，要歸功於公司很重視合作。事實上，早在1948年，3M就因為發起「15％時間」的計畫而備受讚揚。該計畫鼓勵所有員工利用15％的工作時間，來解決他們有興趣的問題和挑戰。是的，**是所有員工**都有15％的時間，而不是只有工程師才可以這樣做。這是因為3M相信偉大的想法可以來自公司任何一個地方，而這正是成長文化的另一個指標。但是，15％的時間並非只是留給孤獨的天才去從事發明活動。員工把自己的想法具體化之後，就會把成果展示給同事看，尋找深受他們工作啟發並且看出其中潛力的同事，一同協助開發專案。3M的15％自由發揮時間帶來最知名的成果就是便利貼，這是科學家亞瑟・弗萊（Arthur Fry）使用另一位3M員工發明的黏合劑所開發出來的產品。就像記者凱瑟琳・施瓦布（Katherine Schwab）在《快速企業》（Fast Company）雜誌裡所描述的，「每年一次，來自數十個部門、大約兩百名員工會用紙板製作海報，介紹他們花15%時間進行的項目，好像在高中的科學博覽會展示自己的火山模型。他們架起海報，然後站在海報旁邊等著別人的回饋、建議和潛在的合作者。」3M研磨產品部的一位經理說：「對技術人員來說，這是3M舉辦的所有活動裡，大家最熱情、最投入的項目。」

　　Google讓員工[46]最多可以把20%的工作時間用於自主進行的業餘專案。事實上，電子郵件服務Gmail和Google地圖的點子就是來自業餘專案。在製造商戈爾公司（W.L. Gore）裡[47]，公司不認為這些專案只是業餘專案，而是正規的專案。公司的文化讓員工可以發展自己的想法。然後與3M的做法類似，員工會遊說同事一起合作，落實這些想法。對某些人來說，這麼高的自由度可能讓他們很難適應，因此高階主管會建議新手不要承擔超出他們實際能力的工作，並請其他人提供協助。戈爾公司看重了不起的想法，但也重視實現這些想法的能力。如果某人的想法未能激勵其他人一同參與，也許就說明這個想法不夠好。但如果人們開始研究這個想法，並有興趣進一步測試，這些人會被歡迎加入團隊。戈爾公司在發明GORE-TEX薄膜技術的過程中，有一部分其實是實驗時的意外結果。有了這個經驗，戈爾公司全力支持走創新的道路，看看這些路會帶公司通往何方。

▍建立心理安全感

　　想要建立心理安全感，必須要有真誠、持續的參與和長期的堅持，有意義的進行數百次簡單的對話。但就像范德托格特所說的[48]，只有心理安全感並不夠。「心理上覺得安全很重要，」他說，「但這無法驅動真正的進展。心理上的安全感是基調，但它不是主旋律。」主旋律指的就是成長心態。當我們選擇音樂的旋律時，也就是建立組織心態時，要以身作則。在個人或組織遭遇逆境時要展現出你的成長心態，並充分利用機會，在有意識的情況下承擔風險。

　　就像律師、民權倡議者[49]以及PolicyLink創辦人安吉拉‧格洛弗‧布萊克韋爾（Angela Glover Blackwell）在洛克菲勒基金會和諾佛葛拉茲共事時所說，當我們的文化不僅能夠接受、甚至能主動徵詢整個組織和社群的意見時，我們就可以激發「少數領導力」（minoritarian leadership），從而大大強化組織。布萊克韋爾解釋說：「屬於主流群體的個人認為這些準則很有效，是因為這些準則對他們來說一直都很公平。但另一方面，認為自己是局外人的人，卻必須學會接受主流文化才能成功。了解他人做事、決策的方式，是我們要灌輸給下一代領導者的重要技能。」下一代領導者可能已經出現在你的公司裡了。透過聚焦心理安全感，你可以確保未來的領導者能夠帶來重大貢獻，包括幫助你的組織更有效的應對風險，並發展出更好的韌性。稍後，我們將討論強烈的天才文化如何不公平的對待有色人種，破壞他們的心理安全感。如果你想打造成長文化，那麼關鍵在於為人們創造安全的環境，讓他們朝成長心態發展，而不是讓他們一直抱持著定型心態。我們的目標是移除障礙和威脅，讓人們可以自由發揮最佳績效。

▌看看別人怎麼做

有時候當我們想到創新時，我們只注意新想法，但創新也包括把既有想法重新加以應用，或是從其他產業汲取靈感，並以不同的方式使用這些靈感。一個管理研究小組[50]想了解人們如何獲取並運用相關領域的知識。在一項研究裡，研究小組招募數百名木匠、屋頂工人和直排輪選手，請他們針對該如何讓其他領域的人穿上安全裝備提出想法。很多人會因為安全裝備穿起來不舒服，而拒絕使用這些裝備。因此，研究人員詢問該如何為木匠重新設計呼吸面罩、屋頂工人應該佩戴哪些安全帶，以及如何重新設計滑冰運動員的護膝，讓大家更願意使用。他們發現，與為自己設計更好用的裝備相比，幾乎每個人都更懂得幫別人的裝備找出創新和改進的方法。有時候，觀察相關或類似的領域，可以幫助我們打破心理障礙，進入「**對，也許是**」的模式。

金融和投資顧問公司[51]萬里富（Motley Fool）以無厘頭和創新的文化聞名，鼓勵員工像尋寶一樣去尋找新想法。在公司舉辦的「物色偉大創意」（Great Idea Hunt）活動期間，員工分成幾個團隊，每個團隊花幾個小時參觀他們選擇的組織（從企業到非營利組織，任何類型的組織都可以），並至少帶回一個他們發現的有趣想法。當自稱「傻瓜」的他們參觀飲料公司誠實茶（Honest Tea），並發現大多數員工都遠距工作時，他們了解誠實茶公司為了給員工可以專心的時間和空間，而簡化公司的溝通流程。誠實茶不再寄送電子郵件給員工，也不在團隊溝通平台Slack上面更新訊息，而是把所有內容都彙整在一份叫做「下午茶」的每日電子報。於是，萬里富的傻瓜們也考慮採用這個做法。

▍記錄你的驚喜發現

我的同事金貝利・奎恩（Kimberly Quinn）[52]推薦採用她所謂的「驚喜日記」。當她或她的學生假設某件事是如何運作，卻在實驗室遇到看似奇怪或讓他們驚訝的發現時，他們會把發現記錄在日誌裡。當他們記錄愈來愈多這類發現之後，可能會看出一些模式，讓他們可以修正自己的理論。驚喜日記之所以有效，是因為它打破我們的確認偏誤（confirmation bias）傾向，這種偏誤是指我們希望別人的想法和行為能夠符合我們的期望。如果我們認為某個策略合理、經過充分測試而且可以接受，我們往往就會自動想方設法的認為這個策略是最好的方法。如此一來，確認偏誤會讓我們更深陷在自己的定型心態當中，而當不同的策略似乎取得成功時，我們會覺得非常驚訝。我們可以在驚喜日記中註明這些內容，而不是忽視或掩蓋這些與我們預期不符的結果。這個方法是奎恩在她的實驗室當中培養成長文化的一種方式，幫助她的學生追蹤嶄新、但通常混亂的發現，以便他們能看到這些驚喜所指出的創新方向。

第五章
冒險與韌性

「我們想談談冒險。」

我曾多次聽過類似的要求，這次是推特提出來的。當時擔任推特法務長的維賈亞・蓋德（Vijaya Gadde）和其他高階主管發現，他們的全球法律團隊面臨一個挑戰：他們的律師不願意冒險。這一點可以理解，因為律師受的訓練是要成為保守的決策者，他們的工作往往是告訴客戶「不」，以避免潛在的法律風險。但在這種情況下，過度謹慎會限制推特的創新機會。蓋德希望我協助他們讓律師不那麼厭惡風險，包括找出可能在無意間讓律師過度謹慎的所有文化因素。領導階層希望律師不要問：「我該如何確保推特避免受到可能面臨法律挑戰的風險？」而是改問：「我該如何在盡責工作的同時，幫助公司變得更創新？」

蓋德打電話給我的時候，我並不知道當時[1]的推特執行長傑克・多西（Jack Dorsey）和執行團隊正面臨好幾個高風險的決定。例如，他們是否應該在推特上標記虛假言論，以及當他們確定言論有煽動性和潛在危險時，是否應該出手干預。律師並非不想這樣做，但是這可能會讓公司面臨法律挑戰。高階主管們認為，了解法律界的心態微文化，並就大家的共同語言和目標達成一致，可能有助於衡量冒險和創新。

推特召集全球法律、政策以及信任與安全部門（Global Legal, Policy, and Trust & Safety）的全體人員召開一場閉門會議。大約有200人飛往舊金山，並在公司總部會面，討論如何讓推特成為更有成長心態的組織。當我問大家問題時，有一件事讓人印象深刻。我問：「你們害怕冒險的真正原因是什麼？如果你不會從懸崖上掉下去，而是一步一步承擔計算過的風險，卻還是很怕走近懸崖，這是為什麼？」毫無意外，這些員工之所以謹慎行事，不是因為他們本來就討厭冒險，或是不夠聰明和缺乏創造力。這些員工聰明又敬業，希望為公司做正確的事。他們回答說：「如果我們做錯並讓推特面臨訴訟，那該怎麼辦？」、「公司如果因為我們做錯事而解雇我們，怎麼辦？」

這種恐懼在天才文化裡很常見，通常是因為擔心經理人和高階主管看待失敗的方式。失敗會被認為是缺點、被視為是判斷力不足的證據嗎？還是失敗代表能力很差和不適任？員工會因此被降職或被解雇嗎？對推友（tweep，推特員工的自稱）而言，律師擔心如果他們的法律建議太前衛，例如把一些貼文標記成可能是虛假和誤導的內容，這樣可能會讓公司面對法律威脅，進而讓自己的飯碗不保，還可能影響他們未來在其他地方的工作機會。當員工因此陷入定型心態時，就可以理解為什麼他們不太願意冒險。

在成長文化裡，風險仍然有威脅，人們也永遠無法確定結果如何，但大家都知道風險對於成長與創新來說極為重要，也是實現目標的必要條件，因此通常會在經過仔細計畫與深思之後，才去承擔風險，而且通常會有一個或多個應變計畫以預防失敗。當傾向成長心態的組織出現問題時，檢討的重點比較不是應該把過錯歸咎於誰，而是更在意該如何解決問題並從中學習。他們會問：「哪些事情沒有按照我們的計畫進行？我們應該如何用不同的方式做事？」，而不是「是哪個天才搞砸這件事？」犯錯時員工要盡快知道自己犯錯，但在成長文化裡，事後分析的目的是學習，而不是羞辱和懲罰犯錯的人。殼牌就是這樣做。公司對安全事件的處理態度，從在意要歸咎給誰，轉變成優先思考可以從這些事件裡學到什麼教訓。

冒險與創新密切相關。**如果組織想要保持競爭力和影響力，就必須承擔風險。**在是否支持、鼓勵冒險方面，成長文化與天才文化的做法不同，而這可以從它們如何看待風險開始談起。

重新分類風險

　　每個組織對風險的分類都不一樣。偏向天才文化的組織，員工比較可能用消極的態度看待風險，因為他們的名聲和生計都處在風險之中。當員工真的去冒險時，他們會非常擔心和焦慮，因為失敗對個人和職涯的影響很大。但在成長文化裡，人們認為冒險是學習的機會，是幫助人們實現目標的策略。而且，由於成長文化不像天才文化那麼熱中於維持現狀，因此也往往更能意識到**不改變**或**不嘗試**新事物可能帶來的挑戰和危險。以推特來說，新事物指的是願意在社群平台標記並採取行動，以反制煽動性言論。

　　有時候，當我們一直努力學習與合作，有些人會認為這樣一來，對話會沒完沒了的持續下去，最後永遠也做不了決定或真的去冒險。為此，我徵詢班・陶貝爾的看法[2]，他是伊莎蘭學院（Esalen Institute）的前執行長、矽谷高階主管培訓公司群速（Velocity Group）的共同創辦人兼前執行長、Google和Adobe公司的前經理，也是我的朋友和研究合作人。我問他是否認為處於不同狀態的新創公司，有時仰賴定型心態會有幫助。班回想起我們的研究主題：當創辦人募資時，保持定型心態是否會有幫助。我們談到，在吸引投資人和創投投資新創企業時，採用「證明與表現」的模式似乎為療診的霍姆斯、優步的卡蘭尼克，以及WeWork

的亞當‧紐曼等創辦人帶來很豐厚的回報，紐曼甚至還吹
噓說[3]：「沒有投資人拒絕我。」即使在 WeWork 遇到重大挫
敗之後[4]，有一些投資人似乎仍然願意在紐曼身上再試一把，
把巨額資金投入他後來創辦的公司 Flow 之中。但是，我們
的數據卻顯示相反的情況：與定型心態的創辦人相比，傾
向成長心態的創辦人實際上更有可能達到募資的目標。

　　「當你在早期階段去做募資簡報時，[5]」陶貝爾說，「創
投心裡想的其實是：『我是否相信這個創辦人能解決這個問
題？』」我們一開始的假設是，也許定型心態的創辦人說話
會更有說服力。但現在，我會把信念和行為分開。心態是
信念的集合，當我處在成長心態時，我是為了學習而來；
但行為是你溝通的方式，你可以擁有學習心態，但同時也
帶著信心去溝通。」處於成長心態的人，更有可能徹底探
索他們的想法，並盡可能了解如何讓想法發揮作用，包括
思考可能會阻礙他們的風險。當我們處於成長心態時，我
們的視野會更遼闊、更準確。我們更願意看到自己面臨的
挑戰、對自己的想法更加謙虛，因此更願意透過壓力測試
使自己的想法更加完善。所以，當創業家簡報他們的想法
時，成長心態賦予的知識和信心可以為他們帶來好處。

　　矽谷以「快速失敗」（fail fast）的口號聞名[6]，但「快速
學習」這句口號可能更適合我們。這樣的心態會讓投資人
致力於支持培養成長心態文化的創辦人，並帶來更高的成

功機會。為了評估創辦人如何處理創業時所需要的複雜決策與變化，創投可以尋找相關線索，看看創辦人是否在大多數時間裡傾向以成長心態思考，而且還會制定流程與準則，在公司裡灌輸成長文化。創投也應該小心那些強調自己天生就很聰明的創辦人，或是常強調天才的想法、而非不斷改進能力的創辦人。

班告訴我：「在定型心態下[7]，如果計畫不管用，我們最後可能會陷入困境，並將失敗歸咎於團隊或外部因素。但是當我們處於成長心態，我們可能會進行更多疊代的嘗試。例如『如果A、B和C之間的差異不大，那麼我們先試試看A，如果兩週後發現不行，那我們就嘗試B。』」只要我們很清楚成功的標準，我們就可以制定策略、設定目標，並在想法和行動上更靈活。

納德拉接手微軟時[8]，他的挑戰是要改造微軟「扼殺合作」和「削弱創新」的文化。由於太過謹慎，微軟太晚或根本徹底錯過好幾波像智慧型手機一樣的科技浪潮。後來，倫敦商學院的一項案例研究總結說，「外部競爭的浪潮席捲微軟，導致人才紛紛跳槽」。微軟的前任執行長史蒂夫·鮑爾默（Steve Ballmer）以厭惡風險聞名，但納德拉卻恰恰相反。納德拉認為，厭惡風險的心態至少在某種程度上導致微軟被擠到科技界的邊緣位置。「每位員工都必須向所有人證明，他是房間裡最聰明的人。責任感，也就是準時拿出成果並達到目標比什麼都更重要⋯⋯階層制度和等級順序主導一切，戕害人們的自發性和創造力。」經過長時間的聆聽和學習，納德拉把微軟的重點轉向行動產業和雲端技術，並強調人工智慧的力量。他也注意到，員工花太多時間揣測別人的想法（而且在某些情況下，甚至要花時間揣測自己的想法），而不是帶著好奇心去親近別人。納德拉知道公司的文化需要改變。

今天的微軟，人們主要致力於如何讓想法發揮作用，以及如何讓這個想法變得更好。然而，成長文化並不會因此缺乏批判性思考和坦誠。事實上剛好相反。誠如納德拉在《刷新未來》（*Hit Refresh*）書中寫道[9]：「辯論和討論非常關鍵，改進彼此的想法也很重要。」回想一下，偏好成長心態的組織擁有更強的心理安全感，這是坦誠的關鍵要素。重點是人們的想法，而不是他們既有的能力。嚴格分析一個想法，找出如何改進這個想法的方式，和輕蔑的直接否定一個想法完全不一樣，因為否定是為了保護自己在組織裡的地位，而不是為了增加價值。順帶一提，納德拉在《刷新未來》裡指出，微軟的員工迫切需要「不再讓公司癱瘓的計畫」，也就是一個可以擺脫困境的方法。轉向更具成長心態的文化會很有幫助。

納德拉還鼓勵員工花更多時間直接與客戶互動，以了解哪些東西不可行、怎麼做更能服務客戶。這種方法消除

了一些風險，因為你更有可能製造出能夠解決客戶問題的
產品。微軟前企業策略總經理金尼‧扎萊納（Kinney Zale-
sne）[10]認為，這種合作方式不僅對微軟有利，也對全世界
解決複雜的問題有利。正如金尼對我說：「我認為在我們
的社會裡，沒有什麼比思想的碰撞和交會更重要。如果想
法只在一家小公司或一個產業裡出現，那就不是我們要的。
我們在全球遇到的問題如此之大，以至於我們必須在不同
學科和不同方法交會的地方去尋找解決方案。我認為，成
長心態甚至是能讓我們開始這些對話的基礎。」

　　我們的目標不只是擁有更快樂的員工、取得更好的成
績，當然這些都是其中的一部分。金尼補充說：「想解決
今天和未來的問題，就需要跨學科、大膽、非傳統的思維。
這就是每個人都必須學習的能力，也是公司和政府必須重
視的事情。」

　　沒有一個人能完全「跨學科」，想做到這一點，就必須
從擁有不同知識與經驗的群體裡汲取最好的東西。如果組
織和個人認為，跨群體和跨部門分享想法和資源的風險很
大；如果員工過分專注在彼此競爭，無法集中各自的知識
和資源；如果組織只專注幾位明星，而非信任全體員工，
我們就無法想出並獲得必要的解決方案，以應對我們面臨
的挑戰。

　　讓人們了解數據，也可以幫助成長文化確定哪些風險

值得承擔，以及如何承擔這些風險。

 ## 用數據降低風險

在思考這兩種心態文化時，我經常問自己：「哪一種文化的風險更大？」仔細觀察我們的發現後，身為學者的我更傾向根據數據來做決策。事實證明，廣泛共享數據是成長文化在改造組織時，最能有效降低風險的方法。我是在2020年和微軟與顧問公司Keystone合作時發現這點，當時我們檢視過各種公司蒐集和使用資料的做法。

我們發現，在成長文化中，每一個人都可以取得數據[11]。每個人都知道如何取得和使用數據，數據會告訴人們該如何做決策，而不是只有科技和分析部門的人才能拿到數據。因為如此，員工對於當前的事態以及模型對未來的預測，都有共同的脈絡和理解。我們也看到，成長文化的領導者更有信心和團隊分享他們的願景，並邀請團隊成員參與實現願景的過程。當人們處於願景清晰、以成長為導向的流程，並以相關數據評估團隊是否朝正確方向前進的環境裡，團隊就會挺身前進，並常常帶來更有創造力的解決方案。

另一方面，在天才文化裡，強大的看門人往往會嚴密把守數據。在我們採訪的一些公司裡，技術部門可能需要幾個月的時間，才會把員工需要的數據交給他們。我們經常看到數據團隊刻意隱藏資訊，只有當高層主管堅持要求分享資訊時，技術部門才會勉強提供。但諷刺的是，在天才文化裡，我們看到主管更傾向仰賴自己的本能和直覺行事，而不是參考數據（我們知道，最好的決策是數據與直覺兼備）。

在其他管理人員、老師和學校董事會成員的支持下，數據幫助路易斯・伍爾（Louis Wool）[12] 把他負責的整個學區，從天才文化轉變為成長文化。紐約威徹斯特郡（Westchester County）的哈里森中央學區（Harrison Central School District, HCSD），距離紐約市北部約半小時車程。伍爾擔任該學區的代理督學時，看到學生表現與資源分配這類指標數據背後的意涵，並知道他們可以做得更好。雖然整體而言，哈里森中央學區被認為是一個「非亟需協助」的區域，但這個學區裡的家庭社經背景多元，從高收入階級到工人階級都有，而且學區裡學生的背景也很多元。「我來到一個看起來很有錢的社區，」伍爾告訴我，「但這個社區裡有25％的人有資格申請免費和減免費用的午餐。」前教育委員會成員[13]大衛・辛格（David Singer）說，哈里森中央學區有定型心態的氣氛，它們「含蓄且頑固的維持很低的期待」。在整個社區裡[14]，老師、管理人員、家長和學校董事會，基本上都不期待來自多元族群和弱勢社經地位的學生可以表現得很好。他們認為這些孩子的表現已成定局。但伍爾看到不太一樣的東西，他看到學區對學生並非一視同仁：一方面在某些學生眼前設下障礙，另一方面卻為其他學生鋪平道路。例如，高收入地區的學校得到較多資金，那裡的學生可以得到最新的教科書，但在其他地區，教科書不僅過時，也沒有足夠資源可用。當這些多元族群的學生進入國中和高中時，他們的成績表現不同，這不是因為他們本身的能力不同，而是因為他們可以取得的資源與機會不同。因此，伍爾仔細研究整個學區從預算到績效指標的各種數據，並制定一項計畫，平衡各學校之間的資金分配與機會，為所有學生提供更公平的環境。

「機會嚴重不均的證據非常明顯，」伍爾說，「例如，過去從來沒有西班牙裔的學生參加過進階先修課程。只要用郵遞區號，我就可以把這裡的四所小學分類，並告訴你哪些孩子最後能夠拿到以前所謂的進階高中畢業文憑（Regents' Diploma），這種文憑基本上就是大學程度的文憑，我還可以知道哪些孩子拿不到這個文憑。我可以在孩子10歲的時候就百分之百精準判斷他最後會不會學到進階先修的微積分課程。沒有人認為這種現象有什麼不對，沒有人大聲疾呼說：『我們要解決這個問題。』」

伍爾不僅要改變學區的政策和做法，還要改變這裡整體的心態文化。他的目標是一視同仁的對待所有學生。實際的重大變革還包括學校的預算、老師的評分系統，以及衡量學生進步的標準。在這個過程中，他遇到老師、學校董事會成員和富有的家長強烈反對，有時候還遇到人身威脅。富有的家長表示，有一些改變，例如廢除學校的追蹤系統，讓更多學生參與高中的進階先修課程，會讓這些課程不夠嚴謹。當學校要採取更公平、更全面的課程和做法時，家長和老師都擔心這些變化會「降低」課程的難度，並妨礙「更聰明、更有天賦」的學生發展。

換句話說，他們認為這種改變將妨礙擁有特權的明星學生，而這些學生通常都是白人。**事實上，研究不斷顯示[15]，當我們慎重的實施促進公平的改革時，所有學生的表現都會提升**。就哈里森中央學區來說，組織和文化的變革成功提升學生的表現，讓伍爾在2009年被評為紐約年度最佳督學[16]，至今學生的表現[17]仍然很好。

在伍爾為了改善地區文化而實施的計畫裡，最驚人的改變是取消學生進入某些計畫的門檻。「我不相信固定的特徵或單一的評估可以決定你的命運，」伍爾告訴我。這些改變對所有人來說都有風險。「每個人都失去一些東西，老師失去效能感，有些父母失去特權，窮人家的孩子擔心狀況會變得更糟。要在這種情況下做出改變，你必須在每個人都告訴你你做錯的時候堅持下去。」這裡要澄清的是，這些改變不是基於伍爾的直覺，也不是為了想要做出對學區或社區不利的舉動。恰好相反。伍爾嚴格分析過這個學區的數據，再加上他之前曾在另一家資金不足的學校有過改善教學成果的經驗，因此他根據證據，在真正了解情況的狀態下幫助學區裡所有的學生做得更好。他說，保持謙遜並不斷檢視計畫與進展，對推動變革來說極為重要。而且，正如伍爾所說：「這才是成長心態真正發揮作用的地方。」

伍爾的成果有目共睹。數據顯示，整個學區的學生，無論他們的背景如何，成績都有明顯改善。例如，哈里森中央學區和許多學校一樣，過去常常追蹤學生在國中的數學課程，因此只有一些孩子有機會學習像代數這種更進階的課程。在實施追蹤系統的最後一年，只有約10％的學生在代數能力的評估測驗中達到精通的水準。後來伍爾取消追蹤系統，讓所有學生都可以學代數，並提供協助，幫助學生學好數學。2023年，這個改變[18]已經執行將近20年，哈里森中央學區學生的代數平均通過率已經上升到90％，其中52％的人達到精通的水準。

伍爾解釋說：「我會說，我和大多數人不一樣的地方[19]是我沒那麼害怕衝突。我的人生走到現在，花了很多時間指導年輕的督學和行政人員，他們總是太過謹慎。他們會擔心『我該如何保住我的工作？』，而不是『我該如何做正確的事？』」關鍵在於，衝突必須是對事不對人。這裡談的不是員工之間的競爭或爭論，也不是老闆的鐵腕作風，相反的，伍爾說的衝突是指大家願意一起深入討論，研究大家一致同意的指標，以感到受歡迎、安全又彼此尊重的方式表達自己的觀點，即使那些觀點和別人的想法不一樣。重要的是，領導階層要強調，只要大家了解情況並以改善為目標，組織可以接受甚至歡迎風險和衝突。

對於認為成長文化是快樂、悠閒、幾乎沒有衝突的人來說，這一點是很重要的資訊。成長文化是最嚴格、最有挑戰性的環境，這就是為什麼有些人會想盡辦法堅持緊抓著天才文化不放。舒適與否與成長文化或天才文化無關。**實現更公平、更多元以及更包容的目標，並不是為了讓人們覺得舒服**。相反的，這麼做是為了幫某些人掃除障礙，獲得機會，進而讓所有人都能成功。這麼做的目的是消除**威脅**，讓所有學生和員工都能發揮真正的能力。當我們掃除這些障礙之後，學生就可以學習更難的課程；在公司，員工可以自由利用更多資源來應對創新的挑戰，並承擔解決這些挑戰帶來的風險。

擁抱風險並不是盲目的投入風險之中。具有成長意識的團隊非常仰賴數據，這樣做不僅是為了引導組織變革，還可以權衡是否值得去冒險。他們也用數據來確定一旦做出決策，這個決策是否會成功，或是否需要重新考慮和調整。他們對證據抱持開放的態度，讓證據證明這項決定是否有可能協助他們實現預期的結果。真正的成長文化會用數據來考量在既有的時間、精力和資源下，要去承擔哪些風險，然後不斷評估承擔這些風險是否能得到回報。

我們在第三章看過巴塔哥尼亞公司的人力資源主管狄恩‧卡特[20]，他使用以數據為依據的再生農業模型來指導決策。卡特說，當公司改變標準的工作時間，讓公司員工隔週五就可以休息一天時，他們在實施變革的前後調查過員工的反應，以「衡量我們投入和產出的情況」。公司對員工進行調查的另一個原因，是想確保調整時程可以帶來預期的好處和影響。他們衡量員工的生產力狀況、工作時間以及敬業程度。卡特把這樣的衡量稱之為「提取」：「公司在員工身上投入資源，是否能得到相對應的產出？」他們也評估公司為大家的生活帶來什麼改變。「例如，」他說，「時程調整對你和配偶的關係有幫助嗎？你和孩子能度過更多美好時光嗎？你有時間準備健康的餐點嗎？你有時間去看醫生嗎？這麼做是否改善你和社區的關係、提升你貢獻社區的能力？」公司發現，整體上來說，這些因素以及員工的敬業程度都有改善，生產力和工作時間也保持穩定。

追蹤並確認公司進行的改變是否達到預期的結果，是一種嚴格且注重成長的方法，這對巴塔哥尼亞著眼未來的決策模式非常重要。「如果我在管理這些員工時，以我還要再雇用他們100年的態度來思考，那麼是的，我不希望他們有壓力，」他解釋說，「我希望他們可以照顧好他們的孩子，因為100年之後，我很可能不只會雇用他們的孩子，還可能會雇用他們的孫子。」

　　順帶一提，巴塔哥尼亞很自豪的說[21]，公司2021年的員工自願離職率低於4％，而同期該產業的平均離職率至少是這個數字的3倍。此外，職業媽媽五年內的留任率達到不可思議的100％。在「大離職潮」期間，公司很難留住員工，尤其是大量的女性離開職場，巴塔哥尼亞公司的這些數字顯示出公司的主要競爭優勢。當公司過度專注於短期內要從員工身上榨取和得到利益，並嚴重忽視員工的投入或產出時，企業就很難為獲取長期的成功做好準備。數據幫助成長文化清楚了解員工的生活，以及如何幫助員工的生活過得更平衡，這對員工和公司都有好處。

影響成長文化冒險行為的因素

　　面對承擔風險這件事，組織的定型心態從何而來？我在推特的法律團隊工作期間，一直在尋找定型心態的來源。對某些人來說，我發現他們的定型心態是從面試和招募過程開始。面試官經常詢問智力上的成就，似乎認為人們就讀哪一間學校（好學校等於更聰明）和過去的工作經驗（例如全職經驗）很重要。這代表，面試官可能忽視來自排名較差的學校、或背景更多元的優秀人選，這些人的背景雖然和他們在推特的工作要求不完全相符，但仍然可能為公司帶來價值。當我們根據一些假設的狀況提問時，似乎會有明顯正確或錯誤的答案，但這無法有效預測實際結果，因為在工作的過程中，人們會研究和了解相關的突發事件，而不是在沒有任何資訊的情況下當場做出反應。一旦被公司錄取，新進員工的學習和發展機會（例如員工到職訓練）通常只有一天。人們會被大量的資訊淹沒，接下來基本上只能靠自己解決問題。對許多人來說，這種自生自滅的做法讓人感受到的是天才文化，而不是成長文化。

推友希望立即改變這些流程，鼓勵大家採取學習心態。他們認為，查看求職者在經驗或就學方面的品質（而不是數量），也許更能夠預測這個人的成長意願。例如詢問，「告訴我你曾經遇到什麼挑戰，以及你如何克服挑戰。」他們認為，招募人才應該根據相關技能而非假設來進行，這一點非常重要。如果有一個人選正在應徵信任與安全團隊，你就要確保應徵者有道德原則，所以要問他們在這方面遇到多少挑戰，以及他們如何處理這些問題。問他們這些問題，比問他們假設性問題更有用。

這些推友還建議，在潛在員工第一次面試後，將這些員工與相關的關聯群體連繫起來，例如推特女性、推特亞

洲以及推特黑鳥（Blackbirds）＊等等。如此一來，這些求職
者就能從這些群體的角度了解公司文化，並駕馭更大的組
織結構策略。推友們建議公司延長新進員工到職的培訓時
間，或更好的做法是，在新員工第一年工作期間，提供他
們不斷學習的機會。推友們認為，延長學習時間不僅可以
在團隊之間建立起友誼和聯繫的文化，而且當任職不同部
門的員工分享策略和經驗時，他們本身的工作也可能得到
改善。他們希望能有更多內部檔案，例如指引、工具和操
作方法，以便每個人都有機會學習，而不必全靠自己摸索。

　　這些建議改善推特的徵才流程，同時也展現出員工體
驗到的推特公司文化。但讓我印象最深刻的是，人們非常
願意一起努力，找到方法培養出更強大的成長文化。當他
們提出哪些問題可能形成障礙，同時腦力激盪該如何改善
這些問題時，他們都有很強的心理安全感。

　　當然，本書出版時，現在已經改名叫做 X 的推特正在
經歷結構性的轉變。這是一個很好的例子，告訴我們組織
文化有多麼脆弱，而且非常仰賴主事者。伊隆・馬斯克（Elon
Musk）收購推特並擔任執行長後的兩週內[22]，他就解散所有

＊　編注：推特女性、推特亞洲、推特黑鳥都是推特裡的員工資源團體（Employee
　　Resource Group, ERG），這些團體將被邊緣化的員工聚集在一起，互相提供支
　　持。

推特裡的關聯群體，解雇一半以上的員工，並對剩下的員
工發出激進的最後通牒。他寫給員工的電子郵件，讀起來
就像天才文化手冊裡的內容。他寫道：「展望未來，為了打造
石破天驚的推特2.0，並在競爭日益激烈的世界裡成功，我
們要非常強硬。這表示大家要長時間、高強度的工作，只
有出色的表現才能算是及格。」員工要在第二天下午五點
前點擊信裡的調查連結，表態他們是否要「加入」這樣的
文化。正如你所想的那樣，在組織的信任和認同感都非常
低的天才文化裡（尤其是當員工之前曾努力培養過包容力較
強的成長文化時），剩下的員工有超過一半的人跳槽了。

　　為了建立和維持成長文化，領導者需要讓員工一起參
與，就像殼牌、微軟和路易斯·伍爾那樣。一旦員工參與，
你就要向參與變革的人證明，當他們承擔思考過的風險時
你會支持他們，並鼓勵學習，在大家前進的過程中吸取這
些經驗教訓。如果你希望人們創新，就必須冒險。你和你
的組織應該聚焦在創造出一種環境，讓人們可以安心的進
入令人不安的高風險領域。

組織如何學會接受風險

　　這裡有一些策略，可以幫助你在組織中灌輸和激發一
種心態，更全面擁抱思考過的風險，並能夠一次又一次的

進行對話。

▋ 探索風險

　　晚上切記不要走暗巷，也不要在你點的墨西哥捲餅上加魔鬼椒，但一定要明智的冒險。在成長心態裡，我們會在我們想去的方向深思熟慮後找到長足的進展。就像 Wildfang 共同創辦人艾瑪・麥克羅伊[23]在身為中長跑運動員時觀察到，如果她失敗的次數不夠多，就表示她沒有充分發揮潛力。換句話說，她等於只是小心翼翼的參加對她來說不夠有挑戰性的比賽。如果你最近沒有失敗過，那麼你可能太過謹慎，因此無法在人生裡有真正的進步。你的組織可能也是如此。（順帶一提，研究人員指出[24]，失敗的「甜蜜點」大概是指你有 15％ 的努力未能達到目標。）如果是這種情況，請找到可以讓你練習在風險裡培養成長心態的環境。在工作或生活中找出一到三個領域，你可以在這些領域承擔起經過衡量的風險。也許你可以聯繫一位你欣賞的同事，了解他在哪些方面做得很好；也許你可以去冒險，要求得到更多的職業發展機會，這樣你就可以為下一個挑戰做好準備。做好研究，把你的降落傘打包好，然後跳下去！

▌讓數據成為你的朋友

在衡量風險時，數據可以作為你的依據。無論你在組織裡的哪一個位置，掌握數據都可以讓你在冒險進入新領域時更有信心，幫助你早期、定期確認你冒的險到底可以讓你更接近目標，還是遠離目標。數據不會告訴你對或錯，這是一種定型心態的觀點。但數據可以告訴你現在處在什麼位置，以及從過去到現在、從現在到未來，你的軌跡會是什麼樣子。在你要檢視的地方標上記號，並反思整個流程。如果你發現勇於冒險卻沒有回報，請重新評估、嘗試新策略或調整策略。

▌踏上時光機的旅程

在「網站時光機」（Wayback Machine）還沒成為網路檔案館的名稱之前，它是動畫《飛鼠洛基冒險記》（*The Rocky and Bullwinkle Show*）裡的一台時光機，皮巴弟先生（Mr. Peabody）和薛曼（Sherman）曾用它來拜訪歷史上的重要時刻。你可以用時光機來重新審視自己冒險的歷史，看看那些不完全符合你預期的冒險結果。人們傾向迴避過去的失敗，因為失敗會讓我們陷入定型心態：這些失敗會讓我們對自己的能力產生自我限制的想法。但如果我們用手中的記事本和筆重新審視這些經歷，我們就可以挖掘這些經驗並從中學習，反思並記錄你從這些經歷學到什麼，以及你如何應對這些狀況。失敗是否觸發你的定型心態或成長心態？你是棄船逃走，還是抓起風帆，修正左右搖擺的風帆並向地平線奮力前進？是什麼引發或讓你有這兩種反應？這段經歷對你未來的行為有什麼影響？你目前的成長心態會如何評估那個風險的用處？如果今天遇到一樣的機會，你是否會冒險？如果你同意冒險，但會用不同的方式去冒險，那會是什麼方式？

注意你傳遞的訊息

　　我和推友檢視過推特的法務人員在招募人才時傳遞出的企業文化訊息，我們發現人們有時候會在無意間發出一些定型心態的訊號。徵才和聘雇這兩個領域常常會出現這種狀況。為了在這些領域注入成長心態，我們要刻意把資源放在可能不符合你對天才想法的那些人身上，尤其是身分或背景不符的人。要把重點放在願意將自身技能帶進組織、並協助公司重新思考原本做法的人身上。這樣做一開始可能讓人覺得有風險，但這是創造成長文化的有效方法。

　　支持風險的另一種方法是營造一種氛圍，不僅鼓勵員工冒險，還讓他們親眼看到別人冒險之後還能安穩的保有工作。如果人們看到身邊的人因為冒險而被炒魷魚，而且沒有得到回報，他們就不太可能願意嘗試完全不同的事情。相反的，公司可以在公司活動、網站或與員工溝通時，表揚員工的冒險行為。在慶祝成功的同時，也要強調失敗，以及失敗帶來的洞見。撇開批評不談，亞馬遜創辦人傑夫·貝佐斯做得特別好的一件事就是[25]不只鼓勵員工冒險，也願意接受冒險後可能出現的失敗，只要員工可以從失敗中學習。貝佐斯以慶祝亞馬遜的失敗聞名，因為這表示他們正在嘗試新事物，希望亞馬遜每推出一部 Fire Phone 手機，就有可能推出更多 Kindle、Fire Sticks 和 Alexa。*不可否認，這是一個複雜的例子，因為亞馬遜在其他領域也面臨挑戰，這再一次說明組織文化的複雜性。即使公司文化有一部分以定型心態的方式運作，但是其他領域也可能有成長心態。在整個組織裡創造和維持成長文化是一項非常艱鉅的任務，但這值得我們去冒險。

---

* 編注：Fire Phone 是亞馬遜的一大失敗嘗試，為公司帶來 1.78 億美元損失，但開發團隊把學到的經驗應用於後來開發的 Alexa 等產品，創造出數十億美元的營收。

第六章
誠信和倫理的行為

　　如果有人作弊或違反規則，他們就是不道德的人，這是我們大多數人會得出的結論。也就是說，一個人的行為是由他們個人所決定，而不是由情境因素決定。但事實正好相反。比起性格，我們所處的環境及文化，在塑造我們的行為上往往扮演更重要的角色。

　　我在史丹佛有一位研究助理，當她違反我設定的倫理標準時，我親身體驗到這個道理。有一年快到季末時，我們找不到夠多符合資格的學生來參與研究。一位研究助理於是告訴學生，只要在申請參加的資格表上圈選高分，就可以提高他們獲選參加研究的機會。後來，當我問她為什麼我們能夠找到這麼多新的合格參與者時，才知道事情的真相，於是我只好停止這項研究。如果我們不知道哪些人是真的符合研究資格、哪些人是受到誘導才獲選加入研究，我們就沒辦法繼續這項研究。

　　這位助理覺得非常尷尬又沮喪，畢竟她只是想幫忙。我有責任向學校的倫理委員會報告這個情況，後來學校介入調查，影響這位學生進入醫學院的機會。之後我們修復關係，重建彼此的信任，我找到她可以在實驗室做的工作。但是，當我反思我們如何走到這一步時，我意識到那不只是她一個人的錯。

我想到大學裡充斥著天才文化，讓學生感受到滿滿的壓力，認為需要證明自己夠聰明，這讓我反省我在團隊裡創造的文化。正是這種文化，才讓這位學生認為她不僅可以投機取巧，還會因此得到讚賞。身為實驗室主事者的我，說過或做過什麼事情讓這位學生有這種感覺呢？我一直把重點放在數據上，因此只強調重要的是讓大家來參與我們的研究，卻沒有停下來問問負責達到這個目標的研究助理，他們在當下看到、學到什麼。我們的目標合理嗎？我們需要備用計畫嗎？我們是否可以採用不同的策略吸引人們參與？我引導大家把焦點放在數據上，卻沒有想到這麼做會為學生製造出要證明與表現自己的壓力。一位想盡辦法不讓我失望的學生，可能會不惜一切代價實現目標，這樣的結果也許並不讓人意外。我是否有意識、明確的再現大學裡的天才文化？當然沒有，但我沒有主動關心我在實驗室裡形塑的文化，這表示大學裡的主流文化影響我們每一個人：我們的思想、動機和行為。

從那時起，我更重視實驗室文化的形成與培養，花時間檢查和評估實驗室裡的人如何看待我們的文化；我們的政策、實務和準則如何反映我們渴望擁有的文化；並定期提出我們可以採取的措施，繼續一同建立和維護這個具有包容力的成長文化。

　　欠缺倫理和誠信，不只有欺騙或抄捷徑的問題而已，還包括一系列不道德的行為，從隱藏資訊、暗地裡對同事不利（例如說：「哦，我是不是忘了邀請你參加會議？」），到隱瞞錯誤和全面的破壞、欺騙、詐欺都是。天才文化裡更有可能發生這些行為。**但這並不是說成長文化永遠不會有倫理問題[1]，而是當倫理問題真的發生時，較有成長心態的組織更有可能反思和問責，並果斷採取行動改正問題。**成長心態的文化也更可能主動對違規行為保持警惕，而天才文化則比較可能忽視或試圖掩蓋這些行為。

　　當我們在談創新帶來的風險時，我們是以比喻的方式鼓勵人們打破規則，而不是真的要你去違反規則。這樣的比喻是為了讓人們的思考能夠超越既有思維，並在解決問題時發揮創造力。但在本章裡，我們討論的是那些我們**不應該跨越的界線**。倫理問題會侵害機構的誠信，並可能讓人們受傷。

　　讓我們來看看在成長文化和天才文化裡，與倫理和誠信有關的一些例子。

從心態的角度檢視倫理與誠信

2017年，工程師蘇珊・福勒離開優步兩個月後[2]，在個人的部落格記錄她的經歷。在加入新團隊的第一天，福勒寫道：「我的新經理用公司的聊天軟體發了一串訊息。他說，他現在處於開放式關係，而且……他正在找願意和他發生性關係的女人。他顯然想引誘我和他發生關係，這樣做太過分了，我馬上就把這些聊天訊息截圖，並向人資部門舉報。」但是優步的人資部門駁回她的投訴，並告訴福勒，他們頂多只能給經理「警告和嚴厲的申斥」。高層管理人員的回應更尖銳，他們告訴福勒這位經理「表現傑出」，他們不會因為他可能只不過是無心犯下一個錯誤，就懲罰他。

優步前董事會成員雅莉安娜・哈芬頓（Arianna Huffington）在描述優步許多員工時，說他們是「出色的混蛋」（brilliant jerks）[3]。雖然這些出色的混蛋可以在天才文化裡表現得出類拔萃，而且在很多情況下，他們是唯一有能耐做到這一點的人，但他們的成功背後都有代價。優步、療診[4]和WeWork[5]這些組織，都是在倫理和誠信上有過重大失誤的典型例子，高盛也是如此[6]。高盛被認為是2008年金融危機的主要導火線，而且持續被人們嚴厲抨擊嚴重違反道德規範。《紐約時報》2018年的一篇文章描述高盛前合夥人詹姆斯・卡茲曼（James Katzman）撥打公司的舉報熱線，指控公司內部有多項違規行為，包括「多次試圖取得並分享機密的客戶資訊」。據報導，高階主管要求卡茲曼收回這些說法。卡茲曼拒絕了，並在第二年離開高盛，但高盛要求卡茲曼簽署一份保密協議，禁止他進一步討論這些指控。高盛前董事總經理傑美・菲奧雷・希金斯（Jamie Fiore Higgins）在《我在高盛的金錢與仇女人生》（*Bully Market*）[7] 書中，描述高盛內部充斥著種族主義、性別歧視和殘酷競爭的文化，並在策略與實務等程序上鼓勵這些行為，例如分級排名制度。希金斯說，早在潛在員工任職之前，公司就已經把這種文化傳達給他們。招募人員會告訴應徵者，可以在這家銀行工作表示他們很幸運。一旦他們到職，公司會告訴他們，身為高盛員工可以讓他們成為銀行界的明星。但公司同時也會警告他們，除非他們不斷證明自己的能力，否則就會被減薪或解雇。

　　不過，這並不是說成長文化在招募人才時應該避開表現良好的人。所有公司都希望聘請聰明、有能力的員工，但這些人並非都是出色的混蛋。就像我們在推特的全球法律團隊裡看到，公司聘用聰明、有能力優秀人才的方式可能會帶來重大影響。問題是，一旦進入公司，員工周圍的文化是否會激發他們更多定型心態或成長心態。在優步，可能有少數員工一開始就打算違反規定，因為他們可能就是因為這種態度而受到雇用。但對其他大多數人來說，他們很有可能是從環境裡接收到很強的訊息，鼓勵他們從事不道德的行為。

天才文化可以採取什麼措施來避免作弊行為？

想像一下，如果你在招募和聘雇的過程中，明白表示你只會雇用所在領域或產業裡「最優秀和最聰明的人」。當負責招募人才的人向應徵者發出邀請時，就代表應徵者被告知他們是明星，將會受到熱烈歡迎。如果你的組織文化屬於天才文化，你的做法可能正好讓這位員工準備好未來在倫理與道德上誤入歧途。

好食品研究中心（Good Food Institute, GFI）是一家努力避免雇用「出色的混蛋」的組織。好食品研究中心是一個科技型組織，希望為全球食品產業帶來翻天覆地的改變，並致力於推動以植物和細胞為主的產品所需要的科學。創辦人布魯斯・弗里德里希（Bruce Friedrich）告訴我，他並不打算創辦像[8]不可能食品（Impossible Foods）或超越肉類（Beyond Meat）那樣的公司，而是把他的公司設立成非營利組織，因為他說：「我認為非營利組織的身分，可以讓我們的使命發揮更多影響力。」好食品研究中心不想讓自己的科學發現受到智慧財產權的保護，因此他們致力於開放科學模型、資助研究並與其他組織免費分享研究結果。

好食品研究中心的招募流程強調應徵者必須在團隊裡

有良好表現，並淘汰那些想要出鋒頭的人。弗里德里希承認，不合適的人選偶而會在招募過程裡闖關成功，但在注重成長心態的環境裡，這些人通常很快就會暴露自己的本性。公司會協助他們修正，但如果他們一意孤行，就會請他們離開。

好食品研究中心的監理事務副理羅拉・布雷登（Laura Braden）[9]在接受採訪時表示，與她工作過的其他公司不同的是，好食品研究中心嚴格遵守核心價值觀：相信有可能改變、盡自己最大能力、自由分享知識、根據證據採取行動，以及讓每個人都有機會參與。布雷登說：「我們總是根據這些價值觀來評估和重新評估部門內的優先事項，我們用這些價值觀聚焦我們的工作。我的經驗是，當我們做決定時，我們會有意識的去思考這些價值觀。」對她的部門來說，這些價值觀幫助他們決定該如何分配資源，因為這些價值觀說明好食品研究中心的獨特定位，以及其他組織可以做哪些工作。

布雷登的團隊有一項非常重要的任務，那就是要向全國和全世界大聲疾呼，為植物和細胞產品制定出公平、合適的法規。替代性蛋白質是一個相對較新的市場，各國的法規差異很大，加上傳統的農業利益團體極力防止新產品和技術進入食品市場（例如在廣告和食品標示上，禁止替代性蛋白質使用「牛奶」或「漢堡」等字眼），因此狀況非常棘手。雖然布雷登的團隊力求為替代性蛋白質敞開大門，但她的團隊還有一個工作，那就是評估法規是否有漏洞，以免企業抄捷徑危害產品安全。

好食品研究中心也將成長心態運用到[10]它與夥伴的關係上。好食品選擇合作夥伴的標準是：誰能協助它在業界做出最大的改變。這讓它與一些看似不太可能合作的組織和利益團體合作，例如傳統肉類生產商JBS、泰森食品（Tyson）、史密斯菲爾德食品（Smithfield）和嘉吉公司（Cargill）。弗里德里希告訴我：「如果你想讓植物肉變成主流觀念，或是你想讓細胞肉成為主流，那麼讓這類傳統肉類公司推出自己的植物和細胞產品，是達到這個目標最好的一個方法。」這樣做還有助於讓競爭對手變成合作對象。隨著競爭對手在替代性肉類的利益不斷增加，它們也對替代性蛋白質合理的監理產生興趣，因此這些大型肉品製造商逐漸與布雷登站在同一個陣線。這就是成長文化尋求創造雙贏合作的創新，也是金尼·扎萊納所說，為了解決複雜的社會問題必須擁有的宏觀思考與成長心態。

我們已經看到倫理和誠信在天才文化與成長文化發揮作用的一些例子，現在，讓我們來看看背後的一些原因。

組織心態如何鼓勵道德行為

　　在提倡「萬事學」而非「萬事通」的成長文化裡，像作弊之類的倫理問題，與文化的核心信念與目標完全背道而馳，因為這類行為妨礙學習的可能性。當你作弊或玩弄指標時，你就無法真正辨別什麼東西有效，什麼東西無效。天才文化的一個核心信念是，成為出鋒頭的明星比什麼都重要。如果要做不道德的事才能獲得或維持這種地位，那就做吧。同樣的，這通常是領導階層無意間釋放出的訊息。我很少遇到組織希望員工用這種方式行事，或意識到這是它們自己一手造成的結果，這就是為什麼警惕你的文化所傳達的訊息非常重要。

　　天才文化與成長文化都專注於尋求成功的績效目標，但與偏向定型心態的公司不同的是，擁抱成長文化的公司也同時追求學習的目標。是的，我們想要成功，但在追求成功的過程中，我們是否也在學習、成長？當我們失敗時，我們是否也在學習，好讓我們知道下次用什麼方式可以做得更好，或者告訴我們何時應該改變做法？

　　組織裡的績效目標和獎勵措施，是鼓勵不道德的行為和抄捷徑的一個主要原因。

績效目標與獎勵措施

錯誤的目標與衡量標準，可能嚴重損害員工展現或遵從組織核心價值的能力。例如，如果有一個組織宣稱重視安全，卻把衡量重點放在員工完成工作的速度或產量上，那麼這些潛在更重要的優先事項可能會讓員工陷入困境。他們必須選擇無法達標，或是靠走捷徑達成目標的做法。

福斯汽車的排放醜聞就是一個失敗的例子[11]。福斯的工程師在大約1,100萬輛柴油車上安裝被稱為「作弊裝置」的軟體。這些裝置把假數據發送給排放測試的電腦，讓福斯柴油引擎的有害氣體排放量看起來比實際的排放量更低。許多商界人士認為，問題的根本在於福斯汽車的公司文化。雖然福斯宣稱非常重視環境，但實際上更重視銷量。員工們描述福斯汽車內部有「恐懼的氣氛」，再加上前執行長馬丁・文德恩（Martin Winterkorn）的目標是讓福斯成為全球最大的汽車製造商，因此讓這家公司出現嚴重的道德問題。

認知科學家蘇珊・麥基（Susan Mackie）向我描述[12]，她與銀行業的客服中心合作時，發現銀行的價值觀與獎勵措施並不一致。在104通客戶致電給銀行表示要關閉帳戶的電話裡，只有4通電話在努力挽留客戶，因為客服人員收到的是任務導向的指示（如何關閉帳戶），而不是目標導向的指示（如何挽留客戶）。此外，員工績效是以支援任務導向行為的指標來衡量，例如他們處理客服的速度。

因此當客服人員收到客戶關閉帳戶的要求時，他們知道最快速的處理方式就是核准請求。然後，他們會把文件傳給另一組團隊，這個團隊會嘗試讓客戶重新開設帳戶。這當然不是銀行想要的結果，但卻是銀行的訓練和績效指標鼓勵員工做的事。

麥基表示：「為了發揮潛能與客戶互動，組織必須培養以目標為導向而不是以任務為導向的團隊。然而，目前培養客服技能的方法著重於培養和任務相關的能力，例如開設和關閉帳戶，以及處理計費錯誤之類的問題。雖然這些技能對員工執行規定的能力來說很重要，卻無法讓客服專員了解客戶來電的真正目的，以及如何為客戶實現目標。」以成長為導向的方法會看出客戶互動的複雜性，並幫助員工練習技能，以培養出正確辨識和回應客戶需求的能力。組織必須致力於幫助員工發展一套可以彈性運用的核心能力，以實現同時滿足客戶與組織目標的結果。此外，衡量員工績效的指標必須反映組織的目標，同時鼓勵實現這些目標的行為。

這家銀行與麥基以及她的團隊合作，把衡量指標改成挽留多少客戶，而不是專員接聽電話的速度或每天接聽的電話數量。然後，他們開始獲得以客戶服務為導向的結果，這正是他們想要的。

我們也希望確保薪資結構能夠適當傳達並支持我們想

在組織內培養的價值觀。Scaling Up是一家為企業家提供諮詢的組織，創辦人凡爾納·哈尼什（Verne Harnish）[13]寫了一本書《擴大薪資規模》（*Scaling Up Compensation*）。他告訴我，不要只是告訴人們你想要10倍、20倍甚至是50倍的成長，而是要讓人們深入了解這種成長，並讓成長變得有意義。根據他的經驗，只注重財務成長的公司往往會在幾年後倒閉，透過學習來成長的組織卻可能走得更長久，因為它們營運的時間更長，可以想得更遠，最後更有可能實現50倍的目標。

　　在學術科學領域，兩種結構性的誘因常會削弱學習目標，一個是「不發表就死亡」（publish or perish）的壓力，另一個是要讓結果看起來完美無瑕的壓力。這兩種壓力會讓許多研究人員有意無意採取一系列有問題的研究做法（questionable research practices, QRPs），以最好的方式展示他們的工作。這些做法包括不提及研究測量的每一個變數，以及當結果沒有像科學家預測得那麼「正確」時，就把研究從手稿裡刪除，這種做法被稱為檔案櫃問題（the file drawer problem）。另一種有問題的研究做法是，一旦團隊看到理想的結果就停止蒐集資料，因此排除掉其他資料可能帶來不同結果的可能性。因此，目前跨學科普遍都有再現性危機，因為後續研究無法重現原始研究人員報告的結論。為了推動科學進步，我們需要知道什麼有效，什麼無效。誠如墨爾本大學[14]研究員辛明・瓦沙（Simine Vazire）所說：
「我們想要讓人覺得可信，還是讓人覺得出色？」

　　由於渴望讓別人認為自己很出色，基因研究員賀建奎違反CRISPR技術先驅珍妮佛・道納和其他研究人員達成的協議：這項協議限制這項技術何時、甚至是否可以使用在人類的胚胎上。賀建奎看到一個讓他成為天才的機會，於是一意孤行，利用CRISPR修改人類的胚胎，並把胚胎植入兩名婦女體內，這兩名婦女後來生下世界上第一批基因編輯嬰兒。賀建奎在中國接受審判[15]，並被判處三年監禁以及43萬美元的罰款，終身不得從事生殖科學的工作。法院的判決說賀建奎「追名逐利，故意違反國家科學與醫療管理規定，逾越科學與醫學倫理道德底線。」

　　我們可以用很多方式將組織或科學研究的環境轉變為成長文化。例如，鼓勵和獎勵科學家分享資訊並互相合作，就是一個起點。這個運動主要由公共科學圖書館（Public Library of Science, PLOS）發起，這是一家開放眾人使用的出版商，也是一個非營利組織。這個組織的目標是讓人們更容易取得經過同儕審查的科學成果。當我和公共科學圖書館執行長[16]艾莉森・穆迪特（Alison Mudditt）談話時，她說在她看來，把重點放在科學天才的做法「從根本上來說有違科學的核心價值。在很多方面，這是功能嚴重失調的信用制度所造成的結果。在得到另一筆資助或升遷之前，要確保數據不能外流。大家也不願意分享,以防有人竊取你的研究成果。」穆迪特觀察到,「科學家就像我們每個人,都會反覆做些可以得到獎勵的行為。如果你看看科學界的現況,就會發現期刊編輯傾向發表把故事講得美好又簡潔的論文……但實際的資料往往很混亂,因此如果把真實現狀攤在陽光下,可能會讓研究人員受到批評。」此外,穆迪特強調,資助的方式也讓研究人員成為人們關注的焦點,卻鮮少談到完成大部分工作的十名研究生、博士後或研究科學家的故事。所有做法都製造並助長人們對科學的錯誤看法。

穆迪特說,「公共科學圖書館一直在思考,學術系統有兩個核心問題,讓這個現象更嚴重。一是學術界的獎勵制度非常注重研究是否新穎,另一個是研究者是否能夠在少數高水準的期刊上發表文章。」我認識一些同事,他們被告知在接下來幾年,他們要做的不是盡量從事最好、最有影響力的研究,而是確保他們的研究成果可以發表在一、兩個特定的頂尖期刊上,讓他們能夠繼續升遷和保住教職。幾乎每一所大學都會根據論文發表的期刊和論文發表的頻率來評估教授,但是最頂尖的期刊數量很少。當整個系統都是這樣運作時,你就會明白為什麼會出現有問題的研究方法。

就公共科學圖書館而言,它要努力講述更真實的故事，像是「發表很嚴謹、實驗進行很完善，但最後無效的研究：也就是失敗的研究。」就像哥倫比亞大學生物科學系前系主任斯圖爾特・費爾斯坦（Stuart Firestein）[17]在《失敗：科學的成功之道》（*Failure：Why Science Is So Successful*）書中寫道：「如果沒有充分體認失敗的價值，就會讓我們對科學產生扭曲的看法。」費爾斯坦寫道，失敗是所有科學進步的基礎。在史丹佛大學慶祝卡羅琳・貝爾托西（Carolyn Bertozzi）[18]獲得2022年諾貝爾化學獎的影片裡，貝爾托西表示：「有時候，人們認為科學很困難又讓人沮喪，因為失敗率很高。但實際上你沒有失敗，只是部分的實驗結果不如你的預期。這是你學習新知識的機會。」如果我們沒有記錄結果，我們該如何知道下一步要做什麼嘗試？如果我們創造出一種必須把失敗藏起來的氛圍，只分享我們認為可能正確的事，我們就會縮小科學探索的範圍，並讓發現新事物的速度放慢。如果我們繼續崇拜孤獨的天才，那麼想要獲得這種地位的渴望，將繼續驅使部分科學家像賀建奎一樣，犯下嚴重的道德錯誤。

　　培養成長文化與道德行為的另一種方法是鼓勵更包容、更合作的研究方法。2020年，我帶領來自不同領域和背景的28位研究人員[19]組成一個小組，研究兩種改善跨領域科學研究的方法，它們分別是「再現運動」（Movement for Reproducibility）與「開放科學運動」（Movement for Open

Science）。這兩種運動以不同的方式回應科學界盛行的科學天才文化（我們開玩笑、或許也不算開玩笑的稱之為「科學之王」）。天才文化讓孤獨天才這類定型心態的神話得以不斷延續。在這種神話裡，擁有充足資源的研究人員（往往是計畫主持人）會將大部分或全部的團隊成果歸功於自己，並累積資源、數據和材料，直到團隊以獎助金或論文發表的形式從這些資源得到最大的利益。再現運動很適合用來和別人競爭，它專注在確認哪些研究結果「正確」，依此選擇要再現的研究，並查看當參與運動的人嘗試重做別人的研究時能夠再現哪些效果，從而無意間複製了天才文化。以這種方式行事的人在本質上扮演的是批評者的角色，確認誰的研究和想法有效或無效，同時體現出「非對即錯」的定型二分心態。開放科學運動則強調用更相互依賴與合作的方式來分享資料、材料和程式碼，致力於和大型跨學科團隊一起解決各類成癮、氣候變遷或貧窮等多面向的問題。支持開放科學運動的人，目標是讓每個人都更容易得到並使用科學工具，以加速科學進展。

我們的團隊發現，在整個科學領域裡，這兩種運動各自採取兩種不同的文化方法，彼此獨立運作。雖然這兩種運動都希望能改善科學的運作方式，但它們實現目標的方法卻截然不同。有趣的是，來自一個陣營的科學家，往往會堅持自己陣營的看法，很少跨界以另一個陣營的身分發表論文。

　　這些運動不僅在心態文化上有所不同，我們還發現開放科學運動促進更大的公平和包容，吸引更廣泛的科學家團隊，包括更多女性和來自不同文化背景的人參與。為什麼？答案是開放科學運動體現這些族群重視的利他和公共目標，而不是只專注在個人和競爭性的目標。當我們使用經過驗證的詞彙庫去比對數以千計的論文摘要，我們發現參與開放科學運動的科學家，比參與重現運動的科學家，使用更多互相協助與共通語言來描述科學。在開放科學領域，女性擔任重要作者身分的人數一直在增加，但是在重現運動裡，女性擁有這個身分的人數卻在不斷減少。這不僅影響科學研究的多樣性，也形塑研究的內容和方式。事實上，過去曾有研究顯示，女性和有色人種經常選擇投身更具社會導向目標的研究，並且尋求改善社會健康與福祉。

　　我們並非只在教育機構或科學研究裡，看到這種與倫理和誠信有關的心態文化問題。我在研究大公司與新創公司時[20]，會詢問參與者他們有多麼認同或不認同組織對倫理與誠信的行為規範，例如：

- 在這家公司裡，人們經常對其他人隱瞞資訊。
- 在這家公司裡，犯錯的人要承擔全部責任。
- 在這家公司裡，有很多舞弊、走捷徑、偷工減料的狀況。

- 在這家公司裡，人們受到公平的對待。
- 在這個組織裡，人們都值得信賴。
- 在這個組織裡，道德非常重要。

我們也會問參與者，是否認同管理階層對道德行為的態度，例如：

- 出現不道德行為時，組織的管理階層會以紀律處分相關人員。
- 在這個組織裡，不道德的行為會受到嚴厲處罰。
- 在這個組織裡，高階主管遵守高道德標準。

在所有案例當中，我們在研究中發現最一致的現象[21]是天才文化在誠信和道德上有更大的問題；而在成長文化裡，員工比較可能認為他們的同事、經理和組織，有更高的道德標準和更多誠信。

成長文化重視透明並願意分享資訊，而不是私藏資訊，藉此領先他人。當人們在成長文化的組織裡犯錯時，他們會承擔責任，而不是相互指責。天才文化有更多幕後交易，而且發現違反道德規範時，不太會有懲處或處罰，只會對這些行為視而不見或不以為意，尤其當犯錯的人是績效良好的員工時。

競爭如何影響道德

　　從進入醫學院開始，未來的醫生很早就被培養成具有高度競爭力。然而，同樣的競爭動力雖然可以幫助一個人成功完成嚴格的醫學訓練，但實際上也可能讓他更容易在職業道德上出問題。

　　珍妮佛・達內克醫師（Dr. Jennifer (Jen) Danek）[22]是華盛頓大學醫學院委員會專科認證的醫生，也是我研究的合作者之一，她親身體驗過這一點。她很幸運能就讀一所主要以成長文化運作的醫學院。這家醫學院支持學生成功，而非鼓勵競爭，不會要學生不斷證明自己值得待在那裡就讀。「就學期間，每個人都會在某個時間點有過把考試搞砸的經驗，也許是胃腸病學考壞，或在內分泌學上失敗。系上有一個規定是你可以重考其中一項考試，」珍妮佛解釋說，「你只要再考一次，就可以通過了。這沒什麼大不了。我有一個朋友考了兩次都沒通過解剖學考試，但考壞的其中一個原因是英文不是她的母語。第三次考試時，教授熬夜陪她到凌晨三點，告訴她『妳會通過這次考試，我們一起通過考試吧。』基本上系上一開始就告訴我們：『我們選擇了你，現在你是我們的學生，你會成功的。』」

　　珍妮佛後來轉學到其他醫學院，以便就近照顧生病的家人，因此她也經歷過其他醫學院學生在做的事。「我記得第一天系上找我們開會時，給我們一套規定，並告訴我們如果不遵守規定就會出局。我那時心想：『我們是醫生，也是成年人，而你們卻像對待五歲小孩一樣對我們。』我只記得我當時想要盡快離開那個地方，免得那裡把我變得很蠢。我有一種感覺，如果我待在那裡，那裡的文化就無法讓我發揮最好的一面。」這種文化也助長保密與道德敗壞的行為。她想起一位住院醫生，是根據製藥公司給他的報酬（他沒有透露具體金額）來巡房。對珍妮佛來說，生病的不只是病人，還有文化。

　　醫學領域普遍存在一種天才文化，醫生（尤其是外科醫生）的地位最高。珍妮佛說，護理師多次在半夜打電話請她幫忙，但她並不是病人的主治醫生。當她問護理師為什麼不打電話給病人的主治醫生時，護理師說怕吵醒醫生會被罵，而這些醫生通常是男性。但儘管如此，珍妮佛認為醫學界正在轉向成長文化，這在很大程度上是因為注重結果的緣故。當不良的行為導致疾病甚至致死時，就必須採取行動。

　　這些醫療結構與文化的變革當中，有一個改變是團體查房的方式。團體查房時，病患的醫療團隊要聚在一起討論照顧計畫。當只有一位醫生下達醫囑時，可能會漏掉一些事。「這件事太複雜，一個人無法做好所有事情，」珍妮佛說，「於是這讓我們轉向更平等的合作關係。」珍妮佛解釋說，醫療領域仍然有階級制度，醫生的地位還是最高，但在團體會議裡，她可以從和病人密切互動的護理師那裡得到訊息，因此能夠注意到醫生可能會錯過的細節。此外，如果藥劑師站在旁邊，他們可以指出醫生想使用的藥物可能會和病患已經服用的藥物產生不良反應，並討論其他可行方案。

　珍妮佛說，隨著這種轉變，用更具成長心態的方式做事表示我們會發現更多錯誤，也就表示有更多機會糾正錯誤，並改善照顧病患的方式，這與艾美‧艾德蒙森[23]在她的醫療疏失研究裡看到的情況相似。「我在這種系統裡覺得如釋重負[24]，」珍妮佛觀察說，「我覺得每個人都比較放鬆，因為大家對結果都更有參與感。」醫學領域出現這些變化是為了緩和競爭，並促進學習和溝通，藉此改善治療效果。成長文化也可以帶來競爭的一些好處。

　第二次世界大戰剛結束時[25]，日本經濟陷入困境，政府於是重點支持一些關鍵產業，認為這可以為國庫注入現金，其中包括鐘錶業。多年來，精工（Seiko）一直是一家出色的鐘錶商，但精工卻在可靠度（reliability）*上遇到困

---

*　編注：可靠度指產品在規定的條件下和時間內，無差錯完成規定任務的機率。

難。如果精工想要和領先業界的瑞士公司抗衡，就要快速創新。當時的精工主要以複製瑞士的設計元素為策略，但它決定採取大膽做法，放棄這個策略，轉而把重點放在從頭開始建立自己的技術。

　　為了自我鞭策，精工在旗下兩家工廠之間點燃一場激烈、但友好的競爭。這兩家工廠，一家位於繁華的東京都，另一家在長野鄉下。這兩家工廠和它們的地理位置一樣，各自有不同的文化。精工的領導階層認為這兩家工廠會採取截然不同的創意方法。精工猜對了。每當一家工廠解決一個問題，或創造優異的技術時，精工就會要求另一家工廠接受挑戰以勝過對方。但為了防止競爭演變得太過激烈，精工的領導階層制定出指導方針。領導階層告訴工廠，精工是一個大家庭，一個工廠的成果就是整個大家庭的成果。為了強化這個理念並進一步推動創新，精工鼓勵工廠在遇到任何重大困難時彼此溝通。所以，當一家工廠開發出新技術時會和另一家工廠分享，以便雙方都能受益。在天才文化裡，工廠會為了各自的榮耀或為了保住工作而彼此競爭，而且它們可能會用不正當的手段來實現這個目標，因此，工廠不會分享它們的經驗。但精工創造的文化和溝通方式讓工廠無法藏私，而這個策略很有價值。

　　透過這種富有成效的方式互相激勵，工廠之間的競爭讓精工的手錶變得更穩定、更可靠也更漂亮，並成功製造出精工的第一款豪華手錶。1964年，精工成為第一家參加瑞士知名國際鐘錶比賽的非瑞士公司。雖然這兩家工廠都採用一同開發的技術或製造的零件，但兩家工廠都有自己的設計。到了1967年，其中一家工廠生產的一款腕錶在比賽中得到第四名。1969年底，精工成為第一家推出石英技術手錶的公司。同年稍晚，精工再次精進技術，並推出第二款石英手錶，性能超越瑞士製造商的產品，當時瑞士製造商仍以機械手錶為主。

對道德疏失的警覺與應對之道

　　培養和維護成長文化是一項長期工作。就像艾瑪・麥克羅伊所說[26]，組織是個有機體。組織不斷受到變動中的內部和外部動力影響，例如人員配置的變化、市場的變化、不斷改變的監理結構還有客戶與員工的期望。想像一下錄音室裡複雜的調音板，當人們在製作音樂時，必須不斷監控和調整各種數值。與注重個人表現和結果的天才文化相比，由於成長文化以學習為導向，因此更傾向於注重組織文化以及組織裡的行為準則，並建立主動的監控系統，來監測偏離成長文化的價值觀、標準以及實現目標的進展方式。

　　即使組織主要以成長心態運作，也可能發生疏失。人類容易犯錯，我們打造的系統會反映這些錯誤。我們大多數人並不期望組織很完美，但我們確實希望當問題出現時，組織會盡力修正問題，並在過程中保持透明，尤其當問題攸關人命時。歷史上最危險的兩起產品失敗事件[27]，是有人在嬌生公司的泰諾（Tylenol）膠囊裡摻入氰化物，以及在沛綠雅（Perrier）瓶裝水裡檢測到微量的苯。在這兩個例子裡，我們看到成長文化和天才文化發揮作用。嬌生想確保公司對消費者的安全承諾，因此把產品全數下架，並請客戶停止使用膠囊，直到公司釐清產品被下毒的方式和地點。相反的，沛綠雅的高層陷入「證明與表現」的模式，只召回少量瓶裝水，而且不願意承擔所有責任。請記住，當一家公司表現出虛心學習的姿態時，消費者會更願意相信他們。

你已經了解成長文化帶來信任、正直和良善行為的一些方法。我們來看看你的組織可以從中學到什麼。

如何在組織裡鼓勵道德行為與誠信

你可以採取以下策略，鼓勵組織以道德和誠信行事。

使用衡量系統辨識發展與改善的機會

請確保你是用穩健而且透明的指標來衡量員工績效，並確保這些指標可以用來辨識誰可能需要更多資源與支持、誰可能適合提供這些資源與支持。看看哪些人和團隊正處在向上提升的軌道，哪些人正在停滯或倒退，這代表他們需要採用新策略並得到更多支持。成長文化重視透明度，不僅可以幫助員工清楚了解他們的目標以及公司評估他們的方式，還可以產生心理安全感、信任和承諾。

回想一下蘇珊・麥基如何使客服專員的發展與衡量標準，與公司期望的行為與結果一致[28]。與她合作的公司無意中為客服員工進行了培訓和優化，但員工表現卻與公司想要達成的目標相反。檢視你如何指導和培養員工，以及如何衡量他們的績效：你是否只根據任務訓練員工，還是會幫助員工發展更豐富的技能？員工如何參與公司設定的目標？是否有任何衡量指標會產生意想不到的後果？在策略執行的過程中，最好檢視這些目標，並確認它們符合遊戲規則。員工是否盡力完成工作，或只是看起來很認真？

除了讓衡量指標保持透明之外，還要確保衡量的內容豐富多元。在標準績效目標（例如財務目標）之外，將員工的進步、克服的挑戰、承擔的風險、與其他員工的合作、透過跨部門工作所取得的成就等等都納入考量。就像蘇珊描述的：「在精熟目標（mastery goals）*當中加入一些要求

---

*　編注：指學習目的在於個人能力之發展、學習材料之精熟，因而不在乎與他人比較。

員工自我審視的問題：『為了實現這個目標，我需要學習什麼？』」此外，還要把以行為和價值觀為導向的目標也考量進去。

把這些目標結合在一起，可以讓你更接近你真正想要實現的結果，並幫助個人和整個組織轉向成長文化。

雇用誠信的人

在面試過程中，尋找可能透露出道德有問題的危險訊號。應徵者是否說要「不惜一切代價」實現目標或擊敗競爭對手？確認他們這麼說是什麼意思。了解他們經歷過的道德挑戰，以及他們如何應對這些挑戰。

除了注意正在招募的人以及他們的價值觀之外，還要確保管理階層能夠言行一致。如果員工看到高層有道德問題，他們就會覺得困惑，甚至認為可以在背後中傷別人、隱匿資訊或愚弄系統（或甚至必須那樣做），因為他們看到那就是高層的所作所為。

將道德融入每個角落

最有誠信的組織，不會只是在口頭上說要遵守道德標準。當聯邦政府指引要求華盛頓特區一家政府承包商制定倫理教育計畫時，這家公司制定出一份倫理行為的標準指南分發給員工。但是，即使這家公司在全球各地雇用超過

1,500名員工，這份指南卻不重視文化差異。公司還買了電腦倫理教育軟體，員工只要在軟體裡回答一些有明顯對錯的問題，就可以得到結業證書。最後，這家公司開通一條由副總裁接聽的倫理教育熱線電話，但員工都知道副總裁的工作量極大，不會有時間接聽電話，電話的語音信箱永遠都處於爆滿狀態。所以最後當這支熱線電話從未響起時，公司宣稱它們的計畫成功。

　　諸如此類的倫理教育訓練計畫非常常見，都只不過是做做樣子，沒有提供真正有用、可操作的資訊。亞利桑那州立大學商業倫理教授瑪麗安・詹寧斯（Marianne Jennings）[29]在她的著作《道德崩潰的七個跡象》（*The Seven Signs of Ethical Collapse*）中寫道：「公司應該用具體例子告訴員工什麼是對、什麼是錯，尤其是用他們所屬產業的例子來說明。向員工說明他們在實現目標時不應該跨越哪些紅線，然後告訴他們哪些例子越線、哪些沒有越線，提供員工一個明確的基準……。價值觀決定我們為了實現目標應該做什麼、不應該做什麼。」

　　諾佛葛拉茲表示[30]，聰明人基金致力於支持「說真話的精神，因為我曾在大型機構工作過，在這些機構裡，你會因為講話聽起來很聰明而得到獎勵。但在聰明人基金，你一開始就必須要用大家可以理解的方式說話」，而不是用複雜的語言學和無意義的句子包裝你的話。（回想一下，

法蘭克的創辦人查理・賈維斯[31]，把她的公司描述成「高
等教育界的亞馬遜」）。聰明人基金每週都會強化這種精
神。聰明人基金在世界各地的辦事處[32]會在週一上午舉行
會議，要求員工專注於上週某些他們強化公司價值觀的時
刻。「現在是時候說故事了，」諾佛葛拉茲告訴我，「我們會
強調我們真正關心的事，並塑造出一種儀式。例如，身為
執行長，我可能會告訴其他辦事處說：『我們有一個辦事
處發生詐欺行為，以下是團隊的處理方式，我為他們感到
驕傲。』」就像諾佛葛拉茲所說，「懂得公開反省的文化，
不會是天才文化。」

　　蘇珊・麥基鼓勵[33]和她合作的組織，將**暫停並確認**（clar-
ity pause）的作法變得常態。蘇珊說，員工有時候會「害怕
事情太透明，因為『如果我發現一些問題，卻因此把更多
工作攬上身怎麼辦？如果我發現一些必須和別人分享，卻
又會讓我看起來很蠢的事，那怎麼辦？或者，如果我發現
我們在做的事不準確、不妥當或不道德，我該如何說出口？』」
與珍妮佛・達內克描述的醫療問題類似[34]，暫停並確認的
做法[35]是員工彼此之間或員工向主管確認的機會。「我們
要後退一步，檢驗彼此的假設，驗證你要做的事情是否正
確。」瑪麗安・詹寧斯稱之為[36]「暫停卡」，它可以真的
是一個清單，也可以是一個象徵性的句子。詹寧斯寫說：
「暫停是一種全面、策略性的方式，當組織在追求數字和

成果時，員工可以勇敢的要求暫停。」關鍵是把這種機制建構到標準流程當中，以化解因為看出問題的發生原因，結果可能招致的潛在汙名。

　　成長文化會盡可能把道德與誠信融入它們所做的每一件事當中，並明確表達自己的期望。組織有明確可用的意見反映系統，不僅鼓勵人們安心的向組織提出問題，大家也知道該如何提出問題。提出問題之後，組織會認真看待問題，這與蘇珊·福勒在優步的經驗完全不同。此外，不要認為你必須被動等待，並仰賴員工自行發現、提出問題。你可以考慮採取積極主動的做法，把道德和誠信納入員工的脈動調查（pulse survey）*、和團隊的定期對話，以及和經理一對一的談話之中。

▌加倍合作以減少不道德的競爭行為

　　制定政策和實務方法，讓合作（而不是扯同事後腿）成為組織進步的方式，這是你表現出致力於推動道德行為的方法。員工會發現組織比較在意團隊的成功，而不是過河拆橋，甚至把幾個同事推下橋。在這樣的環境裡，員工仍然可能表現優異，但這取決於他們發展自身技能的方式，

---

* 　編注：指迅速進行的簡短調查，有時會每天進行。

以及他們有多麼願意為更大的目標與他人合作。

　　談到合作，不要只在同一個地方尋求潛在的合作夥伴，要在各個層級和整個組織結構裡，甚至是在公司外部，尋找潛在的夥伴。人們很容易認為自己什麼都知道，但成長文化之所以是學習型組織，是因為它們也是**傾聽型**組織。提出問題並傾聽答案，然後根據所學、所知採取行動，這樣做可以帶來信任（這是誠信的關鍵），然後把學到的內容擴散到整個組織。如果組織主事者只把重點放在發布規定，他們很可能會錯失能夠改變大局的傾聽與學習機會。

第七章
多元、平等與包容

想像一下，你剛從大學畢業，正在決定要從哪裡展開你的職涯。有兩家大公司都想要你去上班，但當你瀏覽它們的網站和發送的資料時，發現照片裡大多都是白人。當你查看資料時，發現除了人力資源主管之外，所有公司高層都是男性。身為黑人女性，你懷疑在這樣的環境當中是否會真心受到歡迎。

又或者，你是一家跨國銀行的男經理。老闆把你叫到辦公室，告訴你週五晚上要在他家為你的團隊舉辦聚會，強化團隊的凝聚力。「這是一場社交活動，歡迎大家帶老婆參加！」他笑著說。你聽完後吞了一口口水，心想：「但大家會歡迎我先生嗎？」你不禁好奇。或者，你收到要在新地點參加年度假日聚會的邀請。你把邀請函轉寄給你的人資專員，並寫道：「這個地方看起來好讚！那裡方便使用輪椅嗎？」幾分鐘後，你收到回覆表示：「我們很期待這個活動！但我不確定那裡是不是無障礙環境，我確認後回覆你。」

多元共融（DEI）的訴求，遠遠不只是雇用多元的勞動力而已。雖然這是其中的一環，但多元、公平和包容指的是三個不同的組織流程。

多元是指雇用和留住來自不同群體而且社經地位處於結構性弱勢的族群，以及過去常被排擠的族群。這涉及的是數量上的代表性與代表不足的問題。

另一方面，**公平**則取決於公司如何對待員工，以及資源和權力的分配方式。公司是否理解和滿足人們的不同需求？競爭環境是否公平？或者，數據是否顯示來自某些社會族群的人享有系統性的優勢？也許這些人更容易得到有利的評價、升遷或信任，並獲得機會。當組織想要做到公平時，會考慮每個人的起點，為人們提供成功所需的資源，並消除可能限制進步或獲取機會的系統性障礙。重要的是，公平並不等於平等。雖然平等表示每個人都受到相同待遇，但公平指的是要對某些人或團體提供額外的支持，以確保每個人都有權利在組織內取得成功。

包容談的是人們是否認為自己是組織的一分子，是否在組織裡受到重視和尊重。包容是一種主觀經驗，有權判斷組織是否真正具有包容力的人，是在結構上處於弱勢和過去被排擠的人。他們對於自身族群是否受到重視和尊重的看法與經驗，是我們評估組織包容性的指標。許多組織想要讓勞動力多元化，但多元化的努力最後卻在招募人才的階段止步。一旦員工入職，許多組織就很少或根本不採取任何措施來關注公平和包容。

　　人們如何知道自己在某個環境裡會受到重視、尊重和包容，還是會被貶低、不尊重和排斥？我和我的研究生導師克勞德·史提爾一起進行的研究[1]支持我們所說的**線索假設**（cues hypothesis），現在有許多人也進一步從事這項研究。本質上，人會透過觀察周遭的**情境線索**（situational cues）來回答這些問題。在環境當中，我們會對各種暗示、資訊和訊號保持警覺，這些暗示、資訊和訊號告訴我們，別人會如何看待和評價我們的社會身分。例如，我們會環顧四周，看看通常誰會參加重要的會議或團隊，或者重要的專案和升遷機會通常會先考慮誰。如果這些人在各方面都和我們不一樣，例如從人口特徵到社經地位和教育身分都不像，我們就不太會相信自己可能擁有那些好機會。如果管理高層沒有女性，或是女性只擔任傳統上與女性相關的角色，例如人力資源，女性就不太可能相信自己會受到鼓勵和支持，並晉升到高階職務。其他族群的人也是如此。當事情出錯時，我們會注意到誰會被懷疑、誰不會被懷疑。哪些人得到機會是因為高層看到他們的「潛力」，哪些人又經常被忽視？這些都是無聲但有力的線索，告訴我們哪些人會受到重視。

　　過去十年，我的研究顯示[2]，組織的心態文化對多元、公平和包容有重大影響。天才文化有強大而嚴格的天才原型，透過這些原型辨識整個群體當中是否可能出現天才。不符合這些原型的人可能不會被錄取，就算被錄取，這些人的機會、資源和升遷也常常受到忽視。成長文化重視多元化的員工，這不僅是為了組織的形象，也因為它們知道這樣做可以讓組織變得更好。多元化可以帶來更廣泛的思考和創造力，因此帶來更好的產出，包括能夠應對嚴峻挑戰的新方法。成長文化相信好的想法來自四面八方，成長文化也重視差異，包括文化、經濟和社會的差異。它們承認要做到多元和包容很困難，但成長文化靠學習來培養這些能力，努力確保每個人都能獲得邁向成功所需的資源。

 ## 天才文化中的多元共融

　　與成長文化相比，天才文化提供的機會通常少很多。在美國社會[3]，當我們想到「天才」時，我們比較可能想到白人男性而非其他群體（還記得我們的 Google 搜尋嗎？）研究顯示，我們早在6歲時就接受這種既定認知。這些印象來自我們的社會、我們在媒體觀察到的現象，以及我們打從出生就聽到的故事和語言。但這也表示這個天才原型把很多人排除在外。它不包括黑人、拉丁裔和原住民、能力不

同的人、神經多樣性（neurodiverse）＊人才、女性、LGBTQ+族
群、社會經濟弱勢族群、受社區大學教育的人，或根本沒
有大學學位的人等等。許多時候，這些群體在智力或能力
上都蒙受負面的刻板印象[4]，特別是在天才文化中，這類族
群的人不太可能符合成功的原型。此外，我們很有可能會
敏感的意識到某些情境線索，至少對我們來說，這些線索
明確而清晰的傳達出不合適的訊息。

　　當接收到的[5]線索和互動讓我們意識到自己會因為
所屬群體而蒙受負面的刻板印象時，我們就更容易感受到
刻板印象的威脅（stereotype threat）。我們開始擔心，別人可
能會以我們所屬群體的負面刻板印象來看待和對待我們。

　　每個人在人生的不同階段，都會經歷某種形式的刻板
印象威脅。即使在普遍認為擁有特權的群體裡，白人也常
擔心自己是種族主義者，或怕被其他人視為種族主義者。
至於男性，則常常擔心自己有性別歧視，以及被當成有性
別歧視的人。根據你來自哪個地區或國家，或你的政治或
性取向，你可能會經歷與這些群體成員相關的刻板印象威
脅。並非所有社會群體都會在智力、才能和能力上受到負
面刻板印象，然而來自**這些**群體的人，在天才文化裡處於

＊　編注：指人類擁有心智多樣性，大腦會以不同的方式運作。從宏觀的角度來看，
　　每個人都落在神經多樣性光譜上的一點，各有優勢與弱點。

最不利的位置。

　　當一個群體在人數上的代表性不足，也就是在組織當中不處於主導地位時，這時來自刻板印象的威脅就會加劇[6]。事實上，在人數上代表性不足，是認定威脅（identity threat）*最強的線索之一。例如在世界各地，女性[7]（尤其是有色人種的女性）擔任管理職的人數往往太少。

　　研究顯示，刻板印象威脅[8]會為個人的認知、情緒和生理帶來傷害，代表性不足的群體受到的傷害更大。畢竟，當你必須不斷注意別人是否會把你的行為視為負面的刻板印象時，持續不斷的壓力會讓人感到緊張又疲憊。在這樣的惡性循環裡，這種負擔可能會讓代表性持續不足。商界女性在職場上時常會遇到這種情況，她們要確保別人不會認為她們太過「軟弱」、情緒化，或是控制欲太強、有攻擊性，或因為教養子女的責任而太過分心，諸如此類。這些都是在工作之外她們還要承受的壓力。

　　在一系列研究當中，我和我的前研究生[9]凱西‧愛默生（Kathy Emerson）發現，在商業環境裡，組織心態在喚起女性的刻板印象威脅這方面扮演重要角色。我們要求男性和女性員工閱讀公司的使命宣言和網站，這兩種素材都

* 編注：個體面對外在刺激，使其感受到未來自我認定可能會受到潛在傷害時，就會產生認定威脅。

會傳達組織的理念。女性和男性員工都不太信任定型心態
的組織，但女性顯然比男性更不相信。為什麼？因為女性
會被管理階層刻板的**認為**能力較差且欠缺才能。另一方面，
男性會認為，無論在天才文化還是成長文化當中，他們都
會被組織認定能力較好、能夠勝任。男性不信任天才文化
不是因為刻板印象的威脅，而是因為他們認為這種文化可
能充滿競爭和相互攻訐，這對每個人來說都是讓人不舒服
的環境。我們的研究還發現，組織心態在這方面的影響非
常強大，以至於當我們針對研究的公司調整男女員工比例、
讓男女人數相等時，天才文化還是會持續造成不信任的狀
況出現。所以，如果認為只要雇用更多女性或其他群體的
人就能改變員工的看法，可能要再想一想。

在另一個研究裡，我們告訴參與者[10]，看過公司的資
料之後，他們會和公司的專員會面，表面上的理由是要練
習他們的面試技巧。在準備面試時，我們要求參與者想像
面試進行得很不順利，並請他們思考要用哪些策略來扭轉
局面。研究中的男性和女性都表示，在接受定型心態組織
面試時，他們都覺得比較不舒服。而且，這樣的組織心態
也導致許多女性放棄面試。當她們準備接受「天才文化」面
試時，女性（但不是男性）可能會說「反正我不在乎面試」
之類的話。首先，女性經歷過刻板印象的威脅，公司的天
才文化讓她們擔心自己會受到管理階層的負面刻板印象影

響，根本不相信公司會公平的對待她們。接著，當她們被告知要想像面試進展得不順利時，刻板印象威脅和不信任這兩個因素讓她們放棄面試的準備過程。這種模式並沒有出現在成長心態的組織裡，因為這些公司的女性原本就沒有受到刻板印象的威脅。**從核心信念和假設來看，天才文化對女性發出刻板印象威脅的訊號。**

我們在創業環境裡看到類似的心態影響。在我們和考夫曼基金會的研究裡[11]，我們發現各行各業數百名企業家，普遍認為和成長心態相比，創投和投資人比較傾向支持定型心態的創業想法。但並不是所有創業家都對投資人抱持同樣的想法。女性創業家在向投資人簡報時，會遇到更多刻板印象的威脅，因為她們覺得創投對她們的態度是「像妳這樣的人要是能夠成功，我們會很驚訝」。事實上，這種看法經常出現。投資人的定型心態比較不會讓男性困擾，因為男性比較接近成功創業家的原型，也就是刻板印象。因此，如果刻板印象存在的話，許多男性認為他們可以從中**受益**。

其他研究顯示，這樣的過程對少數種族和族裔也有類似的作用。我們對整個大學理工科教職員的研究[12]，發現教職員的心態信念，可以用來預測他們班級當中不同種族學生的成績差距。當教授傾向定型心態時，班上的白人學生和少數族裔學生，兩者之間的成績差距會擴大**兩倍**。至於傾向成長心態的教師，他們課堂的學生不僅成績差距較小，學生也更積極主動和投入，覺得教授會鼓勵他們做到最好。

我們一次又一次看到，不同團體之所以不信任天才文化並非毫無根據。之前我曾經提到，根據我的研究[13]，女性和有色人種對天才文化的信任度較低。在我們和一家大型跨國銀行進行的研究裡，定型心態團隊當中的女性和少數族裔會經歷更大的刻板印象威脅，在實際的績效評估裡得到較低的績效**評等**。有些人就算還沒親身經歷過這些狀況，但光是認為組織屬於天才文化，就足以讓人擔憂。

然而，這對組織績效有多重要？多元共融是否只是最新的潮流，當未來出現其他商業趨勢時就會被拋在腦後，還是想要成功就必須擁抱它？

 ## 為什麼要擁抱多元共融？

就像哥倫比亞商學院資深副院長[14]凱瑟琳‧菲利普斯（Katherine Phillips）所寫：「如果想建立具備創新能力的團隊或組織，就需要多元化。多元化可以提高公司的利潤，帶來不受約束的發現和突破性的創新……。當人們聚在一起解決問題時，可以帶來不同訊息、意見和觀點。」誠如菲利普斯所說，當我們分析標普綜合1500指數裡的頂級公司，會發現平均來說，「女性高階主管可以讓公司市值增加4,200萬美元」。麥肯錫的一項調查顯示[15]，種族和民族多元化程度最高的公司，擊敗競爭對手的機率高出35％，而性別多元化程度最高的公司則高出15％。不過研究也確實顯示，實施多元化[16]一開始可能會很困難，觀念與行為之間的衝突、規範與互動方式的不同，可能會帶來挑戰，並令人不安。然而，就像我們稍後將討論到，著重於學習的成長文化有很多方法可以幫助人們解決這些摩擦，並從中學習。

天才文化認為人才來自狹隘的幾種身分，而身為女性黑人的珍妮絲・布萊恩特・霍羅伊德（Janice Bryant Howroyd）則不具備這些身分。霍羅伊德是美國最大人才公司ActOne Group的創辦人兼執行長[17]。1978年，當她從北卡羅來納州搬到加州時，只用了1,500美元就創辦這家公司[18]。她在比佛利山租了一間小辦公室，裝上傳真機和電話後就開始打電話陌生推銷。2020年，ActOne的營收達到28億美元，在雜誌《非裔企業》（*Black Enterprise*）的非裔企業名單裡排名第二。霍羅伊德是第一位創辦並擁有價值10億美元公司的黑人女性。

當霍羅伊德努力把ActOne擴大為「少數族裔」和「多元」企業時，她的公司往往被認為不像白人公司一樣有能力。雖然她的業務量大概是其他大企業的十分之一，但她還是要在價格上和大公司一樣或更低。霍羅伊德知道，要跨越這個差距，她必須發揮創造力，並利用科技的力量。因此，她聘請一個團隊來開發技術，為客戶提供他們無法從其他公司獲得的詳細報告。這套服務非常受歡迎，所以ActOne除了提供人才之外，還開始銷售技術服務。

霍羅伊德說，身為一名黑人女性，她經常在這個由白人男性主導的產業裡遇到挑戰。在ActOne營運初期，為了應對潛在客戶對種族和性別的定型心態，霍羅伊德會進行初步工作，讓她的公司能夠有機會向客戶簡報。但當公司需要和客戶面對面互動時，她就會請她的白人男性員工接手。「這樣做讓我感到羞愧」，霍羅伊德回憶道，「但有時候我會把我的經驗分享給團隊成員，讓他們進去簡報，這樣客戶就不必和我這個非裔美國人或女性直接互動。」霍羅伊德的經驗是，當她到其他公司做簡報時，對方會質疑公司是否有能力完成工作。但如果是男性上場，那些公司就假設ActOne具備一定水準，並要負責簡報的男性說明他們會如何實現目標。

雖然霍羅伊德幾十年前就遇過這類問題[19]，但黑人創業家考特妮・布拉戈洛夫（Courtney Blagrove）說她現在在向投資人簡報時，仍然會遇到這類歧視。考特妮和妹妹Zan B.R.一起創辦知名燕麥奶冰淇淋店「鮮奶油城市甜點實驗室」（Whipped-Urban Dessert Lab）。她們兩人簡報時，潛在投資人常問她們創辦人什麼時候抵達，因為投資人假設創辦人是一位**男性**，而不是兩位**女性**。此外，儘管考特妮擁有營養和新陳代謝的博士學位，但投資人還是會質疑她們是否完全了解她們植物品牌背後涉及的高科技問題。還有，雖然Zan是律師，但投資人還是會盤問她們的法律事務是否一切妥當。她們兩人完全不符合許多投資人心目中的天才原型。

順帶一提，目前仍欠缺[20]多元化的科技領域，可能真的會導致產品失敗，例如「智慧」型非接觸式肥皂機，無法用在黑人的手上。臉部和影像辨識軟體[21]無法辨識或正確分類黑人的臉部；語音辨識軟體也無法理解非英語母語人士的聲音。當工程師和系統存有偏見時，他們做出來的產品也會有偏見。艾麗卡‧貝克（Erica Baker）[22]是一位工程師和技術專業人士，也是美國眾議院民主黨國會競選委員會（Democratic Congressional Campaign Committee）的技術長。誠如她所說：「製造商每次在相機推出臉部辨識功能時，幾乎都無法辨識黑人，原因是製造這些產品的是白人，他們只測試自己，不會想到這些。」

 ## 兩種文化中的多元共融

天才文化一定有它的好處，至少對天才來說如此，對吧？但根據我的研究顯示，好處沒有你想像得那麼多。對於**完全**符合天才模式的人來說，他們可能會因此受益一段時間。但是，新星總是不斷在冒出頭。在天才文化裡，人們為了維持和提升自己在階層制度裡的地位所做的努力，可能會危害個人和組織，而且即使是明星員工，失寵的速度可能也會很快。定型心態文化對成功模式的限制，也為完全符合刻板印象的人在精神、情感和績效上產生束縛。

　　我經常在想要掙脫公司天才文化的領導者身上看到這些限制，他們知道公司需要改變才能保持競爭力，又或是因為他們看到即將出現的機會，希望公司不要錯過機會。但問題在於，在天才文化裡，你只有少數幾種方法可以證明自己的能力，而且只要有一次失誤，就代表你可能會失去優勢。或更糟的是，你可能永遠不會有機會掌握優勢。尤其是在充滿不確定性和變化的時代，天才文化甚至會讓超級天才覺得自己受到限制。

　　喬治‧艾伊（George Aye）曾是IDEO公司的員工[23]，IDEO是世界上最重要的設計公司之一，曾被多家媒體授予天才的稱號。2021年，艾伊透過部落格平台Medium發表一篇文章，描述身為有色人種的他在IDEO受到哪些「欺凌和羞辱」。他說，「完美主義、持續不斷的急迫感、家父長式的作風、把持權力、害怕公開衝突，以及個人主義，都是這家公司引以自豪的表現。」艾伊寫道，他在這家公司的第一天，氣氛就定調了，因為有一位男同事告訴他：「在這個地方想要成功，就必須靠自己。如果你撐不下去，那是因為你不適合這裡。」起初，艾伊認為這種說法對他並不適用，畢竟他已經被錄取。然而在他任職期間，他每週工作60到80小時，深怕自己會掉到無形的績效標準之下。

艾伊說，這種「永遠在面試」的氣氛，對公司裡的有色人士來說尤其難熬。有一個員工告訴艾伊，雖然他的工作和行銷與溝通團隊無關，但公司仍然要他去檢查行銷團隊製作的那些內容和多元化與包容性有關的資料。雖然他覺得不太舒服，但還是同意這樣做，因為這可以讓他更有機會接觸到高層。一位有色人種女性也談到，她因為自己的經驗和資歷，讓公司「大張旗鼓的錄取」她。但當她要求執行更有挑戰性的任務時，公司卻告訴她「要等待時機，要有耐心」。結果，她眼睜睜看著表現較差的白人同事拿到她想要的任務。

成長文化了解，維持強而有力的多元共融政策和實務，是在所屬產業成為並維持領導地位的關鍵。3M首席科學推廣大使潔思禮・賽斯（Jayshree Seth）表示[24]，3M能有效[25]打造出多元化創新員工團隊的一個原因，是公司對於哪些人能夠成功從事科學工作抱持開放的態度，這是典型的成長文化。賽斯在推廣科學和科學工作的部分工作內容[26]，是改變我們對於在科學領域成功的傳統看法：我們必須改

變我們對成功科學家和工程師的想法。3M透過調查得知，
當人們想像科學家時，大多會想到在實驗室裡獨自工作的
男性天才。「如果這就是人們對科學的所有想像，他們就
看不見自己穿著實驗室工作服並混合彩色液體的景象。這
種印象會帶來各式各樣的誤解，甚至對年紀最小的孩子來
說也是如此，」賽斯解釋道。「孩子們看到的形象是天才、
邪惡、孤獨或特立獨行的科學家。如果這些都不是他們想
成為的人，他們就會遠離科學。因此，刻板印象、偏見、
性別以及所有問題都會捲入其中，會讓孩子們認為『那不
是我』，或『那不是我想成為的人。』」

　　賽斯補充說：「我們的刻板印象對科學界造成傷害，我
們希望打破這些障礙。」賽斯有一部分的工作內容是鼓勵更
多人對科學產生興趣，不僅是孩童，還包括成年人。3M不僅
想讓孩子考慮把科學當成職業，也想提高社會大眾的科普
水準。這說明典型成長文化解決挑戰性問題的方法：蒐集
數據，接著發現主導科學領域的文化是天才文化，這種文
化過度排除某些群體，阻礙其他群體發揮潛力。接著，制
定一套廣泛且新穎的措施解決這種文化問題，監控進度，
並主動尋找更多解決方法。

　　在尋找優秀人才時，不屬於天才模式的求職者不僅不
太願意申請進入天才文化的環境，就算他們申請，也不太
可能在審查測試中表現良好。我在本章一開始[27]，描述過

凱西・愛默生和我進行的研究，這項研究顯示定型心態的組織，對女性的信任和動機帶來負面影響。在另一項研究裡，我們觀察公司在招募過程中，常用的標準化智力測驗的表現。我們發現，平均來說，求職的公司傾向定型心態時，求職者的測驗表現會比較差。對女性和少數族裔來說更是如此，因為刻板印象會讓公司認為女性和少數族裔比較不聰明。然而，當求職的公司傾向成長文化時，求職者的表現和白人男性一樣好。這顯示天才文化才是問題。

▎人才管道的迷思

　　在辨別和招募多元人才時，有一些組織抱怨根本沒有招募管道。例如，它們會說「我們很想雇用更多女性工程師，但就是找不到！」思愛普（SAP）公司人力和永續發展主管兼文化、多元及包容長朱迪絲・米歇爾・威廉斯（Judith Michelle Williams）[28]駁斥這種迷思。根據美國勞工統計局的數據，黑人僅占科技業勞動力的5％到6％。就像威廉斯對科技媒體Diginomica所說：「我是一個看數據說話的人，我總是在看數字。如果我們的黑人員工只占3％，那表示我們的努力還不夠。如果我們的黑人員工比例是6％，我可能會說要把這個數字翻倍的難度很高，但實際上並沒有那麼難。所以，任何對人才招募管道的討論，都要確定現有的人才管道[29]有足夠的代表性。」

　　就像我在研究裡看到的，談到多元化的勞動力時，心態文化既是原因，也是結果。天才文化傾向以狹隘的廣告來招募人才，裡面寫滿它們重視的各種定型特徵。這些公司經常在各種人力資源的資料當中，自豪的宣稱公司的價值觀。這些因素讓女性、有色人種和其他代表性不足的群體難以信任這些公司，因為他們擔心在這些文化裡，自己會被貶低和得不到尊重。可惜的是，我們的數據的確證明這些人的擔憂正確。因此，從某些方面來說，傾向定型心態的公司說法是對的，因為**它們**獲取人才的管道枯竭，根本無法吸引傾向成長文化的多元化人才。

　　天才文化對人才發展的投資不足，再加上環境不夠公平，因此當一家更具成長心態的組織向人才招手時，天才文化更有可能失去既有的多元人才，因此天才文化的公司往往很難建立起內部的人才管道。另一方面，成長文化比較有可能努力分析數據，了解他們需要在哪些地方改善人才晉用管道與工作環境，並投資發展計畫，以確保每個人都有最大的成功機會。讓我們來看看現實世界的一些例子。

擴大人才庫

　　有一個問題和人才供給管道類似，那就是領導者經常說找不到「隱性人才」。來自各種背景的少數頂尖人才往往在不同組織之間流動，因為其他組織會不斷挖角這些明星人才，公司不只在競爭這些人才，其實也想知道如何能找到難以看出的隱性人才。我常透過我的組織「公平加速器」和公司合作[30]，改變公司的心態文化，以及公司尋找和發展人才的政策與做法，讓它們能夠認可更多元的勞動力，並以公司裡的成長文化吸引人才。

　　成長文化發現隱性人才的一個方法，是在面對其他符合條件的人時，能夠放下過時和不必要的雇用限制，例如放棄要有大學學歷的要求，或歡迎更生人提出申請。已有40年歷史的格雷斯頓（Greyston）[31]是一家麵包店，也是一個基金會，目標是讓一群有能力卻常被忽視的人提供工作機會，也就是更生人。格雷斯頓採用創新的公開招募模式，明確表示正在尋找並歡迎「在其他地方被拒絕的人」。格雷斯頓取消背景調查、履歷表、藥物檢測、信用調查，連面試都省略。相反的，想到格雷斯頓上班的人可以在公司的工作清單註冊，並按先到先得的原則獲取工作機會。這種方法與定型心態背道而馳。定型心態認為，如果不對特殊資格進行篩選並剔除可能不合格的人，要如何找到「最好的人」？格雷斯頓公開招募中心主任莎拉・馬庫斯（Sara Marcus）表示，最重要的晉用資格是成長心態，也就是願意學習。每個人都有機會錄取，而且一旦踏進大門，每個人都要為自己的表現負責。如果他們的表現沒有達到預期，即使他們得到訓練、支援和改進的機會，公司還是會請他們離開。儘管如此，馬庫斯表示，格雷斯頓發現「來應徵的人都很有才能，我們因此能夠經營世界一流的工廠，為世界一流的客戶提供服務」，這些客戶包括聯合利華、班傑利公司（Ben & Jerry's）和全食超市（Whole Foods）。

雖然格雷斯頓採用的具體方法對許多組織來說可能並不適用，但與天才文化不同之處在於，成長文化願意擴大對人才的搜尋範圍，並在人才進入組織後提供成長與發展的機會。

創業家凱倫・格羅斯（Karen Gross）[32]是一位定罪後權利恢復律師*。她成立一家叫做公民論述（Citizen Discourse）的訓練機構，為人們提供課程，學習參與公民論述、培養更多同理心，以跨越彼此的差異，互相溝通。在招募人才上，她說，「人應該擁有第二次重新做人的機會，我們對正在服刑或有犯罪紀錄的人都有這種定型心態。我們的社會把人送進監獄或判處緩刑，讓他們完成重建課程，做好重新融入社會的準備。但實際上，社會並沒有真的把他們當成改過自新的人，也不認為他們有潛力。我們讓這群人無法輕鬆的重新進入社會並好好發展。我們讓這個過程變得非常困難。」

成長心態需要高績效、敬業、投入的人，他們必須願

---

* 編注：這類律師幫助更生人服刑後回歸社會，例如重新獲得選舉權等。

意不斷學習。成長心態把重點放在人們的未來和潛力，以及他們在職涯裡的發展。由於成長文化相信人們的發展能力，因此願意為員工提供具體且豐富的機會，幫助他們充分發揮潛力。這樣做不僅能夠支持個人發展和獲利，也可以投資整個社會的未來。

現在我們已經看到多元共融在天才文化和成長文化裡的樣貌。現在來看看，研究顯示，心態對於公司在選擇支持或壓制推動多元共融上，扮演什麼樣的角色。

 ## 科學角度看多元共融與組織心態

組織心態與多元共融息息相關。我們處於定型心態或成長心態，決定我們是否會受到多元化的吸引。我和我的研究合作者喬許・克拉克森（Josh Clarkson）、喬許・貝克（Josh Beck）[33]，在一系列的研究裡證明了這一點。在第一個有趣但讓人餓腸轆轆的實驗裡，我們給參與者看六種糖果，並告訴他們可以選擇其中四種帶回家。他們可以挑四塊不同的糖，同一種四塊，或者一種三塊，另一種一塊，諸如此類……。你應該懂我的意思。但當我們挑起人們的定型心態（請給我四塊同一種糖果，因為我知道我喜歡那種糖果），他們選擇的種類就會比處於成長心態的人少（每種都來一個！）。當旅行牙膏有「買五件，第六件免費」的優惠；當人們要從六種品牌的蘇打水，挑選六罐來湊成一手飲料；當人們想像要去雜貨店買三種水果和三種果汁，我們也看到類似的結果。在上述情況下，遵循定型心態的人都會優先考慮相同性；而傾向成長心態的人，則選擇多樣性。

　　心態不僅會在組織或個人層面影響我們，也會影響小團體裡的互動是否公平。在加州大學柏克萊分校，研究公平、領導力和管理領域的頂尖學者勞拉・克雷（Laura Kray）[34]，和她的同事麥可・海斯霍恩（Michael Haselhuhn）進行一系列研究，探討人們對談判能力的心態信念（也就是人的談判能力是來自天生的稟賦，還是可以後天學習的技能），如何影響他們追求的目標、使用的策略以及談判時的表現。他們發現，在談判前更傾向成長心態的團隊，比傾向定型心態的團隊表現更好。事實上，這些具有成長心態的團隊更有可能超越談判者的既定立場，把餅做大，並建立起符合各方根本利益的協議。

　　這和多元共融有什麼關係？在幾項研究裡，克雷和同事發現對女性有害的定型心態刻板印象，這些刻板印象妨礙她們在談判時發揮潛力，也妨礙組織認為她們可以擔任領導者的角色。具體來說，女性比男性更願意合作與協調，但女性比較不善於為自己發聲。傾向接受捷思法和刻板印象的天才文化會加強這些觀點，而成長文化則比較可能挑戰這些觀點。事實上，根據我們對財星500大的研究[35]顯示，成長文化較強的公司，董事會裡的女性人數較多，而且並不是因為這些公司的董事會人數比較多，所以女性才比較多。為了提高董事會的多元性，一般慣用的方法是增加額外席次，讓女性和有色人士出任董事會。成長文化的董事會規模與天才文化相似，只是更加多元。

追求組織轉型：創造公平的成長文化

我最近成立的公平加速器，工作重點是幫助組織裡有權勢的人，把組織從天才文化轉向成長文化。組織之所以有誘因這樣做，通常是因為看到成長文化享受到多元共融的好處。我們和美國六所大學、300多名理工科教師合作[36]，透過我們所謂的學生體驗計畫，在他們的課堂裡創造成長文化。大學教師參加研討會，並看過我們一系列根據證據開發出來的實用工具和資源，以幫助他們評估和重塑課程的策略與實務、教學策略與學生的互動。例如，教授學習如何描述基礎必修科目，如何嘗試新的學生評鑑策略，以及如何給學生練習和回饋教學課綱的機會。他們還嘗試了「考試材料」（exam wrappers）*。這些資訊預先讓大家知

---

* 編注：是讓學生檢查考試準備情況的工具，可以幫助學生檢視應考策略是否有效，以便在未來的考試中加以調整。

道測驗真正的意義所在（也就是，測驗是為了評估學生當下的狀況，而不是用來宣稱他們有多聰明或是否適合學習這個科目），並幫助學生在考試結束之後了解自己的表現。此外，他們還告訴學生在下次測驗改進的策略。

當數百名教師主動把課堂變成包容性更強的成長文化時，會發生什麼事？他們帶領的大約30,000名學生表示，他們感受到更強的歸屬感，覺得自己有價值，屬於團體的一分子。對於性別、種族和社經地位在結構上處於弱勢的學生、轉學生，以及家中第一代大學生來說，這些幫助更大。感覺良好固然很好，但這些正面的經驗，也預告學生的期末成績表現。在教授創造具包容性的成長文化課堂裡，來自代表性不足群體的學生得到A或B的分數較多，D到F的分數較少，而且學生退學的可能性也比較小。

當我們談到創造系統化和制度化的改變時，如果你有意識的建立成長文化，而不是以預設的天才文化行事時，就更有可能帶來改變。天才文化在理工領域非常普遍，這就是為什麼我的團隊把研究重點放在這些領域。當理工科教授組成教師學習社群時，他們會定期開會分享和討論他們正在嘗試的策略、他們在課堂上看到的轉變，以及他們遇到的困難，藉此創造成長文化，他們的學生就有可能從中獲益。隨著學生的經驗和表現持續改善，整個系所開始有興趣和我們合作。從那時候開始，以成長為導向的方法

開始出現在大學的策略計畫和教師工會的談判裡。而隨著
這些更具包容性的做法散播到課堂外，並開始支持學生在
其他地方取得成功，成長心態文化因此迅速蔓延。這就是
真正的文化變革所帶來的連鎖反應。大學工作人員和管理
人員現在使用這些工具重新設計發送給學生的訊息、早期
學習預警系統、留校察看制度以及實體和虛擬環境等，以
鼓勵和幫助學生成功。

　　大學教師，尤其是來自研究密集型（research-intensive）
大學的教師，人們對他們的刻板印象往往是對教學沒有興
趣，或不參與教學。但我們的經驗並非如此。一開始我們
的專案目標是強化理工學生的公平、成長和歸屬感，但這
個專案後來成為改變和鼓勵教師的措施，改變教授和學
生、工作和機構的關係。

　　桑佛·「桑迪」·舒加特（Sanford "Sandy" Shugart）[37]擔任
佛羅里達州瓦倫西亞學院（Valencia College）的校長時（現已
退休），多年來一直努力解決學習的問題。瓦倫西亞學院是
一所社區學院，少數族裔學生占學生總數70％以上，超過
60％的學生選擇半工半讀，因為他們必須兼顧學業、工作
和家庭的責任。「我真的很想知道，為什麼超級聰明的人
坐在同一間教室裡，有的人學習得很好，有些人卻學得不
好」。舒加特2000年來到瓦倫西亞時，當時學院的主管和
教育工作者已經在問：「我們的學生只能有這樣的表現嗎？

如果學生沒有問題，那這是怎麼回事？」他們決心找到讓所有學生都能做得更好的方法。這是系統性改革的開始，舒加特把這項變革描述為圍繞著學習所創造出一種**不同的人類學**，核心理念是「任何人都可以在適當的條件下學習任何東西」。舒加特說這種改變是把高等教育的**生產力文化**（重點是盡可能培養更多學生），轉變成**學習文化**（以學生的成功來衡量教學的成效）。新計畫是以學生目前的狀態協助他們。這個計畫和紐約哈里森中央學區的計畫類似[38]：移除任何教育工作者發現會阻礙學生學習的障礙，無論是系統性障礙或個別障礙。由於學校每年都有數萬名學生[39]，所以這對教育工作者來說是一個很重大的任務，可能面臨很大的阻力。

　　舒加特說，「沒有一種文化是孤立存在的。」他不是想要憑空創造成長文化。「相反的，你可以利用現有的文化來創造新文化。我們和工作人員以及教育工作者說：『好吧，如果我們相信每位學生都能學習，那讓我們用兩個問題來檢驗做出的每一個決定：第一個問題是這樣做如何改善學習？另一個問題則是，我們怎麼知道這樣做可以改善學習？』就是這樣。然後我們進行了幾百次簡短的對話。」

　　舒加特和他的團隊嘗試創造多元的成長文化，一方面是在教職員層面上，鼓勵教職員以成長心態看待自己和自己的能力、他們為學生創造的學習環境，以及學生和學生的能力。在學生方面，舒加特的想法是，在學生周圍營造由教職員和行政人員創造的成長文化，可以向學生表明教職員重視和尊重他們，學校也相信他們的學習和發展能力。這樣做的概念是，在這種環境中，學生可能更容易轉向成長心態。

　　教育工作者很清楚哪些因素會阻礙他們前進，那些因素並非來自學生，而是學院的結構和政策造成的限制。「所以我們說，讓我們著手處理最妨礙學習的組織行為，讓我們改變這個組織。」舒加特說，這就是告訴教師「你需要用不同的方式授課」，或是向他們保證「我會讓你們有可能以不同的方式上課」兩者之間的區別。舒加特帶來的改變還包括徹底改革終身教職的制度，以鼓勵創新、優質的教學；改變教師入職和學院的職涯發展系統，以幫助教師在進入學院後可以馬上學習；採用最新證據驗證過有效的系統來改變教學方式。

　　瓦倫西亞改為以學習為中心的教師發展與終身教職模式，教授可以根據自己認為高效教師應該學習哪些內容，自行設計更多課程。教師在瓦倫西亞任職期間，尤其是在獲得終身教職時，必須分享自己當老師時的學習和發展，包括他們的教學如何使學生受益。

　　瓦倫西亞學院有一項創新是，取消每學期一開始的傳統加退選。在此之前，加退選後修課人數未達要求的課程才會被取消，現在，在開學第一天，教師就確定知道他們要教哪些課程。早早確定之後，老師就可以做好準備，幫助學生馬上學習，因為他們知道課程不會在學期開始後一、兩週被取消，這對教師和學生都有好處。

　　現在，瓦倫西亞的文化是由教師塑造，教育工作者彼此合作分享他們的專業知識，一起帶來最大的貢獻。這種變化並非一蹴可幾，幾年後，教師們仍然致力於改變，持續進行「小對話」。然而，現在人們的心態已經有很大的轉變。誠如瓦倫西亞前組織發展和人力資源副總裁艾美·波斯麗（Amy Bosley）[40]所說，基本上他們有信心，當有人提出新的建議時，至少會有一名教職員問：「這樣做對學生有什麼影響？」教師和學生正在共同創造一個學習的環境。

　　瓦倫西亞學院的一大成功[41]是實踐「做自己」的理念，讓每個人都覺得受到歡迎。學校很清楚，當一個人必須費力擔心別人會根據他的出身、說話方式或外表來看待他時，他就沒有力氣好好學習和教學。相較之下，在天才文化裡[42]，由於組織對誰適合、誰不適合的定義很狹隘，人們可能會感受到更大的**態度轉換**（code switch）壓力，也就是用周遭環境可以接受的方式展現自己，即使那不是他們的真實面貌。就像我的研究顯示，當我們採用[43]定型心態，限制和我們共事的人一定要展現出某個樣貌的時候，我們就會削弱他們對組織的信任。拉納·艾爾文（Lanaya Irvin）

是一位女同性戀[44]，她的穿著接近傳統男性的風格。她曾在華爾街從事金融業，因此人們希望她看起來像應有的樣子。「華爾街文化講究合適與否，所以我有很多掩護自己的東西。我穿戴絲綢襯衫和珍珠，我穿華爾街的制服。我讓自己非常女性化，這樣大家就會把焦點放在我的內容和文字，而不是男性化的表現。」在公司工作八年後，艾爾文在組織裡的職位愈來愈高，施展空間也愈來愈大，她決定不再為銀行從事任何演講活動，「除非我能用我想要的方式演講」。然後她開始在辦公室裡變裝。艾爾文說，最後客戶沒有任何改變。真正改變的是，當她穿著「量身定做的襯衫和口袋方巾」做簡報，發表與領導力有關的談話時，她覺得更自在。「對我來說，這是一個向新人發出訊號的機會，讓他們知道，我們真的可以活出自己真實的樣貌。」

從這些不同的例子和研究結果裡，我相信你已經可以直覺的了解，有哪幾種方法可以幫助你的組織成為更有包容性的成長文化。不過，在此還是讓我們探討轉變成包容性成長文化的具體方法。

 ## 如何支持多元、公平和包容

「刻意執行，」[45]這是拉納・艾爾文在多元共融上給企業的建議。艾爾文現在是Coqual的執行長，Coqual是一個智庫和諮詢團隊，幫助企業實現職場多元化。許多立意良善的組織，最後以漫無目的的方式推動他們多元共融的目標，而不是制定一個以成長文化為基礎，深入又長期的計畫。以下是一些策略，可以確保你的組織以具包容力的成長文化運作，吸引並留住人才。

▍微調你的線索審查

　　艾爾文表示，在評估可能產生偏見的系統時，進行「組織內省」並診斷自己的文化弱點很重要[46]。我在第三章描述過如何進行線索審查，我強烈建議大家這樣做。你已經知道什麼是情境線索，以及這些線索如何影響不同族群在不同公司的特定體驗，現在是時候重新審視你的線索審查，重點是考量在這些情境線索下的多元共融狀況。從現在、過去或未來的員工身上，透過他們不同身分背景的視角來看看你的公司。誰在（或不在）董事會與領導職任職，可能會讓員工得到什麼資訊？公司的資料當中使用什麼樣的語言？哪些人出現或沒有出現在這些資料上？有沒有無障礙設施的問題？坐輪椅或有侏儒症的人在進入你們的辦公環境時，是否會遇到任何障礙？公司默許什麼樣的幽默？可以根據人們的身分、背景或外表嘲弄或直接取笑他們嗎？公司的評估和升遷流程為何？每個人都有一樣的機會接受顧問指導和支持嗎？

　　審核時，請注意大家可能忽略的政策，例如衣著規定，以及人們應該如何呈現自己的其他規定。這些規定是否有不必要的性別歧視？是否會在無意間傳達出一個訊息，也就是人只能靠狹隘的外表展現成功，並因此阻礙人們在工作中完全展現自我？這些規定是否表明，在你的組織當中，員工的某些身分可能不受歡迎？這不是說大家必須總是很嚴肅；對於高績效團隊來說，團隊的連結和凝聚力非常重要。相反的，這些做法是要創造一個環境，讓每個人都感受到重視、尊重，並受到激勵，一起努力做到最好，而且能夠公平的得到工具與資源，幫助他們實現目標。

▍與他人分享故事

　　拉納·艾爾文表示[47]：「身為華爾街的黑人、女性LGBT領袖，我親身體會到，在我所處的某些空間裡，雖然我可能擁有某些管道和特權，但人們會因為我有這些身分而低估我。」艾爾文說，當她有機會和組織裡的人分享一些經歷時，她「從未感覺到這麼受關注」。對於領導者和組織中的其他人來說，了解這些類型的關係很重要，這樣每個人都可以警惕有偏見的做法和經驗。在組織裡創造說故事的機會，是邀請同儕獲得知識並培養更緊密連結和身分安全的一種方式。

為有挑戰性的對話，建立身分安全的保護

還有一種方法不用靠個人講故事，那就是為代表性不足的群體安排定期、例行性的機會與主管談話。通常，只有當因身分引起的事件或出現緊急狀況時，公司才會召開這類傾聽會議。把這類會議當成定期舉辦的活動，而不是等到出現狀況才舉辦，這可以長期培養員工的信任和坦誠。之後當問題出現時，公司與員工已經有良好的關係與開放的溝通。從這類經驗蒐集到的資訊，甚至可以為你提供線索審查的資訊。

發起包容計畫（Project Include）的鮑康如（Ellen Pao）表示[48]，對公司來說，建立固定的安全環境來舉行多元共融的對話，非常重要。艾爾文補充說：「你不必知道所有答案，只要找到一種方法，面對、處理這些讓你覺得不舒服的狀況，並知道做得不完美比連做都不做好。這些對話是非常重要的方法，確保領導人和員工保持互動、確保領導人聽見員工的聲音。」就像改變人們的穿著，或以其他方式展現自己的做法一樣，這些對話不僅幫助代表性不足的群體，實際上也為每個人創造出更大的信任與歸屬感。

在凱倫·格羅斯的培訓公司公民論述裡[49]，對話以同情契約（Compassion Contract）為基礎。一開始，參與者同意保持以成長心態的方式來看待彼此的想法和經歷，並以尊重他人的方式表達自己。在與背景、觀點不同的人對話時，

人們被鼓勵對彼此保持好奇心。不要用「弄假直到成真」
（fake-it-'til-you-make-it）的方式，來表現出一副你知道該如
何進行這類對話的樣子，而是應該以學習的方式進行對話。
研究顯示，制定學習目標可以緩和群體之間在互動時常有
的緊張氣氛。

▎從成長心態視角，重新評估人資流程

　　無論是撰寫招募廣告、制定招募規定、面試、新員工
到職，還是評估和拔擢現有員工，組織心態會決定你要找
什麼樣的人、你能否留住組織裡背景不同的優秀員工，以
及員工是否有動力並願意在工作裡充分發揮自己的技能和
才能。明確考慮哪些技能一開始就需要，哪些技能可以隨
著時間慢慢培養。許多時候，雇主會發現訓練和協助員工
發展的幫助很大，這樣做，雇主的方法和「組織的 DNA」
就會遍布整個組織。不過，訓練和資源必須很豐富。雇用
員工後，卻在沒有指導和支援的情況下把員工丟進深淵，
讓他們自生自滅，這不是成長心態的做事方法。

　　考慮擴大你的人才庫。就像格雷斯頓的莎拉‧馬庫斯
所說[50]，你不必一下子跳到公開招募這一步，但可以從簡
單的取消背景調查、取消信用調查，以及避免自動取消更
生人的資格開始做起，或是重新思考求職者是否真的需要
大學甚至高中文憑才能出色的完成某項特定工作。（現在有

愈來愈多學校把課程放在網路上，其中許多是免費課程。幾乎所有麻省理工學院[51]的大學和研究生課程都可以免費在網路上取得。因此，我們接受教育和自我教育的方式正在改變。）檢視你的招募、評估和升遷模式，並思考你可能設定哪些武斷的標準或不必要的阻礙，讓你無法真正獲得和留住最優秀、最多樣化的人才。

這樣做並不容易，但你已經準備好邁出第一步，讓你的組織和團隊成為具有包容性的成長文化。把你的組織轉變為成長文化，顯然是一段旅程而非終點，就像看出自己的心態誘因，並不斷調整自己的預設心態一樣。

既然我們已經了解組織如何創造和強化心態文化，接著我們來看看心態文化如何在更微觀的人際層面上運作。在探討這部分時，我們將研究四種最常見的線索，這些線索會讓我們陷入定型心態或成長心態，並學習當我們發現自己不知不覺朝定型心態發展時，應該如何轉換為成長心態。不僅如此，我們還將看到，了解這些心態的力量，可以如何幫助我們在團隊和人際互動中建立成長的微文化，讓每個人都擁有主動權和影響力。

第三部

辨識你的心態誘因

第八章
心態微文化

　　心態不僅存在於人們的頭腦之中，影響也無所不在。我們已經探索組織更廣泛的心態文化的影響，現在我們要深入研究在不同的人際情境下，我們會經歷到哪些微文化的影響。在天才文化或成長文化裡，我們可以體驗到和組織整體心態取向相似或相異的心態微文化。我曾與多家財星100大公司合作，這些公司表面看似是天才文化，但當我們衡量心態文化時，卻發現有更小的心態微文化存在。似乎有一兩個小組、一個部門或幾個團隊，在團隊中培養成長文化。它們形成自己的局部文化。

　　這些特殊的微文化很重要，因為當一個組織要發起改革文化的艱鉅任務時，這些微文化是很好的起點。這些團隊在某些方面帶來與周遭較大團隊不一樣的文化。了解這些微文化如何形成、如何自我維持，可以為我們提供線索，一窺公司裡的組織文化如何改變，而且這些微文化還是在公司內部土生土長的。與其借鏡公司外部的改革案例（有時候這樣做確實有用），組織內的這些微文化提供了重要洞

見，因為這些群體擁有公司的 DNA，可以展現出公司內部
有哪些潛力。

在接下來幾章，我們將透過**心態誘因**（mindset triggers）
來檢視這些微文化，以及根據研究顯示，人們可能轉向定
型心態或成長心態的四種常見情境。

四種心態誘因

2016年，一家大型跨國銀行聯繫我和我的團隊，請我
們設計一個心態評量，用來培育員工，並協助員工職涯發
展。就像我之前說過的，雖然公司立意良善，但用一次性
的評估來確認員工的心態，並不是預測某人在「現實世界」
裡會有哪些行為的最好方法。然而，我們在這個要求裡看
到一個機會，可以測試我們一直在研究的直覺。

在檢視過大量數據和文獻後[1]，我的團隊整理出四種情
境，這四種情境似乎最有可能讓人們沿著定型到成長心態
的光譜前進。現在，是時候檢驗我們的假設了。我們研究
這家跨國銀行數千名員工如何應對這四種情境，以及這些
情境與員工績效之間的關係。數據顯示，這四個誘因可以
預測員工的動機、行為和表現。員工發現，了解自己的心
態誘因對他們很有幫助，他們也渴望學習如何駕馭這些誘
因。經理人則是發現，知道哪些線索會讓他們的部屬轉向

定型心態或成長心態非常有用，經理人可以利用這些資訊，量身打造具有建設性的回饋和機會，幫助員工在工作時更常轉向成長心態。

　　我們深受這些發現鼓舞，繼續與不同公司的經理人進行更深入的調查，看看這四個線索是否也適用於不同產業的其他組織。我們將研究帶到殼牌公司，接著在其他大大小小的公司裡進行一系列的焦點團體訪談和研討會，做一樣的測試，然後得到相似的結果。

　　每次我們分享這些見解時，都會遇到一些讓人意外的事情：人們感到鬆了一口氣，因為人們終於可以討論自己的定型心態何時會出現，這讓他們感到自由。我們解釋心態是什麼，並說明每個人都同時擁有兩種心態。這樣的說明把定型心態變成每個人都能理解的事。心態並非靜止不變，而是經常根據具體情境而改變，了解這一點可以把人們從他們習以為常的道德判斷裡解放出來。他們發現，如何應對這四種有挑戰性的情境不僅和他們個人有關，而且他們做出的反應是可以改變的。知道這一點讓他們覺得獲得解放！每個人的反應都是個人信念、經驗、歷史以及組織文化（透過策略、實務和組織行為傳達出來）之間複雜的相互作用結果。

　　因此，當我們繼續探索心態時，請記住，了解這四個誘因以及如何駕馭它們，不僅對個人非常重要，對於負責員工績效和發展，以及任何會影響組織文化的人也很重要。為什麼？因為文化是透過人與人之間的互動創造出來，人們既會影響這些誘因，也會被這些誘因影響。了解你的團隊如何應對這些誘因，可以讓我們知道這些情境和人際互動實際出現的方式，這些情境和互動一同構成了心態文化。

█ 1．評價情境

　　無論你是要準備重要簡報的員工、等待360度績效評估結果*的經理，還是準備要針對公司新政策發表演講的執行長，你自然會想到別人會如何評價你。這些情境會把我們推向「證明與執行」的模式，讓我們非常在意自己給別人的印象，**或者**這些情境會把我們轉變成學習模式，讓我們採取以成長為導向的行為。

█ 2．高強度情境

　　我們常會發現自己處在需要額外耗費注意力和精力的情境裡，例如在Google，這種情況經常發生。公司團隊每六到八週就會重組一次，要求人們快速學習新的工作流程、產品或服務。當人們因為這些高強度情境而陷入定型心態

---

*　編注：又稱為「全方位評估」，最早由英特爾提出，指從員工本人、上司、部
　　屬、同事甚至顧客等全方位角度來了解個人績效。

時，他們可能會很擔心失敗，因此拒絕能夠幫助他們前進的職務調動或升遷機會。然而，當類似的情境觸發人們的成長心態時，人們相信付出努力和挑戰自己是改善和進步的最好方法。

▎ 3・批評性回饋

批評性回饋和**預期**別人會評價我們不一樣，批評性回饋指的是我們收到別人的負面回饋。從定型心態的角度來看，批評性回饋的威脅可能很大，它不僅反映出我們在任務中的表現是好是壞，還反映出我們是好人或壞人。當我們處在定型心態時，我們會認為批評我們的工作就是在批評我們個人。我們的缺點不僅表現在我們的專業上，還體現在我們的自我與能力上。因此，以定型心態工作的員工，會避免徵詢別人的批評性回饋，但這樣做會妨礙他們成長，從而形成一個自我持續的循環。當人們能夠以成長心態面對批評性回饋時，就更有可能學習和發展。事實上，我們看到許多人轉向成長心態時，會積極尋求批評性回饋。這不表示他們認為失敗的感覺很好，但他們會抓住機會，了解哪裡沒做好並改進。

▎ 4・他人的成功

當我們看到同事成功時，例如升遷或得到獎勵，我們的行為會受到影響。當別人的成功促使我們陷入定型心態時，我們很容易會覺得沮喪，心想：「我永遠無法像他那麼優秀，既然如此，為什麼還要努力呢？」但當我們處在成長心態時，我們更有可能受他人的成功啟發，並將別人的成功視為學習新策略的機會，可以幫我們實現自己的成功。這時我們會心想：「他真的搞定這個計畫，也許他可以給我一些建議。」

　　就像我在上一章提到，情境線索可以告訴我們[2]，組織積極或消極對待我們的可能性有多大：別人會傾聽我們的意見嗎？我們的意見重要嗎？別人會包容並尊重我們嗎？情境線索會告訴我們，根據我們的社會身分，我們可能經歷哪些事情。但我們也會注意周遭的人、規範和互動，以確定**當時的環境**重視的是定型心態還是成長心態的信念與行為。

　　我的研究顯示，每個人[3]對各種心態誘因的敏感程度不同，而這些情境對人們心態的影響可能也有所不同。例如，一個人第一次開始新工作時，可能會發現高強度的工作環境很嚇人，但卻傾向把批評性回饋看成自我改進的機會。另一個人則可能很不適應評價情境，卻能夠慶祝他人成功，並從中學習。我們會在第三部分說明我們對這些心態誘因的研究，這些研究可以幫你發現哪些誘因對目前的你最有影響力，並了解這些狀況會隨著時間而不同。如果你發現這四種心態誘因都會影響你,請不要擔心,你並不孤單。即使你周遭的文化頌揚天才,你也會學到一些策略,幫助你調整自己的反應,朝成長心態邁進。

在面對這一切時,了解自己處於成長心態或定型心態裡的實際**感受**,會非常有幫助。那麼,就讓我們從這裡開始吧。

 心態的感覺

回想一下,你是否曾因為某個新想法或嗜好讓你覺得開心,就投身其中。當你渴望了解一切事物並盡可能去嘗試,你會看影片、閱讀、聽播客。你渴望投身其中,樂於學習並不斷進步,你體驗到最美妙的狀態:心流。這就是處於成長心態的感覺。這並不表示你追求的事情很容易,實際上這種情況很少發生。研究顯示,心流狀態經常出現在我們的能力發揮到極限時;也就是,當我們面臨挑戰,但只要付出一些努力就可以面對挑戰。當你準備好以成長為目標時,你追求的東西就會有一種吸引力。你全神貫注,不只是為了把事情做完,而是為了精通或享受這種感覺。當然,你工作時可能只是想把事情做完,但當你從成長心態出發參與任務或計畫專案時,你不是因為必須做才做,而是因為你想要那樣做。

　　有一次，我在某個美麗的春天休假，沿著舊金山的街道散步。當我轉過街角，看到一幅六英尺高的漂亮壁畫，上面有裝飾性的文字和華麗的圖案，並寫著：「成為你想成為的人。」我靈光一現，心想：**我是否也能畫出這樣的藝術作品呢？**我的寫字技巧還是不夠好（只要問問我的學生就知道，我發還給他們的論文上面有我潦草的字跡），而且我沒那麼有美感和創造力（噓，我要小聲一點，這是定型心態！）我總是說我聰明的妹妹莫琳（Maureen）遺傳到我們家族的創造天分，而我卻連用簡單的線條畫畫都不會。然而，我回家後買了鋼筆，一頭栽進 YouTube 手寫字的坑（這個坑太深了！），還買了練習本，並因為要學習新東西而覺得充滿活力和興奮：一切只不過是為了享受這其中的樂趣。當然，一開始我很不擅長寫字，而且我現在還在努力，但這並不重要。我正在學習新的東西，感覺很棒。這種學習動力促使我擺脫「我天生沒有創造力」的定型心態模式，讓我進入我的成長心態。

　　但這只是一種嗜好，只是為了好玩。如果是為了工作或為了維持生活開銷所做的事情呢？讓我們看看丹尼爾‧魯迪‧休廷傑（Daniel "Rudy" Ruettiger）[4]，他是電影《豪情好傢伙》（*Rusy*）的靈感來源。魯迪很想代表聖母大學踢美式足球，因此在球場內外都竭盡全力，想成為球隊的一員。他從一所社區大學開始，努力完成課程，並得到可以讓他進入聖母大學的成績資格。接著，他必須在球隊裡取得臨時隊員的身分，但這對魯迪來說並不是一件容易的事。雖然他是優秀的美式足球員，但他的身高只有5呎6吋（約167公分）、體重165磅（約75公斤）。這樣的身材不足以在美式足球這樣的體育運動上具備競爭力。但魯迪努力提升自我，最後他進入陪練隊，幫助校隊準備比賽。魯迪在訓練中竭盡全力幫助隊友進步，鼓勵並促使他們更加努力。從許多方面來說，魯迪都是團隊的核心人物。在魯迪有資格上場的最後一場主場比賽中，教練要他著裝上陣，他因此實現了自己的夢想，上場打了三場球。在最後一場比賽裡，他擒殺了喬治亞理工學院的四分衛，這是他在聖母大學第一個、也是唯一一個官方數據，後來他的隊友把他高舉起來走出球場：他是第一位獲此殊榮的聖母大學球員。雖然各種結構和制度都在告訴魯迪他不適合這支球隊，但他仍為自己創造出微文化。他拒絕放棄，再加上勇往直前的努力，讓他走向成長心態。他接著再回過頭來，在團隊裡培養成長心態，後來的故事大家就都知道了。其他案例還包括工程師解決了某個問題，並出於好玩把他們的解決方法分享給別人，他們這樣做純粹只是為了貢獻知識；或是有些學生熱切的想要學習超過課程範圍的主題。

　　這就是成長心態發揮作用的地方，這種心態會讓人覺得學習很值得。我們不追逐外在的獎項或榮譽，進步本身就是獎勵。這是人的內在動機，我們只想發現更多。在我們的成長心態裡，學習並不像「待辦清單」上的事項。這並不是說我們會覺得學習很容易，或是當我們處在「正確」的心態時，我們就會突然神奇的擅長做某件事。事實上，大腦研究顯示[5]，當我們發展新的技能時，我們在學習過程中常會覺得很焦慮。然而，當我們以成長心態行事時，我們就會有動力繼續努力下去。隨著時間過去，我們發展新技能和新知識，並發現我們對新技能的理解愈來愈深。

而在光譜的另一端，我們不那麼專注去做正在做的事，而是更在意別人如何看待我們。我們是否在別人面前表現得聰明、能幹？如果我們擔心自己沒有做到這一點，我們的身體就會覺得緊張和焦慮。此時的我們，專注的不是如何以一種最大化學習效果的方式來完成任務，而是專注在用什麼方法最能展現自己。這類想法和感受顯示我們正處在定型心態，或正在走向定型心態。

我有一位朋友說，當她無法對自己的錯誤一笑置之時，她就知道自己陷入定型心態，她的身體感覺「就像充滿焦慮的籠子」。在這些時候，我們沒有必要覺得很糟糕，因為每個人都會出現定型心態。最具成長心態的應對方法是簡單的學會辨識定型心態何時出現，並採取能幫助我們重新轉向成長心態的策略。

前面我所分享的內容似乎都在稱讚成長心態，但我要很小心，不要讓你留下「成長心態很好，定型心態不好」的印象。這是人們常見的誤解。心態就是心態，沒有好壞可言。通常以成長心態行事比較有利，但並非絕對。請記住，我們永遠在成長心態與定型心態之間遊走。讓我們花一點時間，更詳細看看備受詬病的定型心態。

 ## 了解我們的定型心態

人們常問我，「擁有」定型心態是否有好處？或者更準確的說，處在定型心態是否有好處，因為每個人都有定型心態。當然，我可以想到有一些例子的答案很接近「是」。當我們和定型心態的人互動時，如果能站在他們的角度來思考，也就是暫時使用自己的定型心態，用他們的眼睛來看世界，這將會很有幫助。了解他們的心態誘因，或是他們因定型心態而產生的擔憂，可能有助於我們了解如何幫助他們以不同的方式看待問題。此外，我的研究中看到，熟悉我們的定型心態[6]，可以幫助我們有策略的克服屬於定型心態的天才文化。當我們認知到組織的定型心態文化時，就可以理解公司想要從我們身上得到什麼，而我們可以選擇彈性的做出回應來邁出第一步，因此得到回饋。事實上，對安全性要求極高，並且對於事情該怎麼做有強烈先入為主觀念（這些觀念是根據過去的經驗而來）的產業，更有可能出現天才文化。這些產業包括法律、醫學和會計等行業，以及資料輸入、品管或審計等職務。然而即使在這些領域裡[7]，成長心態對這些產業的創新和成功仍然十分重要，就像我們在安侯建業坎迪‧鄧肯（Candy Duncan）的審計工作，或是殼牌以安全為重點的零事故目標案例看到的一樣[8]。

其實，我認為問「定型心態是否有好處」並不是一個正確的問題。也許我們該問的是，在大多數時候傾向定型心態是否有利。答案是否定的，因為這種心態不必要的讓我們對於我們是誰，以及我們有能力做什麼事的看法設限。另一個更適當的問題可能是我們的定型心態能否發揮作用。針對這個問題，我的答案是肯定的。

你可能會很驚訝，許多我喜歡一起共事的人，都傾向把定型心態當作他們預設的信念。例如，當遇到需要挑戰的事情時，他們第一個反應往往是把事情看成阻礙，而不是機會。這種直接的內在反應本身是壞事嗎？不是。這種反應有其功能嗎？也許，但這取決於我們如何利用定型心態。例如，當我們處在定型心態時，我們的直覺反應也許是在預測應對挑戰時可能遇到的問題，或者分辨哪些方法**行不通**。這類反應實際上可以幫助我們建構出潛在解決方案的細節。定型反應之所以會阻礙一個人是因為這種心態會讓人停滯，**只把注意力放在行不通的事情上**。事實上，我那些非常成功的朋友和同事都已經學會辨識自己何時會處在定型心態。他們用這個角度來看待事情，然後提出像是「好吧，如果這些方法行不通，還有什麼方法行得通？」之類的問題，藉此敦促自己走向成長。

當我們在研究人們四種最常見的心態誘因時，上述這些概念就會變得更容易理解。這些誘因會在特定情境下塑造我們個人的心態信念。我們第一個要談的是評價情境。

第九章
評價情境

　　我要考考你這本書的內容，所以你要保證已經讀完這本書，而且理解書裡的內容，我會從你回想的內容以及理解程度，清楚知道你的聰明才智和能力，以及你將來會多麼成功。

　　現在，停下來，注意你的想法和感受。看完上面那段話，你是否覺得焦慮、擔憂，還是你覺得興奮，躍躍欲試？你的身體覺得緊繃、壓抑，還是準備採取行動？

　　當然，實際上不會有測驗等著你，但是你對這個想法的反應，可以讓我們一窺你如何應對第一種心態誘因：評價情境（evaluative situations）。評價情境是指我們**預期**會被他人評價或評估的狀況。也許這是一次例行性會議，你知道大家會要求你介紹團隊的工作。也許你即將進行一場重要的演講，也許你正在準備年度績效評估。無論是哪一種狀況，你都知道其他人會對你的工作提出看法，並可能根據你的工作來評價你。

　　光是讀到這些例子，你的身體可能就會透露更多線索。

如果你覺得焦慮或肌肉緊繃，心臟撲通撲通的跳，那麼評價情境很可能會觸發你走向定型心態，至少在你目前的環境裡是這樣。相反的，如果你覺得很興奮，而不是很焦慮，這些情境可能激發你的成長心態。當你回想曾經經歷過的類似狀況，你是否還記得當時準備上場前的感受？你很焦慮，還是很興奮？這種狀況讓你覺得你有「證明與執行」的責任，還是認為這是一個學習的機會？對我們來說，無論所處的環境如何，評價情境往往會暗示我們要朝著自己的定型心態還是成長心態靠攏（或全力衝刺）。

　　我是在史丹佛大學商學院的高階主管教育課程，發現人們對相同狀況有不同的反應。當時大約有 15 位荷蘭籍執行長在此進行為期一週的密集訓練。我教他們哪些情境會讓我們形成定型心態和成長心態，以及如何辨識不同心態的反應。我說明心態誘因之後，請這些主管兩人一組進行分享練習。「好，」我指示說，「我希望大家思考這四種情境，並討論你在過去的經驗裡遇過什麼狀況。這些狀況可以是過去升遷的經驗，也可以是你現在正在經歷的事情，請了解這些狀況在我們生命的不同階段，會引發不同反應。」

　　我喜歡這群參與者的其中一個原因，是他們常常用直接、明確的方式溝通。當我聽他們對話時，我聽到很多直截了當、但有建設性的辯論。然而，當我重新召集這群人，並請他們分享發現時，房間裡卻鴉雀無聲。說真的，分享，尤其是第一個分享的人，會展現自己脆弱的一面，因為有些人可能認為這是弱點。終於，有人試探性的舉起手來。「太好了，」我鼓勵的說，「讓我們聽聽你的想法。」

「嗯……，」他清了清喉嚨說，「談到評價情境，當我提出我知道會在公司內部引起爭議的提案時，我常覺得自己受到打擊。所以，我發現我愈來愈想把這些準備工作委派給其他人，因為這會讓我很焦慮。所以我會請我的部屬，也就是我底下的小主管幫我做簡報或寫講稿。我可能會稍微改一下，但我發現我這樣做是因為在某種程度上這樣可以保護我，不要被大家的反應影響。所以，我預期別人會怎麼回應，並把這項工作委派給其他人做，以免分散我的注意力。」

在這個小房間裡，人們聽了紛紛點頭，開始議論紛紛。「對，沒錯，我懂你的意思。」接著，又有人舉手。「嗯，你知道，」下一位執行長大膽的說，「我有很多定型心態的觸發因素，但我實際上認為評價情境也許可以觸發我的成長心態。」

「真的嗎？」其他人問道。

「是的！我喜歡思考對員工提問的最好方法。思考我們該如何建立回饋循環，讓我們可以真的得到資訊來改善公司。當我抱著這種心態時，就覺得什麼都有可能。我不知道我是否能得到很多積極的回饋，我只是喜歡提前計劃的感覺，希望從互動過的客戶那裡得到最有用的訊息。」事實上，他補充說，開會時他通常會花比較多時間傾聽，而不是說話。「有時候我會因此受到批評，」他說，「但我覺得我做過最好的決定，就是盡可能以開放的心態去學習。」

你可以看到這些回應的差異。當評價情境暗示我們採取定型心態時，我們會強調自己的表現。我們想知道，「我如何用最好的方式展示自己？」當我們準備報告、簡報或演講時，我們把重心放在展現我們的智力和能力上，我們希望展現自身才華，藉此取得和呈現要報告的內容。而在反省我們的經歷時，我們通常會避免討論我們遇到的挑戰和挫折，因為我們擔心這些掙扎可能會讓我們看起來很軟弱，或有損我們的名聲。

我們從定型心態出發[1]，採取以績效為導向的狹隘目標，藉此證明我們的價值。我們把工作產出看成是我們必須通過的測試，藉此展現我們的聰明才智。表面上看，這樣做似乎沒有問題，畢竟我們都想要績效良好又積極進取的員工，對吧？然而，這樣的心態具有局限性，因為它的目標屬於個人目標，也就是產出必須能夠反映員工個人的才華，而不是團隊或組織的目標，即產出應該有助於組織進步。這種心態的局限性還在於，當員工過分在意績效時，他們通常會不太注重學習，因而抑制他們蒐集數據和證據的能力，而這些數據和證據可以刺激他們成長和發展，進而影響產品和組織的成長與發展。

評價情境在定型心態與成長心態光譜的狀況

定型心態 ←——————→ 成長心態

目　標

不惜一切代價讓自己看起來很聰明。

不惜一切代價努力學習。

你會怎麼說

「我工作時最希望表現出我有多厲害。」

「對我來說，在工作裡學到東西，比得到好評更重要。」

如何影響我們的反應

自我防衛：「他們不知道自己在說什麼。」

接納意見：「真有幫助！我現在更了解了。」

相反的，成長心態的視野更為寬闊：我們可能會採取類似這樣的學習目標：「我如何用它來改善我的想法？」。當我們向別人展示我們的工作成果時，我們在意的是得到別人的回饋，也就是在我們周遭創造具成長心態的微文化，使我們正在發想的想法更加完善。在介紹我們的工作時，我們可能會說明到目前為止的成果，但也可能會分享我們一路走來遇到的挑戰和困難，以及我們用來克服這些挑戰和困難的策略。這麼做可以讓其他人從我們的經驗裡學習，等於又一次在我們的周遭培養微文化，並邀請人們提供意見來幫助我們解決當前的困境。

療診的創辦人伊麗莎白・霍姆斯在面對評價情境時表現出的定型心態，可以被視為是當代的警世故事。正如《華爾街日報》[2] 約翰・凱瑞魯（John Carreyrou）所報導，霍姆斯從小就被貼上「特殊孩子」的標籤。她在史丹佛大學的第一年，想到要製造一種可以監測血球數的貼片。霍姆斯把這個構想告訴醫學教授菲利斯・加德納（Phyllis Gardner）。「我一直告訴她[3]，這樣做行不通」，加德納如此告訴另一位記者，但霍姆斯聽不進去。相反的，她設法得到史丹佛大學另一位教授的支持，這位教授說她是天才，並把她與貝多芬相提並論。2003 年，19 歲的霍姆斯輟學創立療診公司。她把做貼片的想法發展成一項計畫：要開發一個跟個人電腦一樣大的檢測設備。霍姆斯把這個設備叫做「愛迪生」，只要刺破手指取得一點血液，就可以為一個小樣本執行 200 多項測試。

霍姆斯很快成為科技圈的寵兒，並置身在風險很高的評價情境：她必須善用數億美元的創投資金，證明公司擁有 90 億美元的市值。為了公司發展，霍姆斯必須製造出有效的設備，問題是她做不到。工程師無法利用這麼小的設備進行這麼多項檢測，就算只進行療診承諾要做的一半檢測，也必須稀釋極少的血液樣本，這讓檢測結果變得非常不可靠。對此，霍姆斯沒有坦白說明難處，也沒有向聲名卓著的董事會成員或導師尋求協助，而是欺騙投資人[4]、員工、董事會和聯邦監管機構。工作人員偽造檢驗結果[5]，或是將血液樣本送到標準血液檢驗實驗室分析，然後假裝是療診的機器分析過的樣本。有一次，霍姆斯要求工程主管讓員工不分晝夜的工作，以解決愛迪生的問題。這位主管拒絕，他說員工的工作已經超過負荷。於是，霍姆斯雇用另一組工程師團隊，讓兩個團隊相互競爭，獲勝的一方可以保住工作。

在面對這些高風險的評價情境時，如果霍姆斯能夠轉向成長心態，她的經歷會是什麼樣子？首先，她可能會傾聽員工告訴她為什麼愛迪生無法達到目標，以及他們面臨的挑戰。她可以利用豐富的人脈尋求協助，包括董事會，裡面有一些最聰明的科技人士，以及近年來最知名的政治軍事專家。如果霍姆斯採取學習心態，療診最後可能可以兌現承諾，或轉向更可行的技術解決方案。蒐集足夠的數據並向他人學習，可以讓具備成長心態的人在發現需要轉向才能繼續前進時，採取新的策略。相反的，療診在2018年解散[6]，2022年霍姆斯被判犯下四項詐欺罪，前首席營運長拉梅什‧「桑尼」‧巴爾瓦尼（Ramesh "Sunny" Balwani）則被判 12 項罪名。

在面對評價情境時，如果說霍姆斯是極端定型心態行為的代表，那麼 Stitch Fix 的共同創辦人兼前執行長卡翠娜‧雷克（Katrina Lake）就是完全相反的典範（我撰寫本書時，她又重新擔任執行長）。雷克和霍姆斯一樣就讀史丹佛大學[7]，後來在一家顧問公司工作兩年，她在那裡制定一項計畫，將個人購物與科技結合起來，藉此改變零售業。在她的計畫裡，購物者會進入一個類似倉庫的設施，他們可以在裡面瀏覽各種產品選項，並揮舞魔杖選擇他們喜歡的商品。當消費者選定好商品之後，試衣間就會出現符合他們尺寸和顏色的衣服，同時還會有私人購物員幫忙挑選的幾件衣服。同事們認為雷克的想法有明顯的問題，因此幾經考慮後她放棄這個計畫。但雷克在一家創投公司工作一段時間後，一直很渴望自己創業。

在向創投尋求創業資金之前，雷克決定先暫緩。她想要開發一個有大量數據支援的強大模型，並盡可能讓這個模型接近投資人的期待。於是她進入哈佛商學院就讀，認為這樣做不僅可以更了解商業和創投，還可以幫自己爭取時間測試她的構想。在此期間，雷克萌生創辦 Stitch Fix 的想法，目標是為大眾提供個人購物的訂閱服務。雷克和後來離開公司的共同創辦人艾琳‧莫里森‧弗林（Erin Morrison Flynn）徹底測試這個想法，並記錄和追蹤數據。最後，她帶著試算表去募款，但卻遭到拒絕。

和霍姆斯加倍努力想要「證明與執行」的策略不同，雷克繼續改善她的構想，把50多家拒絕投資的創投提供的有用回饋彙整起來。為了延續 Stitch Fix 的成長軌跡，雷克聘請她認為「更聰明、更有才華」的人，其中包括沃爾瑪（Walmart）前營運長和網飛（Netflix）的前演算法主任。Stitch Fix 持續壯大，並吸引更多投資人。

當雷克和團隊在為公司有史以來最大的評價情境、也就是公開上市做準備時，他們再次陷入財務困境。上市前兩天[8]，雷克的一位顧問告訴她可以等待18個月然後再嘗試重新上市，但這一次雷克拒絕。儘管投資人臨陣退縮，但憑藉著團隊一路走來學習到的經驗以及創造出的成果，雷克很有信心去面對最後要幫他們打分數的人（也就是消費者）做出的反應。「如果今天上市後股價走低，」雷克說，「我們有一天會證明之前公司的股價被低估了。」2017年，雷克成為有史以來帶領公司上市最年輕的女性，她躋身為矽谷最成功的創辦人和執行長之一[9]。

現在，我們已經確認「證明與執行」心態有一些潛在問題，接下來我們來看看，當我們（以及和我們互動的人）遇到評價情境時，該如何鼓勵自己轉向成長心態。

在評價情境中培養成長心態

根據研究和案例分析，我們可以採用以下五種方法來面對評價情境，讓這些情境更能引導我們採取有彈性和成長性的做法。

▌設定環境

當領導者意識到評價情境時，他們可以**設定環境**來鼓勵以合作和學習為導向的心態。在與領導人合作時，我們會協助領導人採用符合他們風格的用語，來描述情境與任務，這些用語可以緩解競爭壓力，並鼓勵合作和創造力。領導人可以把風險透明化，讓員工知道公司將如何評估他們，並協助員工把評估視為學習的機會，而不是必須努力證明自己有能力。

作家兼勵志演說家西蒙・西奈克（Simon Sinek）在接受企業家兼作家戴夫・亞斯普雷（Dave Asprey）採訪時表示，他在新冠肺炎大流行的前幾個月與團隊成員開的一場會議[10]，大大影響他過去以個人演講和研討會為主的商業模式。西奈克告訴團隊，他給每個人48小時提出15個想法，屆時大家都要分享他們打算如何改變公司的商業模式，以保持員工的參與度。他也向團隊說明，他知道15個想法是很高的要求，但他希望團隊能夠盡可能發揮創造力。

　　在團隊提出想法之前，西奈克把情境從「證明與執行」的微文化轉變成「分享與支持」。「我不是要大家相互競爭，而是彼此貢獻，」他說，「我完全知道在團隊裡，有些人會有六個讓人驚喜的想法，而有些人會沒有任何想法，我可以接受這種狀況……。我也知道，有想法的人可能不是執行這些想法的最佳人選……。如果要說這件事有什麼收穫的話，那就是這麼做可以顯示我們的優勢所在，以及我們會如何合作。」透過這種會議方式，西奈克理解每個人的貢獻都不一樣，也知道擁有「超讚」的想法只不過是組織獲得成功的其中一個要素，並因此化解與評價情境相關的定型心態誘因。西奈克說，在會議上，團隊會討論最重要的想法，並一起進一步發想。所以，最後整個團隊都擁有這些想法，這些想法不只是局限在一、兩個人身上。雖然不是每一個人都會因為自己的想法雀屏中選而「得到獎勵」，但每個人都在這個過程裡轉向成長心態，並且有不同的機會為團隊的整體成功帶來貢獻。

　　如何設定工作很重要，如何讓人們用最有效的方式執行工作，也非常重要。

過度決策

　　有些公司會製造出**過度決策**的環境，讓員工必須面對太多評價情境，進而削弱員工的自主權和專業。當組織或經理人要求員工不斷證明自己的績效表現，例如經常性的檢查或要求交出過多成果時，等於在告訴員工，組織不確定他們能否完成工作。這種一而再、再而三的評估，會讓員工覺得組織把他們放在顯微鏡下觀察，並可能讓他們陷入定型心態。誠如文化作家安妮・海倫・彼得森（Anne Helen Petersen）在《集體倦怠》（*Can't Even: How Millennials Became the Burnout Generation*）書中所寫[11]，這種環境要求員工，尤其是遠距工作的員工，進行即時角色扮演（live-action role play, LARP）的工作。在某些情況下，他們要花更多時間向經理和同事保證他們有在工作，而且表現出色，而不是把時間真正花在完成有意義的工作上。彼得森寫道，這種額外的努力以及因此而產生的挫折感，可能會嚴重的導致工作倦怠。但是，為什麼環境裡會出現過度決策的現象？

2020年，我參加湯姆・庫德爾（Tom Kudrle）、埃洛拉・薩卡（Ellora Sarkar）和他們在 Keystone 顧問公司團隊的一個短期專案[12]，這個計畫研究公司數據文化裡的定型和成長心態行為。

我們想知道，以定型心態或成長心態處理並使用數據的公司，與創新和適應能力等其他組織成果之間可能存在什麼關係。我們清楚看到，傾向以天才文化處理數據的公司（決定誰可以蒐集數據、數據有什麼用途、誰可以取得數據），同時也有過度決策的問題。我們發現，當公司缺乏明

確的願景或目標，而且沒有為員工提供發揮創造力和創新
的自由時，就會出現過度決策的問題。當公司的願景不清
楚時，員工很難知道公司的發展方向，以及他們為什麼要
完成自己的工作。由於很多事情都不明確，所以經理人往
往會更嚴格控管團隊和員工，並對他們的工作設下更多限
制。於是，員工在各式各樣的評價情境裡，持續感受到必
須證明自己能力的壓力，因為他們其實受到過度控制。說
真的，處在這種環境下的經理人，都在盡最大的努力試圖
在混亂中建立秩序。在缺乏清晰願景的公司裡，員工可能
會朝多個方向發展，因為員工的努力和參與沒有一致的方
向，因此經理人會過度評估他們。

那個說「我知道啦！」的小孩……或大人

　　這個洞見來自[13]和我合作的斯蒂芬妮・福萊伯格（Stephanie Fryberg），她從教授的工作抽出時間，到她家孩子的
學區工作，想把這個原住民部落學區轉變成具有包容力的
成長文化。你可能常聽到有人說「我知道啦！」，無論是
自己的孩子，還是你注意到親友的孩子會有這種行為。所
謂「我知道啦！」小孩，是指當孩子聽到別人的建議或指
導時，會馬上回嘴說「我知道啦！」，而非傾聽別人的意
見。當然，的確有一些說「我知道啦！」的孩子，可能是
因為父母常嘮叨或過度指導而出現這種反應（對過度決策

的可能反應），但在大多數情況下，這顯示孩子感受到評價情境，因此促使他們陷入定型心態。當孩子反駁說：「我知道，我知道，我知道！不要幫我！」，他們的意思往往是「我不希望你覺得我很蠢！」，或是「我不希望你認為我做不到」。他們預期會出現評價情境，並擔心如果看到他們努力或最後的結果，你會認為他們能力不夠。

我們很多人都能懂孩子說「我知道啦！」的感受，尤其是當自己的孩子這樣說時。但是，我們往往對於大人說「我知道啦！」缺乏同理心。但其實，大人面對這種情境時，其實也受到一樣的暗示，都擔心別人認為我們無能、能力差或不聰明。說「我知道啦！」的大人也會說類似的話：「不要告訴我該怎麼做，我知道。不要告訴我什麼時候是最後期限，我知道。」

要鼓勵兒童和成人發展成長心態，可以試著消除他們的潛在憂慮，讓他們不要擔心你會如何看待他們。告訴他們，你相信他們適任而且有能力。與其說「我就是希望你做這件事，你就是應該這樣做」，你可以說「這就是我希望你做的事情。我知道你以前從來沒有嘗試過這件事或類似的事，因此這對你來說可能會有點挑戰，所以我想告訴你一些方法。」或者，你可以說「嘿，你上次那樣做得很好，」先認可他們的技術和能力，然後補充說「現在，我想幫你提升你的技能，或是用這種方式能更快、更有效的完成任務。」另一種方法是，正面看待努力，而不是將努力視為能力不足。你可以說「對人們來說，這個任務通常很有挑戰性，但也是一個很好的學習機會。」如果強調你很看重他們的進步，這樣也很有幫助。「你已經做得很好，我想讓你接觸有挑戰性的專案和經驗，這樣你就可以不斷發揮潛力和成長。我想提供你一些我認為有幫助的想法。」這樣說可以化解人們害怕或焦慮聽到別人評價的狀況。

專注成長

在評價情境裡，鼓勵人們擁抱成長心態的另一種方法，是把成長和學習的行為直接融入活動中。有一些組織會採取「荊棘與玫瑰」（thorns and roses）的方法，幫助與會者在會議期間擁抱成長心態。例如，在每週會議開始時，鼓勵與會者花一些時間討論最讓他們振奮的事情，或是他們認為本週最成功的事。這些是玫瑰。但同時，也要求與會者回想手上一些棘手的問題，或是他們預期可能會出現的阻礙。這就是學習潛力的來源。然後，會議主持人可以詢問小組成員，他們有哪些想法和策略能解決這些具有挑戰性的問題。這樣一來，掙扎與尋求協助也可以去汙名化，並成為會議裡重要的標準規範。

約翰・麥基（John Mackey）是全食超市的共同創辦人，也是前執行長[14]，他介紹一種「挑戰與支持」的方法，這個方法可以讓團隊發揮最佳水準。他在《自覺領導》(*Conscious Leadership*)書中寫道:「**挑戰**在於,我們往往要督促或對團隊成員施壓⋯⋯這讓成員必須付出額外的必要努力,來實現組織更高的目標⋯⋯而**支持**的地方則是我們要有耐心、提供策略、關懷,並滿足團隊成員的需求。」這種環境會鼓勵員工把評價情境視為他們發展和學習的機會,並讓他們獲得所需的資源與指導。

尋求支持

　　如果你是唯一一個擁有成長心態的人,怎麼辦?如果你通常以成長心態為導向,但組織或你的主管幾乎都以定型心態行事,該怎麼辦?我們可以再次從新冠肺炎大流行的案例裡吸取教訓。由於疫情期間必須遵守安全規定,很多人覺得非常孤單又孤立,因此和他們的家人或朋友組成疫情社交泡泡(pandemic pods),有些人甚至幫他們的孩子組成迷你的家庭學校。或者,我們可以看看波澤瑪‧聖約翰(Bozoma Saint John)[15]和她的團隊怎麼做。聖約翰和伊莎‧蕾(Issa Rae)、拉薇‧艾賈伊(Luvvie Ajayi)、辛西婭‧艾利沃(Cynthia Erivo),組成強大的職業女性社交泡泡。這個社交圈的暱稱是「西非聖戰士」(West African Voltron),她們分享個人和工作上的支援與鼓勵,而且就像她們的名稱所示,她們也分享歡笑。在天才文化的環境裡創造這些成長的微文化，是我們在組織內外都可以做的事情。

　　當你面對評價情境時，例如準備簡報，你可以建立自己的小團隊，確保自己得到多元的見解和回饋，幫助你實現以成長為導向的學習目標。當然，這樣做也可以幫你創造出更強大的產品。如果你在組織裡還不認識具有類似成長心態的人，請把注意力放在會議以及人們會展現心態的地方。注意誰提出有洞察力的問題，誰提供建設性、有意義的回饋。

　　儘管如此，要遇到適合組成社交泡泡的人也許可遇不可求，在這種情況下，你可以把眼光投向組織以外的人。很多執行長喜歡和公司外部的同儕交換意見，因為高層之間的觀點可能和公司裡其他階層的人觀點不同。雖然得到組織上下各層級的回饋，對於成為一名成功的領導者來說很重要，但在解決某些問題時，他們需要了解老闆感受的人的意見。

指導與放手

　　為了防止過度決策，領導者可以清楚說明公司的使命，以及員工的工作如何與公司使命協調一致。當然，這表示組織要先有清晰的願景。

　　員工除了要知道公司的願景以及自己該扮演的角色，組織還必須讓員工有能力支持這個願景。這需要周密的訓練和對話，讓員工了解有哪些策略可以幫他們完成工作。在這個過程中，員工也需要知道並輕鬆取得能幫助他們的資源。然後呢？接著就讓他們去執行吧。如果你委託某人針對員工進行調查，你已經和他討論過如何調查，也讓他知道哪些人和資源可以協助他們去調查，接下來就讓他們去做。不要猶豫或要他們不斷回報進度，這會讓人覺得你不信任他們或他們的能力。

這當然不表示你什麼都不參與，但如果環境已經轉變成成長文化，而且員工已經得到良好的訓練，經理人就可以相信員工能夠獨立行事，並在員工面臨挑戰和取得成功時再提供建議或評估結果。如果沒有出現這種情況，經理人就要弄清楚還需要什麼來幫員工取得成功，不管是更多的訓練、清楚說明可以讓員工理解和取得成功所需的必要元素，或是其他東西。

指導與放手這個方法的另一個好處是，如果組織真正培養出以學習為導向的成長文化，並把工作委託給員工，員工就會對嶄新、創新的貢獻方式保持警覺。他們不僅會改善自己的工作，還會尋找潛在的改變，來幫助組織更接近目標。

▌塑造成長心態

如果你是組織的領導者，你就有機會在面對評價情境

時主動**塑造**成長心態。這不只為你提供學習和成長的機會
（就像我們荷蘭高階主管的例子一樣），這也可以成為你想
要鼓勵他人和整個組織時可以用的具體例子。

　　這個策略體現出馬克‧祖克伯[16]和雪柔‧桑德伯格（Sher-
yl Sandberg）早期在臉書（現稱為 Meta ）每週五「全體員
工」會議所做的事。無論他們是單獨還是一起與會，每一
個禮拜，祖克伯與桑德柏格都會召開大規模的問答會議。
在會議的前幾分鐘，他們會向員工介紹公司的一些最新做
法。接著，員工就可以針對任何事情提出問題或建議。在
定型心態裡，講者會做相反的事情，他們會把時間都用來
說話，最後剩下很少時間或幾乎沒有時間讓人發問，這樣
負面回饋或具有挑戰性的話題就沒有機會浮出檯面。

　　當我們學會在組織的各個層級採用這些策略時，就可
以把評價情境從會引起恐懼和對抗的「證明與執行」心態，
轉變成能夠一起拓展自身能力和能耐的機會。

 **想一想**

- 回想一下你什麼時候會冒出「我知道啦！」的想法。
  你是因為擔心別人對你有什麼看法，才有這種反應
  嗎？你可以做什麼事情來緩和或強化「我知道啦！」
  的反應，這樣下次當「我知道了！」的心態出現時，

你就可以從「證明與防衛」的心態轉變成「學習與發展」的心態？

• 如果你是領導者，你如何為部屬設定評價情境，推動他們走向成長心態？你可以用哪些言語和做法來創造這些情境，以促進人們發展？

• 在你遇到的下一個評價情境裡，你該如何才能注意到定型心態會造成的身體緊繃和自我防禦心態？你該如何意識到這些現象的存在，並轉向你的成長心態？請記住，意識到這些現象是改變的第一步。你如何以「我如何從中學到最多」的心態，來面對工作裡的下一個評價情境？那是什麼感覺？看起來像什麼？聽起來像什麼？

第十章
高強度情境

一片空白的畫面。沒有什麼比一張白紙或一片空白的畫面，更能激發靈感或令人焦慮。大多數創作者都同意，創作新東西（包括真正的小說）需要努力、持續專注以及不斷嘗試的意願。你可能很害怕腦袋一片空白或是需要大量努力才能完成的專案，也可能對這些情境感到興奮，這是一條線索，讓我們了解自己通常會怎樣面對第二種心態誘因：高強度情境（high-effort situations）。

在高強度情境下[1]，我們需要付出比過去更多努力、時間、精神和注意力才能成功。有時候，這可能是我們置身在新環境之中，例如開始新工作或新課程，或調到新團隊，需要學習新技能或以新方法應用你的技術。當你無法再仰賴以前的知識，或者以前有效的方法現在可能不再適用時，就會出現高強度情境。

有些人會避免遇到高強度情境，因為這種狀況通常會帶來某種程度的失敗，但有一些人卻會主動尋求這種情境，例如雷蒙娜・胡德（Ramona Hood）。胡德是聯邦快遞旗下子公司 FedEX Custom Critical 的總裁兼執行長[2]，也是第一位領導聯邦快遞的黑人女性。胡德 19 歲時開始擔任櫃台接待人員。身為母親，胡德希望離開零售業，進入一個更穩定的職場環境，以兼顧工作、母職和讀大學的需求。之後，胡德在聯邦快遞很快就晉升到安全與承包商關係部門。幾年後，胡德工作得不錯，表現得也很好，但這段期間出現了一個機會。胡德為了讓自己的經歷更豐富，於是抓住這個機會。從那時起，她轉為從事銷售和行銷工作，然後帶領聯邦快遞剛收購的一家公司的業務部門，最後重返 FedEX Custom Critical，並負責新的營運職務。2020 年 1 月，胡德接任執行長。在胡德的職涯裡，她不僅一次又一次勇敢面對挑戰，而且還主動幫自己尋找挑戰。就像她在 2020 年告訴電子報新聞平台 theSkimm：「對我來說，擔任領導職並永遠待在營運領域不難，我很擅長這樣的事。我有很好的技能和能力，這些都反映在成果上。但是我認為，讓自己適應學習新東西的不舒適感覺很重要，承擔一些風險並經歷一點失敗，可以讓自己成長。」

　　就像胡德的看法，高強度情境激發我們走向成長心態，這是因為我們相信挑戰自己可以讓我們進步和成功，並找到有助於我們實現目標的策略。我們尋求發展自身技能的機會，而且常常對簡單、不費力的任務（或至少是太多簡單任務）感到不滿或無聊，因為我們知道，沒有接受挑戰就無法學習和成長。相反的，當我們因高強度情境而形成定型心態時，通常是因為我們有一種潛在信念，認為努力和能力呈現負相關。也就是說，如果我們在專案上努力工作，卻仍然感到困難重重，就表示我們欠缺執行這項專案所需要的能力。高強度情境讓我們變得脆弱，因為這種情境讓我們置身在新的領域。如果我們擔心別人可能「發現」我們的窘境，並認為我們不夠格，我們可能就會選擇留在舒適圈。我曾經和一位創辦人共事，他說當他嘗試第二、第三次解決問題卻沒有成功時，他就會覺得很生氣。他害怕別人給他負面回饋，而且他會一直批評自己。後來，他發現自己會轉向定型心態，把任務交給別人處理，或是乾脆放棄。

我們很難在頂尖運動員或專業人士身上，找到他們因為高強度情境而形成定型心態的例子，因為人們在各自領域攀向顛峰的過程中，所需耗費的大量努力往往讓許多人放棄。又或者，也許這些運動員、藝術家或經理刻意在自己的領域裡扮演二流的角色，因為一旦他們達到自己天賦的極限時，定型心態就會阻止他們超越極限。我們很多人都記得高中時期的某一位運動明星，或上台發表畢業演講的畢業生，他們似乎毫不費力就能成功，似乎注定要讓全世界刮目相看。但是，當他們發現自己身邊有其他明星時，他們的光芒就黯淡了，因為這些明星願意努力、尋求他人協助、尋找新策略，讓自己不斷進步。

　　回到一片空白的畫面上。我想告訴你一位作家的故事，你可能聽說過他。他曾經差點放棄一個高難度的寫作計畫，但最後卻學會採取成長心態，並取得傑出的成果。史蒂芬·金（Stephen King）從事寫作多年[3]，他當時在高中擔任英語老師維生，同時販售一些短篇小說給男性雜誌，取得一些小小的成功。後來，他開始寫作《魔女嘉莉》（Carrie），但卻把努力寫成的作品扔進垃圾桶。這個故事太難寫了，它必須寫成一部中篇小說才可能成功，但金不是小說家。當金的妻子塔比莎（Tabitha）從垃圾桶找回草稿並質問金時，金告訴塔比莎自己無法揣摩十幾歲女孩的想法。他怎麼可能寫得出來呢？畢竟，教學一整天消耗掉金大部分的腦力，他沒有精力寫出一部完整的小說。塔比莎回說，少女的部分她可以幫忙，但金應該繼續寫完這個故事，因為他寫的小說很有價值。於是，他重新開始寫作，《魔女嘉莉》後來成為史蒂芬·金家喻戶曉的小說。

　　就像金所說，他從《魔女嘉莉》學到的教訓是，「只因為在情緒或想像力上難以克服就放棄那個工作，是一個很糟的主意。」金已經寫了60多本書[4]，並以出色的敬業態度聞名，因為他每天都寫作2,000字[5]，連假日也不例外。他說，有人認為保持規律可以讓寫作的過程變簡單，這種看法其實是誤解，他只是規定自己要去接受挑戰。金在《

史蒂芬‧金談寫作》（ *On Writing* ）中表示：「你可能會帶著緊張、興奮、希望甚至是絕望的情緒寫作，這種感覺就像你永遠無法把你的所思所想完全傾洩在紙上。你可以握緊拳頭，專注心神，準備好大顯身手，一雪前恥……。你可以用任何方式去做，但要放輕鬆。」

那麼，在面對高強度情境時，我們如何才能像金或胡德，轉向成長心態呢？首先，我們要先釐清努力與能力之間的關係。研究顯示，傾向定型心態的人往往認為努力與能力呈負相關。也就是說，如果我必須努力做某件事，就表示我一定不擅長它。在工作裡，**這樣的心態會讓我們認為這個工作的難度超高，也許我不適合這個工作**。或者，從不用負擔管理責任的一般員工晉升為管理職，並第一次接受挑戰。例如，和以前曾經是同事的人建立新的主管和部屬關係，並密切注意其他人的工作和需求。這時我們可能會想，也許我根本**不適合當領導者**。如果是在課堂上，這種心態會讓學生認為，**這些數學問題讓我感到很吃力，**所以我一定不擅長數學。

但是，當我們相信努力和能力之間具有**正相關**，我們就更可能認為可以用正確的工具解決問題。我們認為持續為成長付出代價很值得。就像科學研究所說，這一點不僅在心理層面如此，在細胞層面也是如此。

挑戰讓大腦成長

我們的大腦就像肌肉，愈鍛鍊愈強壯。這個想法聽起來很吸引人，但真是如此嗎？畢竟，我們的大腦不是肌肉，大腦比肌肉複雜多了。為了回答這個問題[6]，有一組研究人員讓受測者躺在功能性磁振造影（fMRI）的機器裡，並在他們聆聽兩個音調時，監測他們的大腦活動。受測者的任務是要按一個按鈕，指出第二個音調持續的時間是否比第一個音調長。在「簡單版」的測試裡，兩個音調的差異比較大，而在「困難版」的測試裡，第二個音調和第一個音調比較像。隨著研究人員提高難度，受測者的大腦開始活躍起來：任務愈有挑戰性，需要付出的努力愈多，大腦就會有愈多區域被徵召參與協助。在充滿挑戰性的任務裡，不僅大腦不同部位之間的活動和連結更多，在進行困難版的測試時，背外側前額葉皮質也會加入運作。背外側前額葉皮質與更高層次的執行功能有關，例如我們的工作記憶、在多個概念之間切換的能力，以及抽象推理的能力。我們面臨的挑戰愈多，大腦就會動用更多區域來幫助我們，本質上這會提高我們實現目標的整體能力。

研究還顯示，並不是任何努力[7]都可以讓我們長出新的神經細胞和通路，而是要在學習過程中付出努力才可以，我們稱之為**有效努力**。科學家比較兩組受過不同體能訓練

的「健身老鼠」的大腦，而對照組則是「懶骨頭老鼠」以
及學會如何穿越高架障礙賽的「雜技老鼠」。這項障礙賽的
挑戰主要在於心智能力而非體能。雖然兩組健身老鼠的大
腦血管密度都高於「懶骨頭老鼠」，但雜技老鼠的每個神
經細胞都比其他三組老鼠長出更多突觸。當我們努力工作
並學習新事物時，我們大腦的不同部位之間會建立更多連
結，有助於我們未來更快、更輕鬆的完成任務。

　　我們不太常用的神經通路會隨著時間而消失。如果想
要讓我們的大腦保有這些通路並創造更多新通路，就不能
只是一次又一次重複我們已經學過的東西，而是必須不斷
解決困難的問題。就像鍛鍊肌肉或心血管一樣，一旦我們
把某件事掌握得很好，好到我們可以毫不費力完成這件事
時，這件事就只能強化我們的自我（ego），但不會提高我
們的表現。我們必須不斷提升挑戰的難度。你可能聽說過
一個建議，那就是讓大腦保持敏銳的方法是玩數獨或《紐約
時報》的填字遊戲。這些活動可能在一定程度上對你有幫
助，但前提是這些活動必須讓你覺得很有挑戰。花一個下
午的時間[8]玩魔術方塊會讓我的大腦成長，但也會讓我變得
非常沮喪。但是對數學家兼數據科學家凱西・歐尼爾（Cat-
hy O'Neil）來說卻並非如此，她從14歲起就一直在解決這
些問題。神經科學家大衛・伊葛門（David Eagleman）表示[9]，
他為了保持大腦健康，不斷投入具有挑戰性的活動，例如

學習新的軟體程式,並努力學習中文。

　　然而,如果許多科學研究都告訴我們,只有參與具有挑戰性的任務才能發展和成長,那麼為什麼人們還是認為**付出更多努力就表示能力比較差**呢?是什麼讓人們牢牢抓住這個信念?

關於努力與能力的錯誤信念

　　Fitbit可能是最熱門的一家健身公司。截至2023年,全球有超過3,100萬人[10]每週至少使用一次Fitbit。儘管可穿戴技術[11]如今已司空見慣,但在2007年,當Fitbit的共同創辦人詹姆斯・帕克(James Park)和艾瑞克・費里曼(Eric Friedman),準備把數據蒐集感測器放進一個夠小的設備,讓人們願意整天佩戴這種設備時,他們卻很難做出能正常運作的產品原型。2015年,Fitbit終於上市,但不久後就開始虧損。到了2017年,員工對帕克投下不信任票,有些人甚至寫信給董事會,要求解除帕克的執行長職位。雖然帕克很沮喪,但他並沒有離開,而是努力從錯誤中學習並做得更好。就像他告訴訪談人蓋伊・拉茲(Guy Raz)的:「在對員工進行調查後,我關心的焦點是『如何讓事情重回正軌?』」。帕克深入反思他的管理缺陷,同時也調查公司在哪些方面有疏失。他意識到,由於他們對於產品多元化的反應太慢，因此失去競爭力。除了增加產品線之外，帕克還把Fitbit的定位從健身設備製造商，轉變成「醫療數據分析公司」。Fitbit不再只提供用戶統計數據，而是開始提供指導和其他支援，幫助人們改善健康。某次，帕克被問到面對公司可能破產的危機時，他如何堅持下去並繼續前進？帕克說他想到他的父母。

帕克的父親是韓國一位電氣工程師，母親是護理師，他們在詹姆斯4歲時移民到美國，並和許多移民一樣很難找到跟母國一樣的就業機會，因此決定創業當小老闆。帕克說，父母經營假髮店、乾洗店、魚店和一家冰淇淋店。「他們可以毫不遲疑的從某種類型或業務轉向另一種類型，」帕克說。帕克父母堅定的決心和敬業態度，造就帕克堅韌的心態，他相信想要進步，就要付出努力。這個故事呼應許多移民後代在各自領域取得成功的故事，對他們來說努力和挑戰是常態。

當然，這不只是因為他們認為努力工作有其價值，還因為他們常常需要證明自己的能力，才能對抗一般人普遍對移民懷有的負面刻板印象。而這件事對許多人的長期影響是，就像帕克一樣，高強度情境會讓他們轉向成長心態。正如拉法葉侯爵（Marquis de Lafayette）和亞歷山大・漢密爾頓（Alexander Hamilton）在音樂劇《漢密爾頓》（*Hamilton*）裡唱出的一段最震撼人心的歌詞：「我們移民……一定會把事情搞定。」[12]無論我們的背景如何，父母對努力和能力的信念與行為，往往會讓我們留下深刻的印象。

　　研究員朱麗亞・李奧納多（Julia Leonard）[13]和同事進行一系列研究，要確認父母的「接管」（taking-over）行為如何影響孩子在面對困難任務時是否能堅持到底。結果顯示，孩子遇到困難時傾向接管（而非鼓勵或指導孩子下一步可以如何嘗試）的父母，比較可能認為他們的孩子沒那麼有毅力。

　　隨後，在一項針對4歲和5歲兒童進行調查的研究裡，研究人員把兒童分成三組。在第一組，研究人員會在10秒鐘後打斷正在嘗試解決謎題的孩子，並說：「嗯，這個很難，要不然我直接幫你做？」在第二組，研究人員用各種教學方式介入，協助孩子解決謎題。而在第三組，研究人員完全不介入實驗。之後，實驗人員給孩子看一個木盒玩具，鼓勵孩子們打開盒子，但這是不可能的任務，因為玩具被膠水黏住了。面對這項挑戰，在解謎實驗當中被研究人員接管的孩子，會比其他兩組孩子更快放棄。研究人員的結論是：「當成年人接管並直接幫孩子解決難題時，孩子堅持的時間會變短。」此外，家庭之外的周遭文化也會對我們產生影響。

　　你可能熟悉[14]各種廣為人知的史丹佛「鴨子症候群」（Duck Syndrome），這是我在研究所念書時所親身經歷過的事情。

　　為了在史丹佛大學這種精英又高壓的教育環境裡成功，你要像鴨子一樣，能夠優雅的在水面上悠游，但實際上，你必須在水面下瘋狂踢腿才跟得上。儘管環境高壓，但人們預期史丹佛的學生能輕鬆應對困難的課業。平常，尤其是大學生，他們會在學生會或咖啡店裡閒逛，聽音樂或社交，彷彿他們毫不在乎這個世界。好像所有人都不用吹灰之力就能過得下去。但到了晚上，他們會開始讀書，有時候會在自己的房間裡獨自學習整晚，拚命隱藏自己的努力。為了符合天才文化的價值，他們因此付出高昂的代價，常常因此精疲力竭並出現心理困擾。

　　我和其他研究人員在康乃爾大學也看到類似的情況。康乃爾大學健康諮商與心理服務（Health Counseling and Psychological Services, CAPS）小組的工作人員告訴我，康乃爾的學生正在和嚴重的焦慮與憂鬱奮鬥。（康乃爾因為學生的高自殺死亡率，因此被稱為「自殺學校」[15]。但數據顯示，康乃爾學生罹患憂鬱症並有輕生念頭的人數，和全美的學生人數差不多。）2016到2017學年[16]，有21％的康乃爾學生向健康諮商與心理服務小組尋求協助，2005到2006學年這個數字僅13％。數字攀升的部分原因是，學校努力協助學生，希望他們不要把尋求心理服務視為一種恥辱，但健康諮商與心理服務小組的工作人員也希望減輕可能造成焦慮和憂鬱的潛在文化影響和規範。

　　健康諮商與心理服務小組與學生進行一系列焦點團體訪談後，發現一個不尋常、而且令人不安的趨勢。和許多學院和大學一樣，常常會有很多公司到校園販賣各種宿舍海報，主題從小狗到流行樂團都有。在學期中，當大家心情最緊繃的時候，例如期中考和期末考期間，學生最喜歡的一張海報非常激勵人心，上面寫：「你在睡覺時，別人正在領先你。」有人可能會說，這些海報只是為了鼓勵學生努力學習。但是當這種「刺激」和某種文化信念系統連繫在一起時，置身在這個系統裡的人，會把努力工作解讀成是能力或天賦比較差的訊號，這可能會加劇人們的心理健康問題。

　　這些信念往往是從年輕時就開始。參加我們暑期學院的幼兒園到小學六年級老師常說，他們很難改變孩子的看法。孩子們認為，如果他們必須努力嘗試某一件事，就表示他們不擅長那件事。老師們自己有時候也有一樣的想法。我們之所以知道這一點，是因為當老師接受我們的基準評估調查時，他們會對以下類似的陳述表達肯定的看法：**我不喜歡看到學生苦苦掙扎；看到學生掙扎，我會覺得不舒服；當我發現學生有困難時，我可能會馬上協助他們。**但就像我們看到的，面對困難努力前行是學習過程的關鍵。

　　誠如研究人員伊麗莎白和羅伯特・畢約克（Robert Bj-ork）所發現[17]，當我們創造出能迅速提升表現的學習環境，也就是我們很快就能夠「學會」時，我們的長期學習能力卻可能會受到影響。但如果學習新事物時感覺起來比較具有挑戰性，而且學習的速度比較慢，我們學到的知識就能留在我們腦中更久，並且能夠更廣泛的應用所學。這不代表我們要一直去撞牆、自討苦吃，但如果我們想學習新事物並保有所學的知識，確實需要挑戰自己。

　　但是這樣的努力，最後會不會讓人身心俱疲？認知心理學家內特・科內爾（Nate Kornell）說[18]：「你要做的是讓困難的事變得容易。」如果我們能讓人以愉快的方式去面對錯誤和挑戰，並且堅持不懈的應對這些狀況，我們就更能持續努力下去。但事實上，在課堂上，至少在美國是如此，常見的狀況是當我們遇到困難時，我們會給學生提示，並讓學生猜測正確答案，藉此快速減少學生掙扎的壓力，卻不要求學生反思他們是否真的理解。相反的，在中國和日本[19]，老師經常鼓勵學生繼續努力，幫學生制定一條路上充滿挫折與困境的學習之旅。研究人員哈羅德・史蒂文森（Harold Stevenson）和詹姆斯・史蒂格勒（James Stigler）[20]發現，中國和日本的家長與老師比較不重視智力分數和其他靜態評估結果。相反的，他們重視靠有效努力取得成果的價值。在這些國家，人們鼓勵學生分享錯誤，讓大家能夠分析錯誤並從中學習。以這種方式來看，在學習的路上遇到失敗是必然的事。

就像科內爾和同事發現的[21]，**無錯誤**的學習觀念（認為學生在測驗裡的錯誤愈少，學習效果愈好），讓人以為答錯答案會對學習產生負面影響。但情況正好相反。如果我們做錯一個題目，但我們事後花時間去解決這個問題，未來就更有可能正確回答那個問題。努力可以強化學習和記憶。對於以成長心態面對挑戰性任務的人來說，這一點可能更真確，因為與定型心態的人相比，傾向成長心態的人更有可能注意到自己的錯誤。

但儘管如此，我們不想盲目鼓勵大家什麼事情都努力奮鬥，而是應該把重點放在能夠帶來有效努力的策略上。重要的是，我們要讚賞朝正確方向所做的努力。研究進一步顯示[22]，我們所說的**讚揚努力**（effort praise）是否有效，與我們對努力和能力的信念有關。如果學生相信努力是提高能力的重要方法，讚揚他們的努力，會提高他們對自己的觀感，讓他們更積極。信念愈堅定，驅動力就愈大。

正如我們所說，能力與努力之間呈反比的這個信念，往往是從人們年輕時就開始[23]。然後，當我們開始思考自己的職涯時，無數的輔導員和教練會鼓勵我們把重點放在自己的天賦能力。如此一來就強化一種觀念：我們有上天賦予的才能，也有上天未賦予我們的才能。

過度關注優勢為何會導致失敗

有一個年輕人就讀神學院 [24]。雖然他常在神學課上取得高分，但他在公開演講上並沒有特別的天賦，在演講方面的表現很差。那個學生就是馬丁・路德・金恩（Martin Luther King Jr.）。雖然人們認為金恩是史上最有天賦、最有才華的公開演說家，但這能力並非與生俱來，而是後天培養。

根據目前為止讀到的內容，如果我告訴你，你有某種與生俱來的才能和優勢，應該把重心完全放在全力發揮這些天賦，你可能會對這個建議猶豫不決。然而，現在很多職涯發展和個人成就的觀點就是如此。

如果想放大你的優勢，常見的方法是從靜態的評估開始，但這是一個陷阱。先評估、確認優勢，找到優勢後，高度仰賴這些優勢，這種想法隱含了幾個假設。從更廣泛的心理學研究來看，這些假設有問題。其中一種假設是，當你參加考試時，你有一些優勢和劣勢。雖然在某種程度上這樣的假設可能正確，但實際上你的優勢和劣勢與環境高度相關，並取決於許多因素，包括你要比較的對象。總會有一些人在技能、經驗或優勢上擁有較高的水準。從這個角度來看，擅長某件事的概念就變得既相對又難以衡量。例如在體育領域，即使是相關數據豐富的頂級職業運動員，要說誰是「有史以來最好」（Greatest of All Time, GOAT）

的運動員或團隊（當然是小威廉斯），大家的看法還是不
同。

　　其次，雖然我們可能從小就表現出某些「才華」，但
我們往往會過於強調這些對我們來說太過輕而易舉的事物
的價值。一旦我們了解自己擅長的事情，就會開始改變自
己的生活或工作，讓我們可以做更多我們擅長的事。這樣
做可能會讓你在短時間內，或者在不要求或鼓勵你挑戰自
己、創新或嘗試新事物的環境裡，帶來成功。但這不是能
讓個人持續成長的方法，也不是在重視持續發展或新方法
的組織裡取得成功的方式。目前創新的步伐加快，大多數
組織都對經驗豐富且渴望學習和成長的人有興趣，例如雷
蒙娜・胡德。這些組織要的不只是能輕鬆取得良好表現的
員工，在大多數領域，組織想要的是具備多種能力的高績
效人才，並且對這些能力懷抱成長心態。

　　當我和高階主管討論「發揮自身優勢」這類問題時，我
常常要澄清能力和心態是截然不同的特徵，而且它們互不
相干。我通常會在白板上畫出一個平面，橫軸是心態，從
定型心態到成長心態；縱軸是能力，從能力差到能力好（如
右圖）。如果你是高階主管，你需要能力好的人員，也就是
圖表中橫軸上方的人員。現在的問題是：你希望這些人對自
己的能力保持定型心態（左邊），還是對自己的能力保持成
長心態（右邊）？優勢觀點（strengths model）把重心放在第

二象限。這裡的想法是，這是我的兩、三個優勢和能力，我必須專注在這些優勢上，這些優勢無法被改變，因此，我們最好找到可以發揮這些優勢的情境。如果公司裡有很多這樣的人，你很快就會發現自己處在要「證明與執行」、與人競爭、環境中充滿誹謗的天才文化當中。然而更有可能成功的人，以及能讓成長文化蓬勃發展的人，會對自己的能力抱持著成長心態。能力和心態不僅無關，而且長遠來看，心態的重要性還勝過能力，因為心態可以幫助人們採取必要的行動來發展能力。

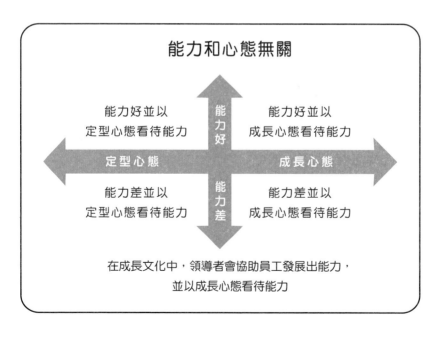

發揮個人優勢的說法，和另一個也有問題的說法有關，那就是熱情。常見的想法是，每個人天生都有熱情，發現自己的熱情所在是成功的關鍵。和優勢與才能一樣，有些人認為熱情是與生俱來且固定不變的特質，不是後天培養出來的。耶魯大學社會心理學家保羅・歐基弗（Paul O'Keefe）與卡蘿・杜維克，和史丹佛大學教授葛瑞格・瓦頓（Greg Walton）在一系列共五項的研究當中[25]，一同研究定型心態與成長心態會如何影響我們對熱情的看法。具體來說，就是我們認同興趣是天生的，還是後天培養的。研究顯示，懷抱定型心態的人認為，一旦他們發現自己的熱情，就會有滿滿的動力去追求熱情，而且不太會遇到困難。但這種信念讓他們在遇到不可避免的挑戰時更容易放棄。換句話說，「督促人們找到自己的熱情，可能會讓他們把所有雞蛋都放在同一個籃子裡。但是當籃子變得愈來愈重的時候，他們就會把整個籃子丟掉。」相反的，用成長心態看待熱情，「可以在我們遇到挫折或困難時，幫助我們保持興趣」。

莎普娜・謝麗安（Sapna Cheryan）是華盛頓大學的教授[26]，也是我在史丹佛大學研究所的老同學，她研究理工科的性別差距，包括電腦科學領域。莎普娜說，通常年輕女性不會被**教導成**對電腦或程式設計產生熱情，因此她們不太可能探索這類型的體驗。只要看一下媒體呈現出的形象就知道：從電視劇《偷天任務》（*Leverage*）裡虛構的駭客亞歷克・哈德森（Alec Hardison），以及吉米・法倫（Jimmy Fallon）在《週六夜現場》（*Saturday Night Live*）裡扮演讓人惱火的電腦工程師，到現實生活中人們對科技偶像賈伯斯、比爾・蓋茲和馬克・祖克伯的描述，我們看到的電腦高手幾乎清一色是男性。進入電腦科學領域的女性往往是偶然開始她們的旅程：她們玩遊戲，發現寫程式可以解決她們關心的問題，或者電腦科學是必修課，後來卻激發出她們的興趣。

　　社會氛圍專注在「發現熱情」而非「培養熱情」，可能是造成計算機科學領域出現性別差距[27]的原因。如果女孩和年輕女性接受定型心態的觀點，她們可能會認為自己應該天生就會對適合自己的領域產生興趣或熱情。但就像我們看到的，整體社會氛圍不利於女性對電腦科學產生興趣。結合歐基弗的研究，我們發現當女性終於嘗試學習電腦科學時，如果她們必須努力才能成功，那麼消極的「努力－能力」信念可能會讓她們選擇放棄。然而，如果女性相信熱情實際上是靠後天發展而來，而且我們的媒體、領導者、家長、老師也這麼認為，**再加上**社會更努力讓女孩和女性有學習電腦科學的機會，我們就更有可能縮小男女差距。定型心態對於能力、才華和熱情的看法，會對沒有受到父母、同儕和社會鼓勵（不論是由於社會給定的角色或是文化刻板印象）並及早發展這些能力與熱情的人，產生截然不同的影響。

另一個我們經常發現刻板印象與天賦和努力等錯誤觀念參雜在一起的領域，是創業領域。

創業家的錯誤傳說

看到賈伯斯[28]或艾瑪・麥克羅伊[29]，人們很容易會認為他們單槍匹馬取得成功。之前我們談到孤獨的天才科學家神話：科學家隻身一人，突然獨自取得突破性的發現。我和考夫曼基金會研究創業家的定型心態與成長心態誘因時，也聽過類似的傳說：一個年輕的白人男性、穿著帽T的開創者，在數位世界裡闖蕩出一條路，不斷努力直到把他的新創公司賣掉或上市。這就是活生生的成長心態，對吧？這位創業家在長期艱苦的環境下，不是展現出恆毅力和氣魄嗎？問題是，這些創業的磨練不一定都是有效努力（effective effort）。

我們不想「只是運用我們的恆毅力」；我們要用有意義的方式使用恆毅力，使我們真的更接近目標。成長心態不只表示純粹付出努力，成長心態更具判別力，也更廣泛。當我們處在成長心態時，我們會找到方法迎接挑戰，並應對挑戰帶來的困難。我們專注在各種可能性，嘗試新策略並進行實驗。我們會以有意識、深思熟慮的方法來做這件事。

而且，幾乎沒有人只靠自己就能成功，總是會有共同創辦人、導師或其他人，這些人也為新創公司的成功帶來重要貢獻。強調創業家都是靠**自己**的觀念，可能會讓其他互相依賴、擁有共同的價值觀，並依靠夥伴和團隊合作而成功的人感到沮喪。根據我和團隊蒐集的資料，當我們把創業家描述成是致力於解決世界最大挑戰的團隊，而非一群堅毅的天才時，我們可以吸引到更多女性和有色人種參與。他們在成長文化裡會覺得比較自在，覺得自己是這個創新團隊的一份子。

女性和有色人種在創業時會遇到的另一個阻礙[30]是偏見。這種觀念是，幾乎所有白人和男性創投家，都不認為女性或有色人種（或跨性別人士，以及本質上所有不符合「成功」刻板印象的人）是天生有才華的創業家。他們認為，來自弱勢結構的人，必須更努力才能實現創業目標。諷刺的是，這些人往往真的需要加倍努力，原因並不是他們天生缺乏能力，而是他們處於結構劣勢之中：人們對性別和種族的偏見，導致他們難以取得資金。這就是「努力－能力」信念變得有害的原因。如果這群人必須更努力才能成功，就證實一個觀點：和白人、男性、中上階級的同儕相比，他們「天生不太適合」創業（或你可以用任何職業來替換創業）。根據科技媒體TechCrunch報導[31]，2022年，只有1.9％的創投資金流向女性創辦人。雖然研究公司PitchBook指出[32]：「和去年所有男性創辦人相比，女性創辦人燒錢速度的中位數比較低，早期估值成長比較快，而且後期估值下降的速度也比較慢。」同年，黑人創辦人[33]只得到1％的創投資金。

我的研究顯示[34]，很大一部分女性和有色人種創業家都曾受到刻板印象的威脅，擔心他們會因為自己所屬的群體，讓創投業者產生刻板印象，認為他們能力不足。這會導致女性和有色人種在嘗試創業或爭取創投支援時，獲得支持的比例減少。因此，在創業這種極度艱難的情況下，懷抱成長心態不只會有幫助，而且非常重要。卡翠娜・雷克[35]和軟體公司Calendly的創辦人托普・阿沃托納（Tope Awotona）[36]，都曾在募資時遇到困難。蘿蘋・麥克布萊德（Robin McBride）和安德莉亞・麥克布萊德（Andréa McBride John）也是如此，她們準備顛覆葡萄酒產業，但這個產業往往將有色人種排除在外。

麥克布萊德姊妹開始[37]她們的創業之旅，把高檔的紐西蘭葡萄酒進口到美國，目標是讓所有人都能享用優質的葡萄酒。一開始，她們想在主要的連鎖食品店銷售葡萄酒，美國零售企業克羅格（Kroger）的一位買家問她們一個重要的問題：「妳們為什麼不自己釀酒？」這個買家準備在三月下大訂單。問題是現在是九月，她們只有四個月的時間生產25,000箱葡萄酒，並把酒送到克羅格的配送中心，才能趕在冬天把酒送達。後來，當播客「我的創業路」（How I Built This）的蓋伊・拉茲在採訪時評論說這種局面聽起來真是可怕，蘿蘋卻糾正他，說這種情況「讓人興奮！」，安德莉亞也補充說「這很刺激！」在很大程度上，正是她們以成長心態面對一而再的高強度情境，讓姊妹倆可以在克羅格要求的最後期限之前完成任務。她們的公司麥克布萊德姐妹（Mcbride Sisters Collections）[38]也因此成為美國最大的葡萄酒黑人企業。

但讓我們倒帶一下[39]，看看兩位姐妹一開始如何認識克羅格的買家。她們是透過另一家連鎖超市的多元供應商（supplier diversity）主管直接介紹。他對兩姐妹的積極態度印象深刻，並給她們一些建議，告訴她們如何在大型連鎖店取得成功，甚至把她們介紹給其他公司的買家。接著，姐妹倆在沒有投資人、也幾乎沒有現金的情況下，完成克羅格的訂單，並從頭開始製造出四種葡萄酒。就像蘿蘋告訴蓋伊・拉茲[40]：「在所有創業家當中，黑人女性是資金最少的一群，因此我們仍然有風險意識。」她們的策略是根據她們對葡萄酒的知識和人脈來做買賣，請紐西蘭和加州的葡萄生產商和釀酒師信任她們。她們採取開放的做法，環繞著她們的釀酒過程建立一個社群，我們常在擁有不同背景的創辦人建立的組織裡看到這種做法。

那麼，我們該如何像麥克布萊德姊妹那樣，在面對多種高強度情境時，表現出像她們一樣積極進取的成長心態呢？你有許多策略可以使用，包括和家長與教育工作者合作的策略。

 幫助學生和老師處理困難的情況

超級登山者亞歷山大‧梅戈斯（Alex Megos）[41] 曾經多次首攀一些很有挑戰性的路線，但就像他承認的那樣，這些路線都沒有突破他的極限。梅戈斯以快速攀登艱難路線的風格聞名。梅戈斯告訴電影製作團隊，「我從來沒有真正嘗試過任何需要花超過 10 天的事。」雖然大家稱讚梅戈斯是天才登山者，但也許正因為如此，他害怕去嘗試一條需要付出全新努力的路線。「我慢慢意識到，如果我想要突破自己的極限，我就需要花時間，」梅戈斯說。2020 年，梅戈斯完成他至今為止最大的成就：用三年時間，花費大約 60 天完成首次自由攀登。正如梅戈斯所說，挑戰一個實際上不確定自己能否解決的問題，是一種完全不同的體驗。就像梅戈斯必須訓練自己用成長心態看待艱鉅的挑戰一樣，領導者也需要為其他人提供同樣的挑戰。

有一個很有效的方法，可以鼓勵在我們暑期學院受訓的老師，讓他們在高強度情境裡懷抱成長心態的信念和行為，那就是不要只注重學生的個人行為，而是要關注學生創造的心態文化。在開學第一天或剛開學時，這些帶領幼兒園到六年級學生的老師通常會制定**課堂規範**，老師會和學生一起集思廣益，制定一套規定，這些規定會成為那一年課堂文化的原則。在暑期學院，我們與老師分享一些有助於建立成長文化的措辭，例如：我們將「讓大腦每天花8小時致力於成長」、「努力學習」、「犯錯並一起解決問題」，以及「不讓任何人的學習落後」。

在日常執行方面，可以用多種方式展現這一點，其中一個方法是當練習或問題太簡單時，老師會向學生表達歉意：「哇，我以為這個問題對你來說很困難，但實際上這個問題無法提升你大腦的潛能。我們來看看是不是能找到更有挑戰性、更能真正幫助你學習的方法。」這種方式不僅表示老師有責任確保每一位學生都受到足夠的挑戰，也反覆表達並推廣一個觀念：面對困難、解決困難，才能「提升大腦的潛能」。

的確，在學生很多的大班級，以及學生程度落差很大的課堂裡，要用這種方法提供學生個別輔導會很困難。不過有一個策略可以解決這個問題，那是我們所說的**備案問題**（back-pocket problems）。當老師在課堂上巡視學生解答數學題目或科學問題時，手上可以帶著各種更有挑戰性的題目，發給很快就解完習題的學生。這樣一來，無論學生處於哪一個學習階段，他們都有機會堅持不懈的努力。

在真正的成長心態裡，許多老師會設計出富有洞見的方法，在課堂上創造成長文化。當我們與學院一些畢業生交流時，我們很訝異、而且很高興看到成果。一位老師在牆壁張貼作業，顯示學生在第一週和三個月後練習數學習題的狀況。這樣做可以幫助學生看到他們的進步，也強調進步是課堂的核心價值。這種努力可以找到「努力－能力」這種負面信念的根源，並把這樣的想法重新調整為積極的信念。

為了解決老師們經常遇到的挑戰，也就是看到學生努力面對難題、辛苦掙扎的狀況，我們先分享一些故事，說明人是因為辛苦努力才會找到解答，而非不經過掙扎就可以找到答案。我們也鼓勵老師反思並分享自己類似的故事，然後他們也可以用相同的方法與學生分享故事。梅戈斯的故事可以當成一個很好的例子，因為他的故事讓我們看到梅戈斯一開始不願意挑戰自己，後來發現挑戰自己去做不確定自己是否有能力做到的事，反而收到成效。

如果你現在很想解決一個新的高強度問題，或是回去處理你尚未解決的問題，你可能已經意識到一個事實：這種講故事的策略，對所有人來說都是一種很有效的策略。

在高強度情境培養成長心態

以下有五種實用的方法，可以用來重新調整消極的「努力－能力」信念，並鼓勵人們對高強度情境產生成長心態的回應。

▌化整為零

作家安・拉莫特（Anne Lamott）在她的暢銷書《寫作課》（*Bird by Bird*）裡[42]，講到她哥哥把一個重要的作業拖到快過期的事情。這個作業要學生將鳥類分類，任務艱鉅到讓拉莫特的哥哥不知所措，他不知道該如何完成。於是，他的父親建議說，你只需要把鳥一隻接著一隻分類就可以。我們也可以學著這樣做。

攀岩者和發明家都使用「解決問題」的語言，他們採取類似的努力方法：把大挑戰分解成小挑戰，然後一次解決一個小問題。雖然這個建議看起來平淡無奇，也顯而易見，但當你因為高強度情境而進入定型心態時，你的視野會隨著焦慮和過度專注在自己身上而變窄小。這可能會讓你忘記要一步一步來的基本策略。像梅戈斯和麥克布萊德姐妹的故事，可以激勵我們邁向成長的一個原因，是我們看到別人如何把一個重大的挑戰，分解成幾個可以管理的小任務。對許多人來說，要在短短幾個月內[43]生產並運送

25,000箱葡萄酒，根本是不可能的任務，但麥克布萊德姐妹卻成功了，因為她們並沒有真的去生產和運送25,000箱葡萄酒。相反的，她們專注在下一步要做的事，也就是選擇葡萄和製造新品種，提出酒類申請並印製標籤。這每一個小任務我們都可以勝任。我們每個人都可以培養這種能力，把我們接下來要做的一、兩個步驟獨立出來，並從那裡開始著手。如果不懂得該怎麼化整為零，我們可以詢問值得信賴的顧問，例如同事、經理或導師。

　　同樣的建議也適用於執行高強度任務的經理人：不要一下子就把員工丟進深淵。為了鼓勵員工形成成長心態，你應該逐步增加挑戰和難度。好的網球教練不會一開始就把球拍遞給你，然後說：「祝你好運！」。相反的，他們會告訴你如何握住球拍、如何正手擊球。當你取得一些進展後，他們會教你反手擊球，以此類推。如果你一下給員工太多挑戰，他們有可能會因為自己沒有成功所需的策略或資源，而感到不知所措。循序漸進提高員工的挑戰難度，可以幫助他們培養逐步進步所需要的技能。

▍自我肯定

　　我在博士班的導師克勞德・史提爾和他的學生傑夫・科恩（Geoff Cohen），認為我們可以在個人層面採取另一種策略[44]，他們稱之為自我肯定。自我肯定背後的核心原則是，我們大多數人都希望看到自己擅長某件事，例如有能力、有道德，或是有效率。如果我們有一種潛在的信念認為付出努力就表示我們不擅長某件事，那麼當我們遇到高強度情境時，付出努力這件事就會讓我們無法以積極的態度看待自己的能力。高強度情境會暴露我們的弱點，並挑戰我們對自己的核心信念。如果這些狀況發生在工作上，我們會更覺得受到威脅。許多人都把自己的身分認同與工作聯繫在一起。根據蓋洛普的調查，55％的美國人[45]從工作中得到認同感，而在擁有大學學位的人當中，這個比例更達到70％。因此，當我們的工作能力受到威脅，我們就會質疑自己。

自我肯定的過程[46]會讓我們更了解自己，讓我們比較不會受到高強度情境帶來的恐懼和懷疑影響。第一步是，請列出每一個對你來說很重要的身分、團體身分和角色。你必須把這些身分都具體寫下來，而不只是大聲說出來，或在腦海裡列出來。所以，你可能會寫，**我是姐姐、母親、德州人；我是朋友、愛狗人士**，諸如此類。列出清單後，把身分按照重要程度排序，然後，剔除目前你認為受到威脅的身分，例如**員工**。接下來，花15到20分鐘，針對三個對你來說最重要的角色寫下一些說明（如果你剛剛劃掉的身分在前三名當中，就寫下第四重要的角色。）將重點放在這些角色對你和他人的重要程度，以及對你或他人的生活產生哪些正面影響。

　　根據史提爾和幾位拓展他最初研究成果的研究人員看法，這樣做可以幫助你更全面的看待自己。當你知道你的某一個身分正因為你處在高強度情境，不確定自己能否完成任務而遭受質疑時，你受到的威脅就會比較小。因為你對自己的身分有更全面的認識，而不是只局限在那個單一的角色裡。當我們練習自我肯定時，我們受到的威脅不僅更少，也會更加投入，因此我們更有可能在高強度情境裡勝出。

▍重整你的核心信念

　　轉向成長心態最有效的一種方法，就是重新調整我們對努力和能力之間關係的看法。同樣的，說故事又是實現這個目標最有效的一個方式[47]。再舉一個例子。饒舌歌手兼企業家肖恩・卡特（Shawn Carter）（也就是大家熟知的Jay-Z），他接觸過的每個主流唱片公司都拒絕他。被拒絕的經驗讓他決定自己成為製作人，並創辦音樂公司Roc-A-Fella Records。這樣的例子不勝枚舉。（這類故事可以成為學生的研究課題，幫學生創建一種每個人都能成長的課堂文化。）而且有時候，可以拿來分享的或許就是你自己的故事。分享你的奮鬥故事，對其他人來說不只是一個強大的學習工具，還可以幫你把自己的經驗看成是一個仍在進行中的故事。

　　還記得史丹佛的鴨子症候群嗎？為了解決這個問題，我的博士生團隊決定離開池塘。每週，我們會一起度過歡樂的時光，除了享受樂趣之外，我們還會談到自己遇到的挑戰和掙扎，以及我們付出多少努力。我們也認為身為團隊的一員，大家應該互相幫助、彼此支持。我們不會互相競爭，而是採取團隊合作的方式，共同完成必須完成的工作。我們的工作仍然很辛苦，需要付出很多努力，但許多工作變得很有趣，我們覺得我們可以接受挑戰，**並且**學習，**然後**取得成功。更棒的是，我們可以一起努力。為了減少學生的焦慮和憂鬱，康乃爾大學健康諮商與心理服務的工作人員也努力讓大家以平常心看待努力。

　　身為領導者，你可以用類似的方式參與，並鼓勵大家講故事。你可以和員工分享最有影響力的故事，也就是你的故事。分享你奮鬥的故事吧。你可以讓員工了解，你是透過有意義、持續的努力才能變得更好，這樣就能釋放掉員工因為擔心被認為能力有限而產生的壓力和恐懼（或減少他們批評自己的傾向）。此外，讓員工知道你**希望**他們感受到適當的挑戰，好讓他們能保持興奮與參與感，繼續成長，但同時你也會提供他們成功所需的資源與支持。

▊ 組成社群

高強度情境之所以如此讓人畏懼，其中一個原因是我們常認為自己要單獨行動。但透過彼此扶持，我的史丹佛大學同學提高了我們整體和個人的能力。我們想以個人的身分學習和成長，但這不代表我們必須什麼都自己來。有一個簡單有力的問題可以在這裡發揮重要的作用：「我有什麼資源？」當我們問自己這個問題，或指導員工提出這個問題，我們就在指導自己如何辨識出能夠幫助我們的人。

個人取得成功的關鍵是學習如何辨識、參與和學習他人的技能，這個道理也適用於組織：學習把眼光放到組織之外，對挑戰抱持開放和誠實的態度，並積極的尋求他人支持，這樣才可以更容易完成艱鉅的任務。團隊擁有在自身周圍創造出成長微文化的力量。

▊ 調整環境促進成長

就像我們的老師和他們訂下的課堂規範一樣，領導者也可以制定團隊與組織規範，調整環境以利成長。正如我之前提到[48]，有一些組織（例如Google）經常重組團隊，讓員工重複處於高強度情境。在這種情況下，組織必須為員工營造出注重合作而非競爭的成長文化，讓他們放心的犯錯，並協助彼此不斷進步。透過與不同部門的人員合作，員工有持續學習的機會，並分享自己的知識與想法，這種做法超越典型靜態結構所能實現的成果。然而，這種理想只有在組織文化能夠支持的情況下，才有可能實現。

思考一下，如果沒有遇到挑戰，該如何為員工或自己準備好相當於備案的問題。根據蓋洛普2022年的數據顯示[49]，只有21％的員工認為自己工作時很投入。誠如任何一個人力資源主管都會告訴你的[50]，缺乏參與感是留住員工的主要挑戰。因此，讓員工持續成長，不僅有利於他們的職涯，也有利於公司獲利。對個人來說，這些備案問題可能是讓你的主管注意到你，讓你去挑戰高難度的工作。也許你的主管有一個對他們來說很簡單的任務，他們很樂意把那個任務交給你。這樣做能為你提供成長的機會，也讓你的主管本身有更多餘裕去掌握新的機會。

 **想一想**

- 回想過去某個時刻，你發現自己在面對高強度情境時，逐漸陷入定型心態。這可能發生在工作、家庭或其他時候。當你發現自己落入定型心態時，感覺如何？你對自己說了什麼？做了什麼？現在的你，會告訴以前的自己哪些有用的建議？你會如何指導自己轉向成長心態？
- 遇到高強度情境時，你有什麼成長心態的故事？你

什麼時候發現自己以成長心態來面對這個情境？你對自己說了什麼？做了什麼？結果如何？你能否和同事或部屬分享這個故事，並鼓勵他們分享自己的故事？

- 如果從成長心態的角度思考優勢，你希望在生活中**發展**哪些優勢，即使這可能需要付出很多努力？你可以採取什麼步驟，讓你更能發展出生活裡的新力量？

- 你目前的生活當中，有哪些狀況需要付出努力？你可以做什麼事情來提醒自己，努力是為了培養能力，而不是代表你欠缺能力？當我得到一台派樂騰（Peloton）健身車時，我立志每週要騎4到5次，但要做到真的很難！我從來沒有騎過自行車，而且健身車的座墊坐起來很痛！我貼了一張貼紙在我的螢幕，上面寫「每天只要20分鐘」，因為只要這麼做，我就可以培養出能力。你如何提醒自己努力與能力之間有正相關？

- 最後，如何追蹤你付出的努力是否是**有效努力**？就算進步很慢，但有沒有哪些微小、可以衡量的跡象，顯示你正朝著目標邁進？記住，慢慢進步是好事，也比較能持續，從長遠來看更有利。

第十一章
批評性回饋

你剛收到老闆寄來的電子郵件，裡面寫「安排一下本週的進度更新會議，我想給你一些回饋。」又或者你今天早上要出門工作時，你的伴侶說：「我們這個週末抽出一點時間，來談談我們之間的事。」當你知道別人要給你回饋時，你有什麼感覺？你是否害怕回饋，並準備好要面對批評？或是你覺得很期待，很想聽到他們要說什麼？有時候，批評性回饋會讓人們焦慮，有時則預告會有機會出現，有時候更是兩者兼具。這就是為什麼批評性回饋是我們的第三種心態誘因。

誠如亞里斯多德的名言[1]：「想要避免批評只有一個辦法，那就是什麼都不做、什麼都不說、什麼都不是。」無論是績效評估、考試成績或美食評論平台Yelp上的評論，我們都注定會收到批評性回饋。我無意冒犯亞里斯多德，但什麼都不說、什麼都不做，其實也會招來批評。在評價情境裡，人們處於準備狀態，並**預期**可能會面臨正面或負面的評價，但在面對批評性回饋時，人們實際上已經接收到某種形式的評估。當批評性回饋觸發我們的定型心態時，我們往往會在批評出現時表現出防衛的態度，常常低估評價的可信度或評估者所具備的知識或技能，或是完全無視或不面對批評。

當我們從定型心態的眼光來看待事情時[2]，我們會把批評性回饋視為對我們工作表現好壞或是否擅長特定技能的批評，或者，在更極端的情況下，批評性回饋是在認定我們是好人或壞人。此時，我們的注意力會變狹窄，我們把焦點放在自己身上，認為批評是針對我們個人，而非針對我們的工作或行為。當我們過度關注自己時，常常會錯過批評性回饋帶來的機會，因為此時我們看到的不是可能性，而是一種宣告。我們的定型心態告訴我們，人要不天生擁有能力，就是天生缺乏能力，這就是為什麼所謂的負面回饋特別有威脅。我們聽到這類回饋後會想：「我就是不擅長這件事」，並相信我們沒有辦法做得更好。

但有些時候，批評性回饋可能會促使我們轉向成長心態。透過這個視角，我們能夠把批評性回饋看成機會，告訴我們在工作或方法上有哪些地方需要改進。如果我們想要強化工作或拓展能力，這些資訊非常重要。可行的批評也許能夠幫助我們，評估我們目前的狀況，讓我們規劃出一條路，通往我們的目標。當我們從成長心態來看，不僅會把批評性回饋看成學習和成長的機會，當他人不願意給我們回饋，或是他們提供的回饋十分含糊、無用時，我們還可能會氣惱或沮喪。

當我們第一次遇到批評性回饋時[3]，我們內心的聲音通常是：「真讓人不舒服！」還記得當Barre3的共同創辦人兼執行長莎蒂．林肯，針對員工進行匿名調查卻收到激烈的回饋時，她並沒有馬上進入成長心態。當調查結果指出，員工認為她才是讓公司陷入困境的原因時，林肯說：「這太讓人震驚了。」她的第一個反應是採取防衛的態度。在她和一些好朋友眼中，這些批評很不公平，她批評這些評論者，甚至考慮把公司賣掉。

但一開始的不舒服感覺逐漸消退後，林肯就向身邊的同儕尋求建議，這些人都是公司的創辦人。在用炸薯球安慰林肯之後，這群創辦人就協助林肯轉向成長心態。在我們討論具體方法之前，先把重點放在林肯採取的一個簡單、卻關鍵的步驟，這個步驟讓她可以從一開始的痛苦情緒，轉變成願意聆聽並接受有價值的回饋。在這件事中，林肯暫停了一下，這個停頓讓林肯能夠平復自己的情緒。典型的情緒理論認為，情緒是我們無法控制的東西（除非我們是超級理性的瓦肯人*）。事情發生後，我們會感受到情緒，

---

* 編注：科幻影集《星艦迷航記》中的外星人，他們以理性、不受情緒干擾聞名。

這種情緒刺激身體做出反應。我們可能會跳起來歡呼、哭泣，或打電話給朋友尋求安慰。但是神經科學家麗莎・費德曼・巴瑞特（Lisa Feldman Barrett）卻說[4]數據反應的不是這麼一回事：我們不是對情緒做出反應，而是會創造情緒。當我們的大腦接收到感官訊息時，它會進行一系列模擬，試圖回答一個問題：「這個新的感官輸入和什麼東西最相似？」在巴瑞特的**建構情感理論**（theory of constructed emotion）當中，大腦根據我們過去經驗、成長環境和文化而來的情感經驗，引導我們的行為，並賦予感覺意義。從本質上來說，大腦會搜尋它的歷史資料庫，當我們正在體驗的感覺和大腦記錄過的某一個情緒概念相符時，它就會建構出這種情緒。這一切發生得如此之快，以至於**看起來像**自動產生，但實際上我們大腦的運作速度就是這麼快，而且很善於利用這種對應和預測系統。但有時候，配對的結果無法準確的描述我們的體驗。例如，當我們覺得心跳加速、手掌出汗時，大腦可能會匆忙做出恐懼的反應，但事實上我們並不是害怕，而是很興奮即將要向同儕做簡報。幸運的是，只要有一點覺察，我們就可以修正這類錯誤。換句話說，談到我們的感覺，我們擁有的選擇比我們意識到的多很多。我們有機會在刺激和反應之間，有意識的運用我們的成長心態。

　　幫助林肯轉變的另一件事[5]是降低她的防衛心態，好讓她的邏輯大腦也能參與其中。研究顯示，當我們啟動自我保護機制時，我們的大腦[6]就聽不進負面回饋。不過，她的同儕裡有人是這方面的專家，她鼓勵林肯不要迴避回饋，而是要更深入的探討這些回饋。「她幫我從數據的角度面對回饋[7]，讓我釋放掉情緒，」林肯說。當他們退後一步幫林肯分析這些回饋時，他們排除掉「沒有用的東西」，這部分的回饋大多是沒有建設性的個人意見。接著，他們開始關注對林肯來說很難看出的專業見解。最後，團隊裡另一位成員分享自己的經驗，說明她如何透過嚴厲的批評性回饋去學習和成長。「這兩個因素加在一起，改變了我，」林肯反思說。

　　批評性回饋一開始可能會讓我們覺得痛苦，尤其是當這些回饋與我們的期待不一致時。無論我們的預設心態是什麼，大多數人都會感受到這種不舒服。然而，當我們陷入定型心態，讓這類批評威脅到我們優秀、有能力的身分認同時，可能會加劇這種痛苦。就像林肯所說，在針對Barre3員工進行調查之前，「我非常相信自己是一位受人愛戴的領導者，我是成功的人。」因此，當批評性回饋讓林肯發現自己的評價與別人對她的看法不一致時，她覺得受傷又沮喪。

　　當我們處在定型心態時，我們的自尊來自於覺得自己高人一等，而不是來自成長和學習。於是，批評性回饋會讓我們覺得失去方向，彷彿自己受到打擊。面對這種狀況時，我們變得像[8]《歡樂單身派對》（*Seinfeld*）裡「脆弱的弗蘭基」·默曼（"Fragile Frankie" Merman），他遇到批評性回饋時會跑進樹林並坐在水溝裡，或者像美國演員傑克·尼克遜（Jack Nicholson）在電影《軍官與魔鬼》（*A Few Good Men*）裡飾演的納森·傑瑟普（Nathan Jessup）上校[9]一樣，當有人質疑他的戰術時，他就怒不可遏。在職場上，這樣的做法看起來就像是反駁批評性回饋或給回饋的人，甚至徹底否定這種給予與接收回饋的行為。也可能表現得像是臨陣退縮，不願意接受困難或備受矚目的任務。但這種任務雖然風險比較高，卻可以提供我們成長的機會。當我們處在定型心態時，我們會傾向躲藏起來或過度謹慎，以避免挺身而出接受挑戰之後可能遇到的負面回饋。但其實，我們可以像莎蒂·林肯那樣，從一開始不舒服的心態走出來，進入一個把成長當作優先考量的空間。

▎背包小孩與大人

我前面談過說「我知道啦！」的小孩，這些孩子不願意接受建議或指導，因為擔心別人會因此認為他們能力不足或無能。在面對批評性回饋時，如果那個說「我知道啦！」的小孩有一個死黨，那個死黨就是背包小孩（Backpack Kid）。

在我們的暑期教師學院裡，我們用老師都熟悉的一個
例子，來說明定型心態對批評性回饋的反應：學生收到作
業的分數後，看了一眼就把作業塞到背包底部。如果全班
進行事後檢討，老師與學生一起檢視考試內容，討論可以
採用哪些方法和策略，背包小孩通常會置之不理。（當然，
這種行為可能不只是心態造成的結果。例如，成績差的學
生可能會有這種行為，因為他們知道表現不好回到家可能
會受到處罰。因此在這裡，當我討論個人的心態線索時，
我說的是個人對自己的表現所抱持的行為與信念。）

我們在職場也看過類似的反應。員工收到經理的回饋
後，例如年度360度績效評估或季度考核，會看一眼他們
的考績分數，也許關心一下自己是否加薪，接著就關上檔
案或把文件塞進抽屜，而不會認真閱讀並思考回饋的內容。
無論我們得到高分或低分，都可能發生上面所說的這種情
況。但當我們處在定型心態時，我們唯一想問的問題只會
是：我是否達標？如果回饋顯示我們有一個或多個地方需
要改進（如果經理人以成長心態行事，可以預期會有這樣
的結果），我們就可能陷入防衛模式。我們會去找績效可
能也不好的同事討拍，一起怒罵主管，例如「他們根本不
知道我在做什麼！」，或是找其他藉口，例如「我績效不
好是因為團隊超弱！」無論如何，我們都會因此失去學習
的機會。

在探討面對他人評估時，如何讓自己（或鼓勵員工）轉變為成長心態之前，我們先討論我們的心態如何影響我們接受、詮釋和利用批評性回饋的意願和能力。

 ## 心態如何影響我們過濾回饋

你想變得更好，**還是感覺更好**？這就是當我們收到批評性回饋時遇到的問題。問題的關鍵在於自尊。

當別人的回饋與我們對自己的看法不符時，是什麼讓我們決定正面解決問題，或採取防衛態度？為了回答這個問題[10]，我在研究所的朋友大衛・努斯鮑姆（David Nussbaum）與卡蘿・杜維克教授進行一系列研究。這些研究把大學生分成兩組，要求他們閱讀一篇簡短的科學風格文章，藉此改變他們的定型或成長心態。有一篇文章說：「目前的研究顯示，人的智力幾乎全由遺傳決定，或者在年紀很小的時候就決定了」，這是定型心態的觀點。另一篇文章則指出：「目前的研究顯示，智力可以大幅提升」，這是成長心態的觀點。接下來，為了挑戰參與者的自尊，研究人員只給他們4分鐘，要他們閱讀佛洛伊德《夢的解析》當中一段資訊複雜、冗長而且讓人困惑的內容。接著，參與者要參加閱讀測驗，共有8個問題。

在為所謂的測驗評分後，研究人員告訴參與者，他們的表現在大學生裡排名第37。研究人員認為，這個分數會讓參與者吃驚又沮喪。此時，研究人員交給參與者重要的評分參考。當參與者準備接受速讀挑戰時，他們看到一張表，上面是過去8位參與者的分數，分數從排名前14％到98％，並告訴他們可以點選過去參與者的名字，查看他們當時完成相同任務時所採用的策略。轉向定型心態的參與者往往會有防衛性的反應，他們選擇回顧先前表現比他們**差**的參與者的策略。這樣做讓他們在那一刻自我感覺良好（「哈哈，看看那個傢伙做錯了什麼！」）。但這樣做無法讓他們知道如何在下一輪測驗裡改善自己。而轉向成長心態的人則大多選擇查看比自己做得**更好**的人的策略，讓自己能夠在下一次測驗之前，學習嶄新或不一樣的策略。

努斯鮑姆和杜維克的研究，探討當人們面對明確的負面回饋時，會有意識的做出哪些行為。然而，神經科學顯示[11]，當我們處在定型心態時，我們可能根本不會注意到批評性回饋。研究人員利用腦波圖技術（腦波儀掃描），評估當學生被問問題時的大腦活動。在一項研究裡，實驗要求大學生完成一項常識性任務，學生要回答像是「澳洲的首都在哪裡？」之類的問題。每問完一個問題，研究人員就會告訴受試者答案是否正確。如果不正確，會告訴他們正確答案。研究把回饋分成這兩部分，研究人員就可以監測當參與者第一次得知自己的整體表現時，他們大腦裡的狀況，以及當他們得到學習或糾正的機會時，大腦又是什麼狀況。

　　無論參與者的預設心態為何，掃描顯示，當他們第一次得到表現回饋時，他們的大腦活動都很類似：出錯對所有人來說感覺都不太好。然而，當他們得到糾正回饋時，處於成長心態的參與者，大腦當中與修正錯誤相關的區域出現更多活動。這裡需要強調的是，這是**前意識（precon-scious）**＊神經活動：他們不須思考，他們的大腦實際上就是朝著成長的方向發展。隨後，無預警讓他們重新測驗後，具有成長心態的參與者會表現得比較好。其他研究也支持以下理論：當我們處於成長心態時，我們的大腦會**自動**關注我們的錯誤，並尋找糾正錯誤的方法，讓我們在未來更容易做出更好的反應。這表示，我們對於智力是固定的或是具有可塑性的信念，實際上會讓我們的大腦產生偏見，讓這些信念成為自我實現的預言。研究還顯示，我們的心態高度影響我們對自身評估的準確性，尤其當我們面對失敗的時候。

　　在2020年版的《召喚勇氣》（*Dare to Lead*）播客裡[12]，研究教授兼作家布芮尼・布朗（Brené Brown）採訪哈佛大學

＊　編注：前意識是介於意識與潛意識之間的一個意識層次。與潛意識的最大差別在：潛意識中積存的經驗，人無法記憶；而前意識中的經驗可以記憶。

教授兼作家莎拉・露易絲（Sarah Lewis）。在採訪中，露易絲描述一個她稱之為**空白**（blankness）的空間，她說那種感覺就像「你收到逼你放棄一切可能性的回饋，並重新理解自己」。布朗回答說：「當我失敗時，有一部分的我對空白感到興奮和躍躍欲試，很期待重新開始。」布朗接著說，覺得羞恥就無法感受到空白。「如果你因為失敗而貶低自己，你就無法抓住空白帶來的機會。」

露易絲同意這個觀點，我也同意，研究也支持布朗的看法。如果我們因為批評性回饋而感到羞恥[13]，我們通常會把回饋看成是針對我們個人的評論，這表示我們正處在定型心態當中。正如我們剛才所見，我們的定型心態也可能在神經元的層次上，讓我們不太能夠「抓住空白帶來的機會」。如果我們總是把焦點放在自己固有的能力或價值，或是反駁、質疑回饋，我們就很難重新想像自己，並重新調整對自己的評價。

在人際交往與社會環境中，我們也會有這幾類反應。例如，如果我們被指控曾經說過或做過一些種族主義的事，定型心態很容易就會主導我們的想法。我們第一時間的反應通常很有防衛性，例如為這種行為找藉口，說「那不是我的用意」，或者說「我不是那個意思！」這些指控也是一種批評性回饋。當有人指出我們的問題，或說我們某個行為很離譜時，我們的定型心態會讓我們認為自己是

壞人。研究顯示，我們很有可能會猛烈反擊，把指出我們
行為的人說成太過敏感或愛抱怨，即使他們可能是想幫助
我們。可惜的是，當我們處在定型心態時，我們會傾向懷
疑回饋，而非嘗試從中學習。我和我的合作者阿尼塔‧拉
坦（Aneeta Rattan）、凱蒂‧克魯珀（Katie Kroeper）、瑞秋‧
阿內特（Rachel Arnett）和夏尼‧布朗（Xanni Brown）所做的
研究顯示[14]，當我們處在成長心態裡，即使面對這類的批評
性回饋，我們也不會那麼防衛。而且重要的是，我們會更
願意相信，面對種族主義（或是性別歧視……等等）也是幫
助他人進步的可行方法。

如果我們和布朗一樣，藉由批評性回饋觸發成長心
態[15]，那麼我們就能更清楚的看出自己哪裡不足、如何才
能做得更好。研究顯示，當我們能更清楚看到這些資訊時，
就能幫助我們更好的過濾回饋的品質，以確定哪些內容與
我們的成長相關而且有幫助、哪些內容可以忽略。這其實
就是莎蒂‧林肯與同儕一起分析員工回饋時所經歷的過程。

當我們處於成長心態時[16]，學習和發展是我們的首要任
務，因此我們會關注當下的狀況，並重新調整我們的看法
和期望，微調我們在這些領域的自我意識。與處於定型心
態相比，在面對批評性回饋時，如果我們處於成長心態，
就比較能夠更細膩的分辨出回饋的品質。當我們收到不符
合我們認知的回饋時，我們更有能力評估這個回饋是否有

用。

鄧寧-克魯格效應（Dunning-Kruger effect）[17]是一種認知偏差，指的是我們往往會高估自己在特定領域的知識或能力。這個概念來自社會心理學家大衛・鄧寧（David Dunning）與賈斯汀・克魯格（Justin Kruger）的研究，他們對參與者進行各種測驗，包括邏輯與幽默感。結果證明，很多表現最差的人都認為自己的能力高於平均水準。研究人員的結論是，雙重負擔（dual burden）是導致人們對自我認知產生落差的原因。我們的能力較差，讓我們意識不到自己的能力比較差。我們很難知道自己不知道什麼。

之後，喬伊斯・艾林格（Joyce Ehrlinger）[18]和安斯利・密契姆（Ainsley Mitchum）、卡蘿・杜維克，一起研究心態如何讓我們陷入鄧寧-克魯格效應，讓我們容易產生自己優於平均的偏見。他們的研究顯示，傾向以成長心態行事的人，更可能給出更好、更精準的自我評估，這是因為他們比較有動力改善自己。想要進步，首先要知道自己目前的狀態。因此，以成長心態行事的人往往更願意自我評估，以確認自己現在所處的位置，以及需要做些什麼才能讓自己前進。當我們處在定型心態時，由於我們沒有準確意識到自己的錯誤和失誤，因此無法好好的校正自己，最後導致自我意識的準確度較低。我們會接受簡單的任務並表現出色，於是最後會對自己的能力有更高的評價。當任務變得更有挑戰性時，我們可能會在偶然之間觸發高強度情境或批評性回饋，或是兩者。

有些人長期以成長為導向[19]，因此很快就能轉向學習模式。就像布芮尼·布朗所說，有一部分的她對於失敗將她腦袋裡的既定想法一掃而空覺得興奮。然而，對於許多人（也許是大多數人）來說，當我們收到不太理想的評價時，我們至少一開始會覺得受傷。當然，回饋使用的語言或傳達方式會加劇人們受傷的感覺。稍後，我將說明如何給別人有用的回饋，以激發人們的成長心態。不過，首先，我們先看看當我們收到回饋時，應該如何進入成長心態，以及如何過濾回饋，以獲得最大程度的學習和發展。

 ## 接收回饋

米斯蒂·科普蘭（Misty Copeland）是美國芭蕾舞劇院（American Ballet Theatre）成立75年以來，第一位晉升為首席舞者的黑人芭蕾舞演員[20]。她很習慣收到一連串的批評，有些批評很有建設性、很有幫助，有些則完全沒有幫助。當舞者在準備一個角色時，往往會不斷收到鉅細靡遺而且持續不斷的批評性回饋。雖然這種回饋對於改善自己很重要，但每個舞者的身體和感受能力都不同，在某種程度上，他們要自己去分辨哪些回饋可以幫助他們成長，哪些會帶

來傷害,甚至結束他們的職業生涯。這些回饋往往很難區分。在接受theSkimm採訪時,科普蘭表示,學會過濾批評性回饋是她成功的重要方法。「在我的頭腦反應過來之前,我的身體就對什麼事對我有幫助做出反應,」科普蘭說,「學習傾聽我的身體,讓我能夠充滿敬意的逐一篩選我所接收的訊息。」這顯示科普蘭在身體和精神方面都有高度的自我意識。

科普蘭也曾接收過另一種回饋:針對她體型和膚色的批評。就像她所說,常有人說她的「身體不適合跳舞」,或是她的「肌肉太大」,這是「黑人舞者從以前就會遇到的說法」,人們用這種委婉的方式告訴她[21]:「你的膚色不適合芭蕾舞。」有一段時間,這樣的回饋幾乎讓她迷失方向。她養成不健康的飲食習慣,並質疑自己是否有能力實現成為頂級舞者的目標。就像文化歷史學家兼作家[22]布蘭達・狄克森・戈茲柴爾德(Brenda Dixon-Gottschild)所說,芭蕾舞重視同化*和一致性,這對黑人芭蕾舞者來說很不利。我將在稍後更詳細說明,以身分為根據的批評或認知,可以成為很強的心態誘因。

科普蘭說,她了解[23]傾聽別人的意見很重要,但「不要

---

* 編注:將新事物吸納進既有模式內,以符合現有的認知。

迷失在別人的話裡」也很重要。在某些情況下，科普蘭會在採訪時直言不諱，直接面對種族主義的批評，並在她的社群媒體平台轉發一些批評。有一篇貼文嘲笑科普蘭[24]在《天鵝湖》裡的表演，科普蘭指出文章裡種族主義的部分，但也審慎的承認這篇文章針對她的舞蹈提出可能合理（也許是主觀）的觀點。她說：「我很高興分享這則貼文，因為我永遠都在努力，永遠不會停止學習。」

屢獲殊榮的設計師兼作家潔西卡・赫許（Jessica Hische），回顧她在設計學校受到的批評[25]後說：「在學校裡，會有20個人很喜歡整天評論你的作品。這實際上很有幫助，因為我現在再也不會收到這些批評。」當被問到為什麼那些批評沒有讓她受傷時，赫許解釋說，她一直都可以「用整體的角度看待批評，我會思考批評我的人，也思考批評本身」。如果批評她的同儕，根本沒有在工作裡嘗試過赫許的方法或技術，赫許就不會那麼重視他們的回饋。相反的，她重視教授的回饋，因為這些教授的標準很高，而且他們的職涯證明他們真的擁有深厚的專業知識與經驗。換句話說，除了思考評論內容，也要思考評論的來源。

讓我們從如何看待批評性回饋和讚美開始。當我們處於成長心態時，我們不會說回饋是好是壞，是正面或負面，而是用回饋能否協助我們改善或發展自己來分類這些回饋。當我們處於定型心態時，我們會把「這份報告很糟糕」的評論看成負面評論，而把「這份報告很棒」視為正面評論。
然而，以成長心態來看，這兩種過度簡化的評論都無法讓
人滿意。當我們的主要目標是學習和成長時，回饋的價值
取決於我們是否能利用它，而且通常批評性回饋比虛假的
表揚更有用。

　　有助於成長和發展的批評與讚美應該要既**具體**又具**可
行性**，否則我們就無法前進。在上面的例子裡，回饋確實
包含一些資訊，說明那份報告達標或不達標，但這兩種資
訊都沒有可行性。「這份報告很糟糕」，這個回饋缺少改
善報告品質所需要的細節；「這份報告很棒」，這個回饋並
沒有告訴我們下次如何達到一樣的標準，或是提高我們成
功的機率。

　　當批評性回饋讓我們轉向定型心態時[26]，我們就會過
分在意自己，認為這項評估是在論斷我們個人。當我們傾
向成長心態時，我們就不會那麼關注自己，而是專注在更
大的目標，以及實現這些目標的方法。我們的反應不會是
「我沒有達標，所以我是個失敗的人」，而是「我沒有達
標，我需要採取哪些不同的做法，下次才能達標？」

　　全食超市的前執行長[27]約翰・麥基在《自覺領導》寫
道，全食超市致力於「不斷發展自己的團隊」，這是他們能
夠成功從公司內部拔擢人才非常關鍵的一點。全食超市協
助員工持續發展的努力之一，是公司的「循環計畫」。這項

計畫讓升遷得太快卻跟不上的領導者,退回到他們成功前的職位(而非直接解雇他們),並提供他們詳細的指導與支持,讓他們下次可以做得更好。馬克・迪克森(Mark Dixon)就曾加入「循環計畫」。1988年,公司拔擢迪克森成為達拉斯一家分店的店長。正如麥基所說,這家店對公司來說是一個挑戰,因為這家店所在的區域對天然或有機食品很陌生,所以迪克森從一開始就舉步維艱。兩年後,這家店銷售業績低迷,團隊士氣低落。麥基請公司指派新的店長,但公司並未因此解雇迪克森,而是把他降回原本的職位,並支援他,包括額外的領導力訓練,以幫助迪克森在他不擅長的領域成長。後來,迪克森成功領導另外三家店,並晉升為區域副總裁,接著領導全食超市在美國西南地區的營運長達十多年。迪克森在2020年退休時,入選全食超市名人堂。

　　毫無疑問,批評性回饋會讓我們變得脆弱。當迪克森收到降職的消息時,不太可能會感到開心,但是當全食超市的領導階層與他一起確認前進的方向時,他就能善用自己的成長心態,承擔起這項任務。接下來,我們將學習一些具體策略,這些策略能讓我們願意接受回饋帶來的機會。首先,我們先看看給予回饋的人可能會遇到的一些潛在陷阱,以及如何避免這些陷阱。

提供有價值的回饋

我們提供回饋的方式，會影響一個人被導向定型心態或成長心態。要幫助別人走向成長心態，首先要在開始評價**之前**，讓自己先轉向成長心態。如果回饋很容易就觸發我們走向定型心態，我們可能很難提供別人具有成長心態的回饋。要讓自己轉向成長心態，首先要確認我們如何看待回饋的目標。我們認為回饋是一種指控，還是機會？我們認為給予回饋和評價別人是管理職麻煩的一面，還是把這項任務視為鼓勵人們發展的重要一環？一旦我們留意到自己關於批評性回饋的心態，我們就更有可能給予別人具有成長心態的回饋。

就像太模糊的回饋就沒有幫助一樣，如果回饋的重點只讓大家注意到天賦，例如「你是個天才！」，這樣的回饋也沒有幫助。大多數人都喜歡得到別人的讚美，但有時候與我們實際工作與行為無關的**籠統讚美，可能會觸發我們的定型心態，促使我們在未來採取更保守、規避風險的行為。**

想像一下這個情境：你花了好幾個禮拜準備簡報，最後把簡報交出去時，你的老闆說：「簡報寫得很好！」，然後他就去參加下一場會議。一開始，這種讚美讓你感覺很好，但隨著感覺逐漸淡去，你開始想，「老闆為什麼喜歡這個簡報？下次我要怎樣才能再做得一樣好？」你知道**某些**方法有效，但是不太清楚這些東西是什麼。當你準備下一次演講的時候，你可能會因為害怕失去「很會簡報」的美名，而盲目重複過去的成功做法，卻不知道能讓你成功的做法到底是什麼。你也不太可能在成功的基礎上再接再厲（如果你不知道什麼有用，你該怎麼做到這件事？）或進一步創新。

現在想像一下：你的老闆說：「你的簡報很棒！內容很簡潔，你分享的故事很有影響力，引用的數據也清晰有力的支持你的見解。下一次我想看到你提供一、兩個潛在的解決方案，就算方案看起來像不可能的任務。如果你留出更多問答時間，我們就可以當場討論想法。」現在，你不僅知道什麼東西有效，也因為得到讚美而感覺良好，還獲得一些幫助你下一次演講變得更好的想法。而且，很明顯，你的老闆關注你未來的發展，他們喜歡你的想法，也暗示你在這家公司會很有前途，這一切都對你的心理安全感有幫助。

理想上，批評性回饋最好能夠持續進行，而不只限於人資部門規定的一年一次。當主管把回饋常態化，讓回饋成為例行事務，以及大家互動時預期會出現的一個環節，員工就不會擔心每次老闆找他們私底下談話時，會收到震撼彈。相反的，員工會愈來愈習慣得到可以指引他們成長的看法。在上面的例子裡，老闆在提出可能的解決方案時，同時給予鼓勵和指導，幫助員工實現一些風險雖高，卻可能有巨大回報的計畫。這樣做有助於進一步強化心理安全感，因為這傳達出組織支持挑戰與冒險的訊息。

　　在提供以成長心態為導向、以糾正行為為目標的批評性回饋（所謂的「負面」回饋）時，我們要將回饋鎖定在人們需要改進的地方。我們要提供具可行性的資訊和策略，幫助人們預測和克服困難，並實現目標。我們要把重點放在人們可以控制的行為、選擇和流程。相反的，定型心態的回饋往往會把重點放在與生俱來的才能或技能，例如說「沒關係，這可能不是你的優勢」，或放在他們無法控制的外部情況，例如批評另一個部門提供的數據，但這樣做可能會讓人們產生無力感。

　　當我們談到用讚美（或「正向回饋」）讓人們轉向成長心態時，要強調他們的有效努力、過程和毅力，而不是強調他們有多聰明、多有才華，或是他們輕輕鬆鬆就能有出色表現，因為這些回饋會讓人們走向定型心態。具有成長心態的讚美會具體指出人們做得好的地方，這樣接收回饋的人就不會認為他們的成功來自神奇又神祕的過程，而這個過程可能難以複製。

批評性回饋在定型和成長心態的光譜

定型心態 ←——→ 成長心態	
模糊	具體且精準
· 把焦點放在天生的才華或技能，或者人無法控制的外部狀況	· 把焦點放在可以控制的行為、選擇和過程
· 讚美聰明才智和完美	· 讚美有效努力、過程和堅持

　　我們列出上述具有成長心態的回饋要素都相對簡單，只要透過例子與練習，就很容易掌握。然而，回饋的另一個問題可能更具有挑戰性：帶有偏見的回饋。例如，偏見可能帶有性別色彩，或引發刻板印象威脅，而且由於偏見往往不是故意的，因此在很多情況下，除非你知道自己在尋找的跡象是什麼，否則很難覺察到偏見。

　　當我和臉書（現在叫Meta）的員工會面時，就出現過回饋在無意間帶有偏見的例子。我想澄清這不是要針對Meta。我們很快就會知道，偏見隨處可見。Meta的員工也意識到即使這種回饋很常見，但帶有偏見的回饋仍然不是好事，因此他們希望能夠解決這個問題。我已經把背景告訴你了，現在來看看你是否能夠察覺這個回饋裡無意間夾帶的偏見：「我發現你沒有專心開會，我希望你能說說自己的想法。」

聽起來還不錯，對吧？經理人希望我們暢所欲言，他們一定很重視我們的意見。然而，如果我請你猜一猜，哪一個性別的人最常收到這句回饋，你認為呢？你是否會把「說說自己的想法」這句話，與某一種性別的人連在一起？事實上，人們不願意在會議上發言有很多原因。他們可能很專注的在聆聽並蒐集資訊，也許稍後就會發表意見。也許他們沒有發言的空間，而且也不願意打斷別人談話。此外，有些族群在職場面臨眾所周知的雙重困境：如果太安靜或太友善表示你不夠自信，不是當領導者的料；但如果你太過自信，又可能被認為你和別人處不來。認為開會時保持沉默是因為缺乏開口的自信，這種假設通常會用在女性身上。當我們鼓勵女性「說說自己的想法」時，就會讓人想到關於女性自主性和自信心的刻板印象。當然，不論哪一種性別都可能欠缺發言的自信，但就像我稍後將說明的，這些人不發言的原因可能會在重視結構因素和準則的**回饋對話**（feedback conversation）裡顯現出來。

同樣的，身為主管，當我們處在定型心態下去評估員工時，不僅可能會影響我們給予回饋的方式，也會影響我們是否願意給予回饋。我們可能只會給表現傑出的員工回饋，而嚴重忽略其他人。又或者，我們可能不確定該如何提供有效的回饋，所以與其請別人指導我們如何給予回饋，我們會迴避做這件事。就像我之前提過，對於具成長心態的員工來說，沒有回饋會讓他們特別沮喪，因為他們認為回饋對於學習和發展非常重要。不提供回饋事實上可能適得其反，讓這些員工覺得受到威脅和忽視，好像你不相信他們有進步的能力。最好的情況是，具成長心態的員工會請你給予回饋，或是請其他經理人或同事給予回饋，甚至請求更換團隊。最壞的情況則是，他們可能會變得冷漠或乾脆離開。

　　偏見，或者更準確的說，擔心別人認為自己有偏見，是一些主管拒絕給予回饋的另一個原因。克勞德‧史提爾對這種情況，提供[28]一個很有參考價值的例子。一位小學老師正在主持家長會。兩位家長微笑抵達會場，準備聽聽他們兒子的狀況。威廉斯老師鉅細靡遺的表揚孩子，舉出他做得很好的地方：孩子會參與課堂活動，與同學關係良好，而且很受歡迎。然而，她不太想提到她擔心這個孩子學業跟不上的問題。在這個例子裡，學業有問題的學生是黑人，威廉斯老師則是白人。她很清楚美國社會普遍對於黑人和他們的智力有負面的刻板印象，並擔心如果她說自己很擔憂男孩的學業問題，會被認為她在強化這些刻板印象。換句話說，她擔心男孩的父母認為她是種族主義者。然而，如果她不告訴男孩的父母，或許更重要的是，不告訴男孩這些回饋，男孩會失去進步的機會。

　　在職場，女性、有色人種，尤其是女性有色人種，更有可能經歷來自經理人某種形式的回饋偏見，因為經理人害怕自己表現出種族主義或性別歧視，或者兩者都有。女性領導者可能會因為怕別人認為她「狡猾」或刻薄，而不願意給予糾正的回饋，反而坐實了女性領導者負面的刻板印象。

　　然而，回饋是自我覺察與精準追蹤我們是否朝目標前進的重要工具。我之前提到喬伊斯・艾林格談到[29]有關準確自我認知的研究。她的研究還顯示，不同群體可能會遇到精準度不一的評估，因為領導者會根據不同群體而給予不同的批評性回饋。如果你只收到「做得好」這類表面的評論，可能是因為你的老闆擔心被認為是種族主義者或有性別歧視，你可能因此認為自己沒什麼地方要改善。因此，當主管擔心別人用文化刻板印象的角度看他時，弱勢群體的人可能會有更多不準確的自我認知。

　　史提爾和同事[30]傑夫・科恩以及李・羅斯（Lee Ross），使用「導師的困境」（mentor's dilemma）一詞描述來自主流群體（通常是白人和男性）、位高權重而且扮演指導或監督角色的人面臨的問題：**我要冒著別人認為我有種族歧視或性別歧視的風險，提出有助於員工成長和發展的批評性回饋，還是我應該隱瞞回饋，但卻降低對方成功的機會？**幸運的是，史提爾的研究顯示，有一些非常簡單、卻十分有效的方法，可以解決導師的困境。

明智的回饋（wise feedback）是一系列[31]的策略，這些策略與人們看待自己以及對周圍世界的理解一致。具體來說，明智的干預可以滿足三個需求：（1）了解社會的需求，進而對自己的行為做出適當的決定；（2）自我完整性（self-integrity）的需求，也就是覺得自己「很好」、有能力並能夠適應環境；以及（3）歸屬感的需求。批評性回饋可能會威脅上述的自我認知，因此明智的干預是為了化解對這三個需求的所有潛在威脅。有一種干預雖然很簡單，但卻出奇有效。

透過之前的研究，我們知道黑人學生的成績往往比同儕低的一個原因，是因為他們不信任學校體系，和／或老師的刻板態度。大衛·葉格（David Yeager）和同事在找能夠克服這些看法並促進黑人學生成功的干預措施。他們招募成績是B和C的七年級黑人和白人學生，並要求他們以自己的英雄為題，寫一篇文章。當學生收到文章的回饋後，會被隨機分配到兩個組別。**標準條件組**的學生拿回文章，上面附了一張紙條寫著：「我給你這些評論，讓你的文章有一些回饋。」換句話說，這個評論基本上什麼也沒說。**明智批評條件組**的學生則收到一張紙條，上面寫著：「我給你這些評論，是因為我對你有很高的期望，而且我知道你能夠實現這些期望。」

　　在標準條件組的黑人學生裡，27％的人選擇修改文章。在明智批評條件組的人，選擇再次嘗試改寫文章的黑人學生是標準條件組的兩倍多。兩組當中的白人學生在選擇修改文章的數量上沒有明顯差異，表示兩種回饋對他們幾乎沒有產生影響。為什麼會這樣？作者認為，由於社會刻板印象貶低黑人學生的能力，因此黑人學生對與他們智力有關的負面回饋心存懷疑，尤其當回饋來自白人老師時更是如此。這很有道理，起碼老師給出批評性回饋的**原因**並不明確。老師給出批評性回饋，可能是因為學生真的需要改善寫作技巧，但也可能是因為老師認為黑人學生的能力比較差。這就是明智批評非常有用的原因。這種回饋會讓黑人學生放心，因為老師相信他們有能力達到老師期望的高標準。另一方面，白人學生通常沒有這類擔憂，因為沒有種族刻板印象會質疑他們的智力。他們不需要面對[32]那種模糊性，可以直接把批評性回饋看成是他們需要提高寫作技巧的訊號。

　　當主管評價我們時，我們如何接收評價以及哪一種心態會被觸發，會受到我們認為主管如何看待我們的能力所影響，也就是說，會受到我們認為**主管**對我們的看法影響，或者是，如果有刻板印象存在的話，會受到主管對我們所屬身分群體的看法影響。記者卡拉・斯威瑟（Kara Swisher）

說[33]，多年來，她在工作時會注意自己的言行舉止，小心翼翼的監控自己的表現，擔心如果主管和同事知道她是女同性戀，可能會對她產生刻板印象（順帶一提，斯威瑟認為，現在有更明顯的偏見，證明她的說法正確無誤，因為她的談話夥伴不願意和她討論內容。她說：「當有人試圖說我專橫或講話很直接，想藉此要我閉嘴，我就會火力全開。」）我們是否認為主管對我們的能力抱持定型或成長心態，主管是否認為我們能夠有高水準表現，這些都很重要。如果我們發現，無論是因為偏見或其他原因，讓我們的主管認為我們無法勝任工作，我們就不太可能以成長心態面對他們的回饋，更有可能不理會或忽視這些回饋。然而，如果主管接受我們的觀點，並在提出批評性回饋之前，能夠保證他們給予回饋的原因是因為他們的標準很高，並相信我們能夠達到那些要求，我們就更有可能接受挑戰。

　　和我們給予回饋的對象建立起真正的關係，尤其當我們提供跨性別、種族或文化界線的回饋時，可以讓我們說的話更有意義。如果你並非真正了解一位員工，卻批評他的工作，這樣做和你在彼此之間建立信任和心理安全感下做的結果完全不一樣。在具有信任基礎的情況下，人們更可能牢記回饋，並採取行動。

　　我們已經回顧給予回饋時的幾個潛在陷阱，以及給予成長型回饋的方法。這裡有一些更具體的策略，可以幫你更有效的給予和接收回饋。

面對批評性回饋時培養成長心態

這一章隱藏著一些珍貴的訊息，提示你給予回饋時可以用其他方式鼓勵成長心態。在此，我們會揭示這些方法，還有其他一些做法。

▍把回饋常態化

如果想防止批評性回饋觸發人們陷入定型心態，最有效的一個方法是把回饋常態化。就像我在第二部分討論過，具有強大成長文化的組織，會有多種回饋途徑和機會。例如在皮克斯動畫公司[34]，動畫師很習慣每天舉行回饋會議，每個人都會秀出他們正在做的場景片段，同事則仔細評論其他人的作品。這些回饋都經過深思熟慮、具有建設性，而且定期傳達。透過這種方式，藝術家和所有參與電影製作的人會深信這些回饋不是針對個人，這是皮克斯的特有文化。

當公司或團隊把回饋當成例行性的活動時，就更容易讓我們接受回饋，並協助自己進行改善。雖然回饋還是必須具體且具有可行性，但不見得要很正式，而且絕對不用等到年度評比時才給予回饋。及時給予回饋，例如請員工在會議結束後留下來幾分鐘，可以幫他們更快修正錯誤，或更快、更可靠的重複積極的行動。學習與成長的機會應該明確且一致，而非每年只有一次。此外，讓人心理覺得安全的工作場所和課堂，會鼓勵全方位的回饋。在具備成長心態的團隊和組織裡，大家不僅歡迎各種回饋，也認為回饋是可以在各個層面上協助辨識什麼有效、什麼無效的重要工具。

　　另一個可以讓回饋常態化的有效方法是說故事。當我們看到其他人挺過嚴厲的批評，並了解他們採用的策略時，可以幫助我們保持學習的態度。例如，當莎蒂・林肯[35]向同儕尋求建議時，其中一位同事分享自己收到嚴厲回饋的故事。我們可以告訴別人我們的故事，也可以去看看其他人的故事，確信收到嚴厲的回饋不是什麼大不了的事，這樣的回饋反而可能為我們指出一條嶄新而且更有效的道路。

　　領導者還可以模擬回饋。當 Fitbit 的詹姆斯・帕克[36]在員工調查裡收到讓他沮喪的評價時，他沒有置之不理，也沒有憤怒的反駁。他在深思熟慮後提出一項行動計畫，承認（同時數據也如此顯示）回饋裡說的某些部分是正確的，並和他的團隊分享。就米斯蒂・科普蘭的例子而言[37]，她公開轉貼貼文，藉此挑戰帶有偏見的回饋。

▌進行回饋對話

就像我在本章一開始所說，良好的回饋不一定是正面的，但必須明確、具體而且具有可行性，否則員工就不知道該如何改善。回饋也應該真誠，而不是敷衍了事。例如，如果你要給予明智的回饋，不要每次都用一樣的開場白，否則人們很快就會懷疑你的誠意。同樣，要小心使用**三明治回饋法**（feedback sandwich）。這種回饋方法是指正面的評論就像麵包，用來包住負面評論的漢堡肉，形成一個三明治。很多人都知道這種策略，導致許多人認為一開始的正面評論只不過是先禮後兵，目的是讓我們放下戒心，接著才是真正的回饋，也就是負面評論。

有一種有效的方法可以給予真誠的回饋，那就是用對話而非簡報的方式進行。主管可以詢問員工的目標，以及他們對進展的看法，並把重點放在了解是什麼讓員工獲得成功和面臨挑戰，包括某些可能對員工不利的制度結構或政策。這樣做可以讓主管看見他們可能沒有意識到的見解和脈絡，並幫助主管了解員工的目標和工作與組織的目標是否一致。主管可以採取行動消除結構性障礙，並針對員工如何進步提出具體建議，同時根據員工認為可行的方法，徵求他們的意見。這不僅可以激勵和吸引已經更具成長心態的員工，也可以激勵原本可能成為「背包大人」的員工。當我們把批評性回饋常態化，並讓它成為對話，而不是必須遵守的規定時，人們就不太會把這些回饋視為定期的評估，而更可能將它視為促進持續發展的工具。

有用的回饋……

- 辨識具體並有目標的議題
- 把重點放在人們可以控制的行為、選擇和過程，而不是放在天賦或人們無法控制的事物
- 表揚員工的努力
- 把重點放在進步和發展，幫助員工記錄他們的進步
- 討論多種策略和方法，以進一步改善

▌尋求成長心態的回饋

我的團隊在 2020 年進行研究[38]，拍攝 60 位理工科教師在整個學期的課程教學過程。我們用自己開發的應用程式，在整個學期裡定期對學生進行問卷調查，問他們教授在做什麼，以及他們認為教授的信念是什麼。接著，我們把問卷的結果與教授的實際信念加以比較（教授的信念是根據他們自己的描述）。這項研究有一個重要結論：老師如果想對學生展現出成長心態，可以請學生**給他們批評性回饋**。對學生來說，老師如何處理課程評估這類回饋，可以明確說明老師屬於哪種心態。長期表現出定型心態的老師，認為填寫回饋表單是必須要做的事，但他們多半認為那是不

重要的行政瑣事。而傾向成長心態的老師會更認真對待這些問題，並鼓勵學生完成表單，他們通常會在課堂上留時間讓學生填寫。而且表單上除了評分的分數之外，他們還會提供開放式問題，例如「你在課堂上遇到哪些困難，我該怎麼做才能更有效的幫助你學習？」、「作為一名教師，你認為我可以如何改進？」，以及「你認為我應該為明年的課程提出哪些協助？」

　　既然我們希望盡可能發揮批評性回饋的好處，那麼為什麼要等到學期末才來評估呢？當我參加美國有色人種教師學院舉辦的「教職員成功計畫」（Faculty Success Program）時[39]，我們得到的建議是要安排期中評估，問學生一些簡單的問題，例如「你在這門課遇到哪些困難？做哪些改變會對你有幫助？」通常到期中時，學生會說課業壓得他們喘不過氣。在這個時間點評估，老師有機會減少作業量，或用其他方式減輕學生的壓力。老師不見得要有很大的動作，但這種做法能讓學生覺得老師願意傾聽和支持他們，傳達出我們在意學生回饋的訊息。我們也可以在職場裡這樣做，請員工給予回饋，或者在給予回饋時加以查核，評估我們每個人在實現目標上的進展，以及我們如何互相幫助。如果員工的進展超乎預期，就具體讚美他們做得很好，並提出一個挑戰，讓員工追求更進一步的目標。

　　身為員工，如果我們的主管會因為批評性回饋而陷入定型心態，他們可能不願意提供回饋。當我們收到的回饋很少，或完全沒收到回饋，或者是回饋看起來很含糊或不夠真誠時，我們可以直接詢問主管，藉此增加我們得到必要資訊的機會，方法與上述提供有用回饋的指導方式相同。我們可以請主管針對我們的工作和進展給予具體回饋，並詢問我們可以如何進一步改進。我還沒有研究過這個策略，但你可以試著給你老闆一些明智回饋。例如你可以對老闆說：「我對自己的表現有很高的標準，對我來說，不斷發展和成長很重要，我知道你可以給我一些看法和指導來幫助我做到這一點。」（請讓我知道這樣說有沒有用！）

　　接下來，我們會探討最後一個心態誘因：他人的成功。但首先，我們先反思一下。

 **想一想**

- 回想一下，你上一次收到讓你轉向成長心態，並幫你採取改善行動的批評性回饋時的情景。當時，提供回饋的人說些什麼？他們是怎麼說的？聯繫並感謝那個人。你可以告訴對方，你知道給別人批評性回饋很容易讓自己受傷，以及你很感謝對方幫你用有建設性的方式接受這些回饋。
- 下次，當你發現自己給予別人批評性回饋時，請明

確表達你相信他們有能力改變。那麼，你該如何明確的說明，你給予回饋是因為你相信他，也相信他能夠改變或改善？

- 當批評性回饋觸發我們走向定型心態時，請記住，這通常會讓我們變得內向，把焦點放在自己身上會讓我們覺得孤獨和孤立。你可以和你信任的成長文化合作夥伴或小組一起進行角色扮演，練習給予和接收批評性回饋。如果你是回饋的給予者和接收者，什麼樣的策略最能幫助你走向成長？

- 你是否發現，別人很少給你批評性回饋？問問自己為何如此。你以前收到回饋時的態度，是否會讓人後來不太願意再給你批評性回饋？寫個筆記，記錄一下你下週該如何請別人給你回饋。請記得要具體說明你想要什麼樣的回饋，不要問「你覺得我的簡報怎麼樣？」之類太空泛的問題。可以問一些能夠讓你採取行動的問題，例如「你覺得我的簡報聽起來有什麼感覺？會好奇嗎？還是想了解更多？你認為我下次怎麼做可以讓客戶感到更有吸引力？」

第十二章
他人的成功

　　你打開校友信，發現在同產業工作的同學剛獲得升遷。公司已經花幾個月努力解決一個問題，雖然你相信自己快要找到答案，但你的同事卻率先發現解決方案。面對這些情況，你的感覺是受到激勵，還是覺得沮喪？你會恭喜他們，還是朝他們的照片射飛鏢？你會因此加倍努力，還是放棄？你的答案將說明你會如何面對第四種常見的心態誘因：他人的成功。

　　將他人的成就當作衡量自己的標準，沒有對錯。當他人的成就讓我們發現自己的不足，或是啟發我們採取哪些步驟來實現類似的成就時，別人的成功就會刺激我們，讓我們進入成長心態。但是，如果對方讓你產生敵意或變成你的敵人，使我們認為辦公室沒有大到可以容下我們兩個人時，他們的成功就會讓我們想要放棄，或是反過來擊敗他們，我們就會因此陷入定型心態。

　　當我們透過定型心態來看待別人的成就時[1]，我們就會陷入零和遊戲的思維，認為自己的機會愈來愈少。這是另一種極端的自我關注。此時，我們會想：「她太棒了，我永遠也達不到那個境界。既然如此，我為什麼還要努力呢？」，或是「他擁有一些我沒有的特殊才能。」當別人成功時，我們轉向定型心態的一個壞處是，這會剝奪我們理解潛在策略和途徑的機會，也會剝奪他人受到肯定的機會，以及同事之間真誠的聯繫。我們不會花時間深入了解他們成功的原因，因為這樣做對我們的威脅太大，所以我們不會進一步去了解這個人實際上做了什麼而成功。如果我們認為他人會成功一定是因為他擁有我們欠缺的某種天賦，這種想法就會助長我們的定型心態。我們會認為，成功不是我們可以控制的，所以我們不會試著去思考該如何獲得成功。

　　然而，上述一模一樣的狀況也可能讓我們走向成長心態，讓我們好奇可以從別人的成功裡學到什麼。我們的人生道路看起來可能完全不同，事實上，我們可能沒有別人擁有的特權或資源，但找出成功的關鍵，可以幫助我們一路向前。例如，某人可能因為父母引介一些產業界的重要人物，而獲得優勢。我們可能沒有這類走後門的途徑，但我們可以知道這一點，並了解如果我們想擁有類似的機會，就需要建立自己的人脈。我們可以發揮創意、腳踏實地的思考如何實現這個目標，包括向已經成功的人尋求協助，並從我們的社交小組尋求意見和支援。在《每隔一週的星期四：成功的女科學家故事和策略》（*Every Other Thursday:*

Stories and Strategies from Successful Women Scientists）[2] 書中，
艾倫‧丹尼爾（Ellen Daniell）寫道，身為女性，當她們在
女性理工科教授的人脈網裡，看見許多同行強調並誇耀自
己的成就時，她們一開始認為那樣做是錯的、丟臉的。但
當她們轉向成長心態後，才意識到社會總是要求女性淡化
自己的成就。從那時候開始，她們就互相合作，練習既自
豪又謙虛的接受讚美，並擁有專業成就。

　　解決這種心態誘因的一個最大挑戰，是承認它的存在。
不可避免的，當我問參加研討會的學員，有多少人會因為
別人的成功而陷入定型心態時，他們往往會保持沉默。但
後來，幾乎每個人都想和我私下討論這個問題。我可以理
解大家的感受。不管承認哪種情境會導致我們進入定型心
態，都會展現我們脆弱的一面，但也許沒有什麼比面對他
人的成功更讓我們覺得脆弱。人們之所以不願意分享這方
面的話題，很可能是因為當我們公開自己在和誰比較，或
承認我們正在比較，某種程度上是讓別人對我們產生影響。
如果會計部門的安東尼承認，他的同事杰奎得到他一直在
爭取的職位時，這就是在向杰奎暗示一個事實：在某種程
度上，安東尼正在用杰奎的成功，來衡量他自己的成功。
此外，我們不想在別人面前表現出自私或保留，即使我們
心裡確實是那樣想。

　　但是，透過一點「友好的競爭」來激發人們的鬥志，應

該沒什麼錯，對吧？就像我們先前所說，人與人之間的競爭會製造出一條非常微妙的界線，可以激發出我們最好或最壞的一面，究竟哪一面會勝出，則取決於我們當時的心態。但這條界線如此微妙，也許不值得我們冒險。雖然企業領導者很喜歡用競技類的運動來比喻競爭，但我們還有其他方法可以鼓勵員工全力以赴，不一定要讓他們去競爭有限的資源。然而即使是在體育界，競爭對於進步似乎也非常重要，甚至有很多例子顯示運動員是因為別人的成功，而激發他們的成長心態。

　　競爭是體育賽事中最令人難忘的時刻，例如弗雷澤（Joe Frazier）和阿里（Muhammad Ali）；帕瑪（Arnold Palmer）和尼克勞斯（Jack Nicklaus），強森（Magic Johnson）和伯德（Larry Bird）。但最讓人難忘、最持久的一場競爭，無疑是[3]網球傳奇人物克里斯・艾芙特（Chris Evert）與瑪蒂娜・娜拉提洛娃（Martina Navratilova）之間長達15年的競爭。艾芙特與娜拉提洛娃在網壇叱吒風雲十幾年，她們輪番在年度排名裡位居頂尖位置。以交手次數來看，弗雷澤[4]與阿里只交手過3次，但艾芙特和娜拉提洛娃[5]卻打了80多場比賽。艾芙特在紅土球場連續獲得125場勝利；娜拉提洛娃則在單打、雙打和混雙比賽中，得到驚人的354個冠軍頭銜。

　　在艾芙特與娜拉提洛娃的競爭過程中，雙方發展出來的不是仇恨，而是對彼此的尊重，甚至是友誼。但對她們職業生涯來說更重要的是，她們彼此都說對方的存在讓自己提高水準。對娜拉提洛娃來說，與艾芙特的對抗就像是面對「一道堅不可摧的牆」，她說艾芙特堅毅的心理素質，讓自己變得更堅強。艾芙特在球場上堅持不懈的精神，讓人們暱稱[6]她為「冰公主」（Ice Maiden），但她承認自己很羨慕娜拉提洛娃釋放情緒的能力。娜拉提洛娃用身體的力量抗衡艾芙特的情感力量[7]，逼得艾芙特不得不上健身房鍛鍊。「我試著以瑪蒂娜為榜樣，」艾芙特回憶說。這是一個重要的指標，顯示讓艾芙特和娜拉提洛娃成功的特質，也將她們兩人轉變為成長心態。當她們兩人互有勝負時，她們會觀察對方的表現，找出比賽時可以改進的地方。正如艾芙特所說，當她輸給娜拉提洛娃時，「失敗促使我更努力、更堅定……。」這就是她們可以成為朋友的原因：她們從彼此身上尋求鼓舞和改進的方式，但從來沒有讓比賽的輸贏完全圍繞著對方打轉。

艾芙特與娜拉提洛娃甚至偶而會一起訓練，並在比賽前一起熱身。我和同事在研究時發現[8]，當我們認為成功來自於提升自己，而不是超越別人時，我們更有可能協助別人，並透過教導別人而精通我們正在學習的事物。如果艾芙特與娜拉提洛娃其中一方認為對方威脅到自己，她們可能永遠不會成為朋友，而對於她們的職涯來說，她們也可能永遠不會成為傳奇。我們在跑步界也看過競爭性合作的例子。

　　當德西蕾‧林登（Des Linden）在波士頓街頭參加[9] 2018
年馬拉松比賽時，天氣很糟糕。她早已覺得身體不太對勁，
在經歷過幾英里的淒風冷雨後，她認為自己的表現不會太
好。她在精神上已經決定放棄，選擇把力氣留到另一天，
但是她沒有因此站在場邊，而是向運動員和馬拉松傳奇人
物莎蘭‧弗拉納根（Shalane Flanagan）提出一個前所未聞
的提議。「嗨，」林登告訴弗拉納根，「如果妳一路上需要任
何協助，我很樂意為你擋風遮雨，或幫你解決任何問題。」
弗拉納根是林登的競爭對手，但林登並沒有因為弗拉納根
可能獲勝而陷入定型心態，而是轉向團隊模式，全力支持
她的隊友。弗拉納根因慷慨支持和指導年輕的跑步運動員
而贏得美名，她的做法在這項高度競爭的運動裡極為罕見。
然而事實證明，弗拉納根那天在波士頓也表現欠佳。弗拉
納根放棄後[10]，林登幫另一位跑者莫莉‧哈德（Molly Hud-
dle）配速，希望能幫她抵達終點。但是，當哈德也從領先
群落後時，林登發現自己仍有動力往前跑。「再跑一英里，」[11]
她一遍又一遍告訴自己，結果一路跑到第一名。

　　人們常把體育活動裡的成長心態，和更努力以及更有
競爭力混為一談。但正如我們看過的研究顯示，人際競爭
實際上限縮了我們的策略，限制我們的選擇和創造力。當
林登少了必須證明自身能力的負擔後，她就能夠保持靈活，

並以開放的態度面對各種選擇。她不斷評估要把自己的力氣用在哪裡。她先是用在自己的比賽，接著用在隊友身上，最後又回到自己身上。在比賽初期，如果林登不樂見任何一位同儕對手獲勝，她可以直接結束比賽，讓隊友自生自滅。但林登想為隊友做些什麼，最後卻讓她贏得在波士頓比賽的第一個勝利。林登知道[12]幫助別人也能幫助自己。在跑步界，人們將這樣的行為稱為「莎蘭效應」（Shalane Effect），意思是支持身邊人的職涯，同時利用這種動力推動自己前進。這種雙贏局面可以直接對抗定型心態的零和觀點。

湯瑪斯・愛迪生可能會[13]嘲笑莎蘭效應。愛迪生是世界上最有名、最多產的發明家之一，他在21歲時申請第一個專利，當他的職涯結束時，他已經擁有1,093項發明專利，或者更確切的說，是他的**團隊的**專利。雖然愛迪生本身是一位知識的巨人[14]，但據說他也非常自負，經常貶低或抹殺他旗下門洛帕克（Menlo Park）實驗室裡，高度敬業的工程師團隊所帶來的重大貢獻。雖然愛迪生仍被譽為是一位值得欽佩又有遠見的人，但人們很少討論當愛迪生面對別人的成功時，表現出頑強的定型心態行為。大家都知道，愛迪生曾公然將別人的成果歸功於自己。

有趣的是，雖然人們讚美愛迪生[15]「有足夠的天才能看出別人的天才」，但當他發現一名來自塞爾維亞、名叫尼古拉・特斯拉（Nikola Tesla）的年輕天才員工時[16]，愛迪生卻直接轉向定型心態，並帶來災難性的後果。當時，愛迪生宣布，他的公司很快就會透過一套直流電系統，為美國各地的家庭和工廠供電。儘管愛迪生和團隊成功製造出發電機和發電站，但他們仍然難以把直流電輸送到距離發電站1英里以外的地方。受到這項挑戰的啟發，特斯拉設計出使用交流電運作的發電機。愛迪生認為這個設計不切實際又很危險，而且他已經向全世界宣布直流電才是正確的選擇。沮喪的特斯拉因此離開愛迪生的實驗室。最後，特斯拉向愛迪生在電力產業的主要競爭對手喬治・威斯汀豪斯（George Westinghouse）提出自己的計畫。

「愛迪生最大的弱點[17]，是他無法隨著產業變化改變自己的思維方式，」湯瑪斯・愛迪生論文計畫的主任兼總編輯保羅・伊斯瑞（Paul Israel）說，「人們不僅在財務上投資他，也投資他的個人名聲。」在他最黑暗的日子裡，愛迪生和一個不擇手段的弟子合作，授權對流浪狗、馬和其他動物進行殘酷的實驗，就是為了證明交流電是致命的。他還發起一場抹黑行動，遊說官員把交流電用在第一把電椅上，這樣交流電就會被說成是「死亡電流」。

西屋電器（Westinghouse）公司一度[18]提出要與愛迪生合作，以結束當時的電流大戰，並加速交流電的應用，但愛迪生拒絕了。最後，愛迪生失去自己董事會的信任，董事會合併他的公司，只留給愛迪生10％的公司股票。

　　將自己與他人比較是很自然的事。當我們所屬領域的人得到更多認可，這就會為每個人設定更高的目標。我們關注這些進步，是因為我們關心自己在所屬領域、社會與專業層級以及職場中的地位。當別人成功時，我們可能會發現自己陷入定型心態。然而，我們可以學著讓自己轉變成學習的態度。歷史學家推測，如果愛迪生當時願意選擇接受交流電，他規模龐大的事業可能會勝過西屋公司。但對愛迪生來說，這件事只關乎聲譽。對愛迪生來說，這件事涉及他個人，但有時候我們的定型心態是由周圍的結構和制度所造成。當一個系統裡的成就和資源都很有限時，系統裡的人就會彼此競爭，讓合作、創新和創造力都受到負面影響。不幸的是，組織往往會把這種競爭制度化。

來自高層的定型心態

　　當組織將零和的信念體現在組織的政策與流程時，就會讓每個人都陷入定型心態。在這種情況下，天才文化其實是公司高層一手促成的。

　　或許沒有其他做法[19]能比分級排名更能夠反映零和心態，並觸發我們對別人成功的定型心態。分級排名是我之前描述過的一種制度，在這種制度裡，組織會例行性評估員工的表現，然後將他們分級，並獎勵排名最高的人、淘汰排名最低的人。這種做法俗稱「考績決定去留」（rank and yank），在1980年代初期因時任奇異公司執行長的傑克‧威爾許的推廣而廣為人知。當時奇異公司把員工分成三級：排名前20％的員工、中間70％的員工，以及排名墊底的10％員工，墊底的這群員工有可能會被解僱。2020年去世的威爾許曾在2018年發表一篇文章[20]，為分級排名辯護，表示這樣做不是為了排除異己，而是為了保持一致性、透明和坦誠，以及「確保所有員工都知道自己在公司裡的位置」。他還說，分級排名制度會為排名墊底的人提供深入諮詢和指導，幫助他們改善或找到出路。威爾許寫道：「是的，我知道有些人認為能力差異的鐘形曲線很『殘酷』。但我一直覺得很奇怪，我們幫學校裡的孩子評分，他們通常只有九歲或十歲，卻沒有人覺得很殘酷，為什麼大人就無法接受這一點？誰能解釋一下？」事實上，在課堂上強制排名也不是特別有效，我稍後會解釋。我們之所以質疑各種排名是有道理的。就像商業記者阿瓦‧馬哈達維（Arwa Mahdawi）所強調的[21]，很多登上《富比士》「30位不到30歲的傑出青年領袖」（30 Under 30）和類似榜單的人，最後卻面臨刑事指控。雀屏中選的明星會面臨必須證明和表現自己的極大壓力。

批評分級排名[22]的人強調，讓員工之間相互競爭，會

削弱團隊合作精神，威爾許則反駁說，如果組織希望團隊
合作能成為一種價值觀，只需要重視合作，然後「根據這些
原則評價員工並獎勵他們」。然而，這些看法不一的訊息會
讓員工覺得無所適從：我們應該團隊合作，還是應該競爭？
（順帶一提，幸災樂禍是指我們因為他人遭遇不幸而覺得開
心，它的反義詞[23]是「與有榮焉」，也就是我們開心並慶祝
他人的成就）。當公司試圖把團隊合作的價值，硬塞進以
考績決定去留的環境時，員工會覺得價值觀與實務之間存
在著巨大的落差。公司說它重視團隊合作，卻以競爭決定
最後的價值，這種做法不僅會導致員工憤世嫉俗、不信任
彼此，也會導致對公司的不信任。

有人說，「只要你不是墊底的那10％，就沒有什麼好擔
心」，但這樣說根本不對。排名制度的獎勵和懲罰系統會
驅使人們陷入定型心態，讓人害怕失去自己的地位，害怕
做出可能會讓他們跌到淘汰線以下的行為。排名很前面的
人被逼得要不斷捍衛自己的地位，這表示他們不太可能與
同事共享資源或伸出援手，因為他們擔心自己的排名可能
會被超越。此外，他們會投入更多精力關注其他人、關注
競爭，而不是專注於自己該如何成長、在哪裡可以繼續成
長。主張把競爭當作鼓勵人們「好好表現，否則就滾蛋」的
人來說，競爭的挑戰在於，這也是一道微妙的界線。競爭
本身可能[24]沒有好壞之分（事實上，足球傳奇人物艾比‧

溫巴赫〔Abby Wambach〕說，正由於結果不確定，所以她
認為競爭很有趣），但由於我們的大腦對於可能衝擊生存
機會的事情都會保持警戒，所以當我們處於定型心態時，
就會把競爭當成一種威脅。分級排名系統讓威脅成真，帶
來可能損害績效的可怕後果，而且在最壞的情況下，這樣
的制度可能會導致人們從事不道德的行為。

　　富國銀行曾經發生過一起著名的醜聞[25]，公司第一線
員工為了達到業績目標並保住自己的飯碗，被逼得只好開
設假帳戶。前《世界新聞報》（*News of the World*）和魯柏‧梅
鐸（Rupert Murdoch）旗下其他幾家報紙，員工為了爭奪有限
的職位彼此激烈競爭[26]，不惜竊聽、賄賂警察和公然捏造
故事，最後導致犯法。而根據前董事總經理[27]傑美‧菲奧
雷‧希金斯（Jamie Fiore Higgins）的說法，高盛銀行裡無情
的競爭和頻繁的解雇行為，迫使員工必須讓其他人看起來
表現不佳，才能保住自己的位子。微軟過去曾屬於天才文
化，並親身體驗到人與人之間的競爭會對公司業務產生什
麼負面影響。

　　「這是一個充滿錯誤、錯過良機，並從產業創新者走向衰
敗的十年……。」[28]這是寇特‧艾肯沃德（Kurt Eichenwald）
2012年在《浮華世界》雜誌對微軟過去十年的描述。艾肯沃
德採訪微軟數十位過去和現任的高階主管。他寫道：「我採
訪過的每一位現任和前任微軟員工，全都認為分級排名是

微軟內部最糟糕的流程，這個制度導致無數員工遭到開除。」一位軟體開發人員告訴艾肯沃德，「如果你的團隊有10個人，你第一天就會知道，不管每個人有多優秀，只有2個人會得到很好的評價，7個人會得到平庸的評價，還有1個人會得到很糟糕的評價。這種做法讓員工把重心放在和同事競爭，而不是和其他公司競爭。」微軟執行長納德拉曾指著一幅知名的漫畫，描述他剛接掌公司時微軟的情況[29]。漫畫裡有一張模擬組織的結構圖，上面的槍口指向各個方向。

艾肯沃德寫道[30]：「假設微軟在知名科技人才成名之前，就把這些人網羅進微軟，包括蘋果的賈伯斯、臉書的馬克・祖克伯、Google的賴利・佩吉（Larry Page）、甲骨文的賴利・艾利森（Larry Elliso），以及亞馬遜的傑夫・貝佐斯（Jeff Bezos），無論這些人的績效如何，他們在微軟第一次的分級排名篩選裡，勢必會有兩個人被評為低於平均水準，還有一個人會被評為極度糟糕。」大衛・寇特（David Cote）是威爾許那套做不好就走人的制度受害者之一[31]，他後來成為漢威（Honeywell）公司的執行長。諷刺的是，當寇特接掌漢威時，他的首要任務就是把公司從和通用電氣失敗的合併案裡拯救出來。

對於置身在微軟這種天才文化裡的員工來說，即使達標也無法保證安全，因為總會有同事做得更好。因此，員工更在乎勝過同事，而不是創新。就像一位工程師告訴艾肯沃德：「我學到最有價值的一件事，就是要表現得彬彬有禮，同時盡量對同事隱瞞資訊，以確保他們的排名不會領先我。」到了要為員工排名時，多達30位主管會召開閉門會議，爭論該如何排名，他們都把注意力集中在自己的最佳利益上。

誠如瑪格麗特・赫弗南在TED大會演講時所強調[32]，大多數組織在過去50年以上的時間裡，都在遵循地位排名的做法，認為「挑選超級明星，通常是房間裡最聰明的男人，偶而會是女人，然後給他們所有資源和權力，這樣就可以成功。結果出現的卻是……敵對的行為、團隊表現不佳、效率不彰。如果最有能力的人想要成功的唯一方法是抑制其他人的能力，那麼我們就迫切需要找到更好的工作方式，以及更多元的生活方式。」

抑制多樣性和創新

天才文化裡超級競爭（如優步）、充斥出色混蛋的氣氛，讓失敗者多於勝利者，到最後，公司會成為最大的受害者，因為不受矚目或不受強烈個人主義氛圍青睞的員工會選擇離開。研究顯示，這種情況更有可能發生在女性和有色人種身上，因為他們通常比較傾向追求共同的目標，而不那麼熱中於激烈的競爭。多年前，微軟[33]過度競爭的文化差點讓它失去一位後起之秀：梅琳達・法蘭奇（Melinda French）*。然而，梅琳達沒有離職，而是決定按自己的方式再給微軟一次機會。

　　在此之前，梅琳達一直盡可能的模仿男同事，並遵守周遭兄弟文化（bro culture）的潛規則。但與其離開，梅琳達決定冒一個很大的風險：做自己。她要用自己的方式領導團隊，專注於團隊合作和包容。（哈佛商學院教授法蘭西絲・傅萊在 TED 演講[34]中指出，真實性〔authenticity〕是建立信任的要素。）梅琳達表示，不久之後[35]，其他團隊的領導人都想知道，她如何吸引到公司那麼多最優秀的員工加入她的團隊。事實證明，雖然這些員工還是希望成為高績效文化的一分子，但很多人更想一起實現這些目標。透過這種方式，梅琳達創造出自己的成長文化，成功駕馭惡名昭彰的天才文化，並吸引公司最優秀的人才。

　　人們（通常是管理階層）常誤以為，天才文化的威望反映在競爭的規範裡，會讓員工保持敏銳，不斷創新，讓人永遠處於最佳狀態。但事實並非如此。**我們在數十項研究裡發現[36]，如果要在成長文化組織與天才文化組織之間做選**

---

*　編注：梅琳達曾擔任微軟產品經理，後來在工作晚宴上認識比爾蓋茲，1994年兩人結婚，一起創辦全球最大的私人慈善組織比爾及梅琳達蓋茲基金會。兩人於2021年離婚。

擇，每一個人，尤其是表現最好的員工，**都會選擇成長文化**。天才文化要求員工對自身的職位和地位保持警戒，這會干擾員工的工作，並在情感和認知上造成負擔。

在我工作過且注重創新的組織裡，屬於成長文化的研發團隊，比天才文化團隊更有創造力，而且表現得更好。當我問員工為什麼會有這些績效差異時（即使這些團隊正在進行非常相似的專案），成長文化的員工認為，他們的團隊文化讓他們願意承擔風險，共同發展。即使給予經濟誘因或加薪，也沒辦法讓這些人放棄他們的成長微文化，轉向更偏定型心態的文化。

一起努力可以提高解決問題的能力。麻省理工學院有一組研究人員[37]想知道，在面對嚴峻的挑戰時，是否有任何指標能夠預測某些團隊會比其他團隊更能成功解決問題。研究人員觀察699位由2到5名成員組成的小團隊，發現有三個因素和團隊的成功以及他們所謂的高**集體智慧**（collective intelligence）密切相關：（一）團隊成員有很強的社交能力；（二）對話不是由少數人主導，而是包括所有成員的意見和想法；（三）團隊裡有女性。研究人員**沒有**發現的東西也同樣有趣：團隊的集體智力與團隊成員的平均智力無關，也和最聰明成員的智力無關。在這樣的成功團隊中，團隊會徵求並重視每個人的意見，進而培養出創新需要的心理安全感。像皮克斯這樣的成長文化當中[38]，衝突並非來自於競爭，而是參與和尊重而產生的摩擦，這能讓大家的想法變得更好。相反的，分級排名會導致人們自我保護、不信任彼此。如同研究所說，在這種系統裡，女性升遷到高層的可能性比較小，但女性通常是最佳生產力團隊的主要推手。

性別與領導力研究員[39]琳達・卡莉（Linda Carli）與愛麗絲・伊格利的研究顯示，男性在職場裡通常會表現出更多**負向決斷**（negative assertion），「包括威脅、攻擊、敵對或控制他人」，而女性則傾向表現出更多**正向決斷**（positive assertion），「自我表達的同時，也尊重別人的權利。」由於分級排名強調競爭，而不是強調相互支持和尊重，因此採用這種做法的組織，本質上偏愛男性員工。此外，卡莉和伊格利認為，當女性為了發展自己的職涯而採取負向決斷時，實際上往往會減少她們晉升的機會，讓她們陷入「雙重困境」。

根據行為和數據科學家[40]寶拉・切基－狄梅利奧（Paola Cecchi-Dimeglio）的看法，用來建立這類排名的績效評估，通常對女性不利。對個人績效評估的內容進行分析後，發現「女性收到批評性主觀回饋（而不是積極回饋或批評性客觀回饋）的可能性是 1.4 倍。」切基－狄梅利奧寫道，主觀的評論讓性別偏誤和確認偏誤「大行其道」，這「可能導致雙重標準，因為同一種情況會因為性別不同而出現不同的結論。」她舉了一個例子，說明一位主管在評論中表現出雙重標準：「經理指出，『在別人面前，尤其是在客戶面前，海蒂似乎會退縮，她需要更有自信。』但是，如果是男性遇到類似問題，也就是和客戶合作時缺乏信心，問題就會被正面看待。例如：『吉姆需要發揮他與別人合作的天分。』在另一個案例裡，評論者描述一位女性陷入『分析癱瘓』[*]，卻說另一位有相同行為的男同事是深思熟慮。」

　　在這種系統當中，能夠晉升到高層的女性與有色人種少之又少，這代表領導階層的多樣性比較低，這可能會讓女性和有色人種從一開始就不想加入這些組織。優步的文化曝光後[41]，波澤瑪‧聖約翰成為拯救公司的人之一。她是受人尊敬的主管，曾擔任百事可樂品牌經理，最近擔任蘋果音樂（Apple Music）的消費行銷主管。聖約翰只在優步待了一年，就辭去優步品牌長的職務。她總結說：「當我加入優步時，我真的滿心期待能夠從根本上改變我認為困難重重的環境，尤其是對女性和有色人種來說非常艱難的環境。但是工作到了一個程度後，那裡讓我喘不過氣來。」如同我們在第七章所見，當競爭被制度化之後，就會為邊緣群體帶來不成比例的影響。它不只會讓多元共融的

---

[*]　編注：指個人或團體因為過度分析或過度思考而導致無法做出行動或決定。

努力變成一場硬仗，還會讓多元共融在員工面前變成是徹底的虛應故事。

在天才文化裡，分級排名並不是唯一阻礙女性和有色人種取得進展的結構性因素。在一個組織當中，如果只有少數超級明星享有聲望，人們對他人成功表現出的定型心態，會反映出他們認為自己在某種程度上缺乏機會。總的來說，知道女性和有色人種的職位通常比較少，會放大天才文化裡的心態誘因，進而導致不良效應，例如女性會互相為難，或是當主管認為某個女性部屬會對自己構成威脅時，就會阻礙她們的職涯。當主管透過個人行為或公司政策讓員工彼此對立，就會強化這種行為。在最糟糕的情況下，定型心態可能會助長嚴重的道德違規行為。

卡蘿・杜維克和我在研究裡發現[42]，新人會根據專業領域裡傑出人士的思維模式，來判斷這個領域重視哪些特徵。之後，我的團隊分析顯示[43]，當學生認為他們的理工科教授更傾向定型心態時，學生就不太可能有興趣追求理工科的職涯。當他們認為教授傾向成長心態時，他們比較可能相信理工科的職業可以讓他們實現既符合個人利益、也符合社會整體利益的目標。成長文化的策略[44]、實務與規範會讓員工知道，他們可以實現更遠大的目標，從共同（協助、利他和連結）目標，到更獨立、更自主的目標。連結和歸屬感是所有人的動力。在天才文化裡，領導者通常以定型心態的方式領導，這種文化不僅對女性和有色人種來說比較不具吸引力，也不會吸引心懷共同目標的人。

競爭並非激發動力、促進成長和取得成就的唯一途徑。我們可以讓個人的成功成為團隊的成功，也可以讓團隊的成功成為個人的成功，藉此鼓勵自己和周圍的人進入成長心態。大約20年前，當皮耶・強森（Pierre Johnson）[45]、馬克斯・邁德赫爾（Max Madhere）和約瑟夫・西敏恩（Joseph Semien）來到新奧爾良澤維爾大學（Xavier University）時，他們不認識彼此，但他們卻有兩個共同點：他們都想當醫生，而且他們都是黑人。他們也知道，從某些方面來看，黑人的身分讓他們更難實現當醫生的目標。正如我們之前看到的，醫學院充斥著惡名昭彰的天才文化，所以他們知道，教授不太可能認為他們符合醫學院的成功原型。事實上，很少人會這樣認為。根據美國醫學院協會（Association of American Medical Colleges, AAMC）的數據[46]，2018年，只有5％的執業醫生是黑人。他們不僅要面對醫學院文化裡固有的偏見，更必須面對自己過往經歷所造成的創傷。強森說，「當我們認識彼此時，我們在臨床上都得了憂鬱症。」誠如他所說[47]，一開始他們三個人聊籃球，但很快就發現彼此身上有某些東西。「我們看著彼此，只看到堅定的表情……雖然我們當時表現得不好，但我們知道我們有動力。我們是年輕人，有夢想和願景，想去做超越自己的事情。」從那

時候開始，他們就達成一個協議。「我們說：『我們不知道
明天會發生什麼事，但我們可以一起努力。』」從大學到醫學
院，他們一路互相鼓勵、互相建議，一直到成為執業醫生。

　　這個觸動人心的故事進一步說明，當我們找到能幫助
我們轉變為成長心態的人，我們不僅不介意別人成功，而
且還**希望**他們成功。這就是莎蘭效應。這三位成功的醫生，
現在正在資助未來的醫生，他們把一部分的薪水用於資助
獎學金。西敏恩回憶說，有一天他坐在辦公室，看著牆壁
上掛著他所有的學位證書，他心想，為什麼他已經取得這
麼多成就，卻沒有想像中那麼開心。「這是因為我需要和別人
分享一些東西，幫助別人完成我實現的目標，甚至做得更
好，超越我所做的一切。」這群醫生的故事是說明團隊目標
和個人目標的好例子，顯示創造出具備成長文化的團隊，
有助於人們克服偏見系統發出的定型心態訊號（雖然這樣
的系統也應該為改變負起責任）。這也是一個例子，說明
同儕團體能夠創造出具備強大心理安全感的成長微文化。
競爭會破壞心理安全感[48]，尤其是在我們最需要它的地方，
例如學校。

 ## 課堂裡的競爭

　　對老師來說，如果想在課堂上釋出天才文化的訊號，

按照智商分數安排學生座位是最「好」的方法。這就是卡蘿・杜維克在小學時發生的事情。從第一天起，學校就以分級排名的形式，讓學生馬上進入定型心態，但沒有人願意承受被貶到教室最後面的恥辱。

雖然這種行為看起來很誇張，但我們常常讓學生面臨各種明顯的排名系統，從公開顯示班級排名到追蹤平均成績積點（GPA）都是。學生早在幼兒園階段，就要面對資優和才藝課程的考試，這種壓力讓許多補習班應運而生[49]，幫助孩子在類似紅綠燈這樣的競爭裡脫穎而出。（紅綠燈是一種遊戲，有一所學校把這個遊戲列入入學考試的一部分。）資源充足又焦慮的父母會投入大量的精力和金錢，努力讓孩子儘早進入最好的大學。

康乃爾大學的學生早在小學時期就經歷過零和心態，難怪那麼多人會在床上貼海報，告誡自己不能在「別人領先」的情況下睡覺。到了大學階段，社會比較[50]已經在人們心中根深蒂固，以至於我們很難用其他方式看待世界。這種海報和抱持競爭的態度可能會被某些人視為健康的激勵方式。然而，當一個信念系統被觸發，認為成就是零和命題時，就可能會帶來不幸甚至悲劇的後果：從隱藏知識、資源到自殺都有可能。

康乃爾大學發起過一項大規模的活動[51]，健康諮商與心理服務小組、世界知名的健康傳播學系，以及教職員和學生都參與其中，試圖幫助學生重新建立競爭和成就等方面的心態。活動內容包括教育學生充足睡眠的好處與必要性，同時關心心理健康，並致力於讓尋求他人協助去汙名化。康乃爾大學成功的在全校創造出以社區為導向的活動，鼓勵社會連結而非社會比較，並掀起一股熱潮。這些活動讓學生轉向成長心態，擺脫定型心態對成功學生的狹窄定義。

　　當然，心理健康不僅僅是康乃爾大學的問題。根據美國全國精神疾病聯盟（National Alliance on Mental Illness）的數據顯示[52]，80％的學生被課業壓得喘不過氣，50％的學生表示他們的心理健康狀況不佳或低於平均水準，40％的學生並未尋求協助。此外，根據路透社報導[53]，從2013年到2018年，患有嚴重憂鬱症的大學生，人數從9.4％上升到21.1％。雖然這些數字背後隱藏許多原因，但天才文化對於什麼才是成功人士的狹隘認知，以及它所導致的讓人們過度關注自己，無疑扮演了重要的角色。談到社會比較，特別是年輕人之間的比較，如果忽視學校外的影響，那就太疏忽大意了。

　　也許沒有什麼能比社群媒體更能激發社會比較的氣焰。社群媒體遍布全球校園，甚至包括教室和宿舍都有。2023年，全球有一半以上的人口[54]都在使用社群媒體，平均每天使用時間為2小時22分鐘。正如紀錄片《智能社會：進退

兩難》（*The Social Dilemma*）[55]令人震驚的描述，與人比較的
衝動可能會讓人上癮：除非我們拿自己和他人比較，否則
我們再也看不清楚自己是誰。諷刺的是，我們實際上並不
是在與現實比較，而是在與精心安排的包裝比較。也就是
說，我們是根據別人要我們如何看待成功和價值的方式，
來衡量自己的成功和價值。這與史丹佛的鴨子症候群類似：
酷炫、讓人迷失方向、使人筋疲力盡。研究顯示，雖然從
理論上來說[56]，只要你覺得自己處於領先地位，社會比較就
可以提高自尊。但頻繁的比較實際上會引發嫉妒、內疚、
後悔和防衛心態，也會增加人們撒謊和指責他人的狀況。

　　就像我的團隊對教授心態的研究顯示[57]，老師會對學
生的心態和表現產生重大影響，因為老師是課堂文化的創
造者。舉辦全校性的活動是個好辦法，因為這種活動有助
於建立和傳達學校的心態文化。但就像公司的經理人一樣，
更直接、而且也許更有影響力的做法，是課堂裡的人際互
動。當我們回顧文化的循環時，社會、制度、人際與個人，
任何層面的變化都會影響他人，創造出更有效的心態文化。

　　眾所周知，古典樂是一個極其競爭的領域，但有史以
來最偉大的一位小提琴家卻嘗試推翻學生心中主流的心態
文化。在傳記片《帕爾曼的音樂遍歷》（*Itzhak*）[58]裡，小
提琴家伊扎克・帕爾曼（Itzhak Perlman）說，他和妻子托
比（Toby）一起經營「帕爾曼音樂計畫」（Perlman Music Pro-

gram）[59]，媒體經常請他觀看他教「最優秀學生」的片段。伊扎克說：「我們從來不這樣做，因為我們覺得世界上沒有所謂最優秀的學生。」托比補充說：「每個孩子都按照自己的步調成長。他們經過激烈競爭才來到我們這裡，但我們這裡卻完全不這樣做。」托比創立帕爾曼音樂計畫，伊扎克擔任這個計畫的教職員主管，目標是創造出另一種環境，藉此改變「傑出的年輕藝術家在追求技藝時，經常感受到的競爭和孤立環境」。這項計畫想在「注重連結而非競爭」的環境裡培養學生。

　　伊扎克描述自己早年的音樂教育是「地獄三角」（the tri-angle of hell），他的老師對他的父母施壓，他的父母又對他施壓，伊扎克的老師也對他施壓。伊扎克的父母經常拿他和其他年輕音樂家比較[60]，說他不夠有動力，而老師則會告訴他：「按照我說的去做，你就會演奏得很好。」他在茱莉亞學院（Juilliard）就讀時，他的老師桃樂絲‧狄蕾（Dorothy DeLay）問他：「你對自己的表現有什麼看法？」這讓伊扎克覺得很震驚，因為老師鼓勵他在學習過程中更加開放並有所反思。一開始，這種風格讓伊扎克覺得不舒服，因為他希望有人告訴他該怎麼做。現在，他也運用狄蕾的風格來教學。例如，他很少在他的大師課程裡表演示範，因為他知道許多學生的耳朵很靈敏，會開始模仿他的演奏。「我希望他們無論在什麼時候，做的事情都有自己的風格，因為那是他們自己想出來的，」伊扎克說。雖然演奏協奏曲似乎有對錯問題，但兩位小提琴家對同一首樂曲可能有截然不同的詮釋，包括不同的指法與弓法。創意的空間很大，這就是帕爾曼夫婦想要學生培養的態度：向他人學習，同時用自己的方式進步與發展。

當我們不再專注於自己的目標，卻被他人的成功刺激而進入定型心態時，我們會困在一個想法當中：別人的成功會降低我們成功的機會。此時風險會變得更高，我們感覺就快無法控制局面。這不僅是一種心理作用，研究顯示，我們的身體也會反映並放大這種感覺。

挑戰與威脅

社會心理生理學家吉姆・布拉斯科維奇（Jim Blas-covich）[61]和溫蒂・貝里・曼德斯（Wendy Berry Mendes），研究人們如何評估環境中的壓力。他們說，挑戰和威脅不僅代表認知和情緒之間複雜的相互作用，也與生理機制有關：威脅和挑戰不只是心理或感覺，也是身體的狀態。

當我們處於一種期待表現與評價（包括自我評價）的狀態中，而且我們的表現會影響目標時，也就是當我們認為表現很重要，而且別人會根據表現來評價我們時，威脅和挑戰就會開始發揮作用。在這些情況下，我們會以我們可能意識到或沒有意識到的方式，評估自己並衡量情況。我們會評估情境的要求，評估我們應對這些要求的資源，包括其中涉及什麼危險、不確定性或所需的努力，以及我們擁有哪些資源、知識和技能來應對這種情況。本質上，這是兩種評估：這裡的需求是什麼？以及我是否有資源有效滿足這個需求？當我們推測我們有足夠的資源（即使我們必須稍微努力一點才有）可以滿足需求並有良好表現時，我們就進入**挑戰狀態**；如果我們認為這些需求超出能力範圍，我們就會進入**威脅狀態**。如果我們處在定型心態，我們就比較有可能進入威脅狀態。

當我們看到別人成功，我們會產生挑戰或威脅的反應。如果我們相信我們可以做到類似的事情，甚至可以從對方的成功裡學習，我們就會進入挑戰狀態。我們也許必須竭盡所能，但依然相信我們能夠滿足這項要求。但如果我們處在定型心態，認為別人的成功會讓我們更難或不可能成功，或相信他們擁有一些我們沒有、而且無法發展的天分與才能時，我們就會陷入威脅狀態。幸運的是，我們可以運用一些工具來應對這樣的挑戰。

別人成功時，如何激勵自己？

敵友（frenemy）*得獎時，我們一開始的反應可能是咬牙切齒的說「你做得好」，但同時深感挫折的緊握雙拳。好消息是，我們不必一直處在這種狀態。透過一些練習，我們可以開始更穩定的轉向成長心態，並深思熟慮的規劃下一步。

▌回想自己的長處

雖然你嫉妒別人的成功，但你的自我價值遠遠超出這微不足道的反應。提醒自己這一點，可以幫助你邁向成長心態。之前，我說過如何練習自我肯定。提醒自己我們多元的能力、多元的角色，以及我們擁有豐富的人脈，就可以幫我們從威脅狀態轉向挑戰狀態。我不只是一位科學家、妻子、狗媽媽、風趣的阿姨、熱愛德州墨西哥的人，這些角色全部都是我，而你也非常多元。從更廣大的角度看自己，了解我們擁有許多有價值的身分，這樣當我們看到其他人成功時，就會感覺沒有那麼受到威脅。如果我只認同自己的學者身分，那麼當我申請下一筆獎助金被拒絕時，

---

* 編注：假裝是朋友，其實是敵人的人。

我會覺得90％的我都受到威脅。當我擴大視野，並想到我扮演的所有角色時，受威脅的程度就會大幅縮小，讓我可以得到喘息空間，並重新評估狀況。當我這樣做的時候，我也可以提醒自己，挑戰和跨出我的舒適圈可以讓我的大腦成長。

我們還可能因此進一步受到鼓舞，因為我們發現自己過去累積的資源，可以讓我們在受到定型心態威脅時發揮作用。我們的團體也可以提供一些幫助。研究員艾倫・丹尼爾[62]申請終身教職被拒後大感挫敗，因為這實際上等於為她的大學工作畫下句點。幸運的是，丹尼爾的小團體裡還有其他六位女性科學家，她們引導丹尼爾肯定自我。在這個過程裡，她明白自己還擁有其他多元的角色，並尋找和學習一些技巧，讓她可以面對目前的情況。聚會結束後，丹尼爾並沒有神奇的感覺良好[63]，但她覺得自己擁有資源，讓她能夠從威脅狀態轉向挑戰狀態。

自我肯定也可以是一種積極的反擊。波澤瑪・聖約翰說服[64]百事可樂，簽下一位名叫碧昂斯・諾爾斯（Beyoncé Knowles）的明日之星（你可能聽說過她），作為它們的品牌大使，這件事在百事可樂引起轟動。2013年，她又與這位歌手合作，那場超級盃中場的演出，對娛樂文化產生深遠的影響。然而那年稍晚，聖約翰的老闆在她的績效評估裡，說她「沒有擊出夠多全壘打」。我不知道你怎麼看，但如果

前面兩種表現都不算成功的話，我不確定聖約翰的老闆到
底要看到什麼成績才會給她正面評價。對大多數人來說，
面對這樣的評價就像是被潑了冷水一般，於是聖約翰出門
買了一支球棒。她不是想打爆主管的車窗，而是想把這當
成自我肯定的方式。「我幫自己買了一支路易斯維爾球棒
（Louisville Slugger）。我想把它放在辦公室，提醒自己我
的確打出全壘打。當我做到時，我會為自己歡呼。」當別
人不公平的拿我們的表現和別人比較時，我們可以口頭或
象徵性的為自己辯護。

▋認識行動者－觀察者效應

當我們看到別人取得成就時，感覺就像我們是劇場裡
的觀眾，而他們卻站在舞台上。如果我們處在定型心態，
我們會告訴自己，他們一定天生擁有特殊技能，他們的成
功裡蘊藏著神奇又神祕的元素。在社會心理學中，這種歸
因偏誤[65]稱為**行動者－觀察者的不對稱性**（actor–observer
asymmetry）。當我們是行動者、也就是當我們是成功者時，
我們很清楚自己如何達到目標。我們了解哪些人和環境在
影響我們、誰一路上幫助我們、我們做出哪些決定、克服
哪些挑戰，以及我們付出哪些努力。但在大多數情況下，
觀察者無法看到這段旅程，他們只看到最後的結果。當我
們處在觀察者的角色時，行動者的成功對我們來說看似神

奇或難以企及。

　　有一個方法可以讓我們扭轉這個局面，那就是不要專注在結果，而是專注在行動者為了達到目標所走過的旅程，尤其是他們面對過的挑戰，因為這些挑戰最有可能為我們帶來深刻的體會。戲劇或神話起源故事的概念在這裡可以帶來幫助。認為「她的祖先賦予她神話般的力量，讓她生來就很特別」是一回事，看到她實際走過的旅程又是另一回事。

　　「喔，她為了這個角色，其實訓練了一輩子，還必須在不同環境下表現她的學習成果，甚至為了她的地位奮鬥。失敗後，她又必須想盡辦法贏回來！她為什麼有勇氣這樣做？她用了什麼方法？」每位成功人士都有自己的故事，其中很多故事對於我們如何成功很有參考價值，尤其當這些故事充滿挑戰與掙扎時。

　　雖然願意主動挖掘這些故事很好，但我們不想把這種責任推給員工。把這種觀點融入職場的文化裡，我們都會過得更好。例如，我們可以邀請員工參加午餐學習會議，請他們分享自己走過的路，甚至回答大家的問題。Atlassian公司推出分享企業故事[66]的播客節目Teamistry，和聽眾分享傑出團隊如何成功的例子，內容包括團隊經歷過的挑戰，以及他們在過程中做得不好的地方。伊扎克經常問學生[67]他們正面臨哪些掙扎。他問的不是他們**是否**遇到任何

挑戰，而是遇到哪些挑戰，這種問法讓苦苦奮鬥變成一件
稀鬆平常的事。然後，伊扎克分享自己的奮鬥故事，包括
他如何解決挑戰，以及仍面臨哪些挑戰，並引導學生提出
自己的解決方案。這一切都強調一件重要的事：別人的成
功對我們也有價值。

　　對公司來說，另一種把分享過程常態化的方式，是透
過指導或是其他妥善的方法為人們分組，讓大家可以分享
技能。我和殼牌合作時，我們的數據分析顯示，有一個團
隊創造出色的成長文化。讓人驚訝的是，他們是一個完全
由專案經理組成的團隊，每位經理都為其他團隊服務。由
於團隊除了各自的角色之外，工作上沒有任何重疊，因此
沒有競爭，他們覺得可以分享他們的挑戰，以及曾對他們
有用的解決方案。

▎承認他人成功的價值

　　誠如西蒙・西奈克所說 [68]，有價值的對手不是你想不
惜一切代價擊敗的人，而是會鼓勵你提升自己的能力，還
會真的**幫助你提升能力**的人，因為他們更擅長你不擅長的
領域。就像艾芙特和娜拉提洛娃為彼此所做的那樣，一位
值得尊敬的對手可以幫你找到可以改進的地方，並告訴你
如何做到這一點。請再次注意，雖然這種「值得尊敬的對
手」的想法還是有競爭的味道，但重點不在於超越他人，

而是讓你做得更好。

　　我的工作裡也有一些值得尊敬的對手，其中許多人都是我很好的朋友，這兩件事並不互斥。然而，回頭看讀研究所的時期，我和學術界的許多人（也許是大多數人）一樣，在這方面遇到一些困難。當你剛結束學業要展開學術生涯時，會意識到學術界的工作機會很有限，這可能會讓人際關係蒙上一層陰影。現在，我在和我一起工作的研究生裡也看到這一點。我採取一次招收 2 到 3 名博士後的做法，這樣他們就能形成一個合作的小團隊，許多人也因此成為親密好友。然而，當他們即將進入職場時，定型心態可能會開始侵襲他們，氣氛也開始緊張，因為他們每個人都需要推薦信，有時候這些推薦信甚至是為了同一個教職而寫。

　　幸運的是，我明白這一點，而且我研究這個主題也有一段時間，我可以給學生一些看法，幫助他們走向成長心態。我鼓勵他們談論各自的窘境，讓這些感受正常化，並擴大他們的視野。我們會討論在專業領域裡擁有朋友和要好的同事，長期會為我們帶來什麼好處。如果在整個學術界，你是唯一一個研究某個主題的人，你就不可能真的擁有成功的學術生涯。如果你的研究領域太小，其他人的工作都和你無關，那你就有麻煩了。你會希望別人採用你的想法，這樣這些想法就有更大的影響力來改善社會，並朝

向你從未想過的方向發展和拓展。此外，如果我們一開始
就讓有威脅的評價破壞我們與同伴的關係，未來我們就不
可能會有融洽的同事關係。我們不僅更難成功，這也會對
我們的生活品質產生負面影響。當你在安慰別人時，甚至
可以告訴他們德西蕾‧林登和莎蘭效應的故事，進一步說
明我們所有人都可以成功。而且，當我們以成長心態行事
時，我們更有可能成功。

▌你的成功何時會觸發別人的定型心態

　　也許你也曾遇到這樣的情況：在你升官後，朋友或同
事卻變得異常疏遠。有時候，我們的成功會刺激他人。為
了建立最好、最有效的團隊和成果，我們應該記住團隊牽
涉到合作，而合作是以人際關係為基礎。那麼，當我們的
成功成為別人陷入定型心態的催化劑時，我們該怎麼辦？
你不會想要輕描淡寫你的成就。女性因為承受了社會壓力，
特別[69]容易這樣做，但這樣會對升遷產生負面影響。

　　當我們成為別人眼紅的對象時，我們能做的就是思考
行動者－觀察者效應。記住，沒有人看到我們努力的過程，
所以他們可能對我們擁有的成就懷有錯誤的看法。我們可
以透過正式或非正式的方式分享自己的經驗，來解決這個
問題。我們可以給同事建議或指導，可以和對方聊聊。如
果我們的知名度很高，可以在採訪時分享自己的經驗。在

非正式的場合裡，我們可以提醒別人我們在哪裡犯過錯。「還記得我當時沒有拿到終身教職嗎？我很高興其他人可以幫我釐清我擁有的資源，以及該如何重整旗鼓並有策略的往前走。如果沒有這樣做，我想我不會進入私人公司，也永遠不會成為副總裁。」這樣做不僅能解除心態誘因，也有助於幫助他人。就像我在本章提到的三位黑人醫生一樣，他們回到自己的社區，幫助其他有抱負的醫生找到成功之路。

 **想一想**

- 下次當大家稱讚你的對手，你因此覺得身體緊繃，並發現自己陷入零和、匱乏的心態時，記得開始回想你的對手以及與他們相似的人，他們如何以各種大大小小的方式幫助你，讓你成為現在的自己。去感受壓力被釋放的感覺，以及愈來愈多的感激之情。當你們之間的情感恢復連結後，你可以告訴他們，他們是如何激勵你的嗎？你能花一些時間，好好了解他們嗎？這樣做，就可以逆轉定型心態在人與人之間造成的溝通障礙。
- 針對你和團隊的讚美行為進行線索審查。這些讚美是否會在無意間暗示人們走向定型心態？如何才能

讓人轉向成長心態？我們該如何強化能夠帶來成功的學習和策略，進而增加每個人的能力？

• 你可以善用「成長文化」小組做的另一件事，那就是蒐集並分享成功激勵你的故事。挑選一個故事，一起學習（最好是在分享美味小吃的時候），並花一些時間討論案例中的主角如何取得成功？是否有一些策略可以實現你的目標？

結論

　　你已經讀完這本書！就這本書而言，我們的旅程已經
結束，然而就心態文化的工作來說，這只是個開始。幸運
的是，就像我想讓你記得的那樣，你不必獨自完成這項工
作，也確實無法獨力完成。我們需要團隊的努力，這樣才
能真正發揮心態的潛力，改變我們一起生活和工作的方式。
但這件事可以從你開始做起，向外延伸到你的團隊和組織，
從職場到學校，再到運動團體、宗教團體和家庭等等。

　　你可能會說：「拜託，這種情況發生的機率有多大？」

　　好吧，讓我們來看一個例子。1950年代[1]，一群科學家
想要觀察猴子後天學習到的行為如何在文化群體裡流傳，
並成為行為規範。他們把焦點放在日本一個偏遠的亞熱帶
島嶼，那裡的猴子世世代代在島嶼上生活，很少與人類接
觸。科學家在那裡把馬鈴薯（對猴子來說是一種新奇的美
食！）留在海灘上。但猴子不常在海灘上閒逛，牠們更喜
歡待在海邊的叢林。當猴子們最後終於冒險到海邊，並發
現馬鈴薯時，牠們認為這些東西不能吃，因為上面有沙
子。然而有一天，有一隻被研究人員叫做伊莫（日語「馬

鈴薯」的意思）的猴子解決了這個問題。牠拿起一個馬鈴薯，把它浸入海裡，接著開始摩擦馬鈴薯，當馬鈴薯上的沙子掉光後，伊莫就高興的吃掉馬鈴薯。其他小猴子好奇的看著伊莫，看到伊莫吃得那麼津津有味，我猜小猴子應該很嫉妒。其他猴子觀察伊莫一段時間後，也開始模仿牠的行為，清理沙子後再吃掉馬鈴薯。最後，即使是年紀比較大、比較固執的猴子也開始效法。幾個月之後，這群猴子不僅學會如何清洗馬鈴薯，而且這種行為也擴展到鄰近的猴群。這就好像病毒式傳播的抖音舞蹈一樣。

這就是創新在成長文化裡的傳播方式。當然，猴子不一定相信成長心態，至少不像人類那樣相信，但牠們也不會讓自己被定型心態的限制性思維束縛。成長文化讓組織有機會學習並根據環境調整策略，這種對變化抱持開放的態度，讓策略可以在文化裡傳播，進而改善整體狀況。我並不是說在成長文化裡改變就很容易。事實並非如此，它只是相對容易實現。當你相信自己有可能學習和成長，你就更能夠思考其他的生活方式。我們每個人天生就有能力去發展和拓展我們的才能。

順便說一下伊莫後來發生什麼事。之後，伊莫不斷為牠的群體開創其他發現和創新，例如牠發現把小麥浸入水中，小麥會浮在水面並洗去沙子。島上的其他猴子也採用這個方法。不受定型心態束縛的創新循環依然在持續中。

　　組織的心態非常強大，因為它會決定我們如何詮釋和理解周遭的世界。組織心態能使我們的目標、信念和行為保持一致，這就是為什麼組織心態能夠在各種「組織」當中，對不同行為與結果產生如此巨大且一致影響的原因。同樣的，只要兩個以上的人聚集在一起，心態文化就會發揮作用。因此，要轉變文化，就必須從根本上對文化進行檢視。我們必須檢視政策和實務做法、領導階層提供的資訊等等，透過心態文化的角度來審視這些訊息。如果我們希望讓組織變得更有凝聚力、更成功、更創新、更多元化，並產生廣泛且持久的影響，那麼改變文化就必須成為我們的重點。

　　再說一次，這樣做並不容易。成長心態是一個相對單純的概念，但要把這個概念付諸實踐並融入整個組織當中，難度卻非常高，而且可能需要和文化變革的專家合作。如果你發現自己置身在天才文化之中，請不要覺得受挫。文化的美妙之處在於它總是在發展和變化，轉變心態文化確實可行。你可以從我在本書提供的一些策略開始做起。如果你發現自己處在強大的成長文化之中（恭喜！），請記住維持和維護文化是一個持續性的旅程，而不是最終的目的地。事實上，我在本書提供的組織案例是我在撰寫本文時的狀態，不表示這些成長文化或天才文化的狀態能夠繼續存在。建立和維繫強大的成長文化，需要用心、資源和多年的持續努力，還需要持續不斷關注文化的發展。

　　然而，無論用什麼標準來衡量，這樣做都很值得。對於想要盡量發揮人類生產力價值，或者更重要的是，想要發揮人類在人生裡的潛在意義和目的的人來說，更是如此。

　　我們每個人都是**文化的創造者**。你有能力塑造自己的心態，並幫助他人塑造他們的心態。找出是什麼讓你和與你互動的人走向定型心態或成長心態，以及應該採用哪些策略不斷保持你的成長心態。如此，你就能成為人類版的伊莫，告訴其他人你是怎麼做到的，讓我們所有人都能發光發熱。還要記住，你可能會帶來完全相反的影響（這部分尤其是要講給各位領導者聽的。）如果你與他人互動的過程中經常表現出定型心態，你就會鼓勵這種思維和行為。我們每個人都有能力發聲，也有責任注意我們說出口的看法。

　　你可以讓其他人參與，創造更多實現成長的機會，讓這樣的看法茁壯。所以，找到你的團隊，一起合作，創造你自己的成長微文化，然後以身作則並觀察文化的擴散。請記住，只要一個小舉動、一個創新，就可以為成長文化創造強大的動力。

　　我希望這本書能激勵你投入這個旅程，並重新查看本書裡的故事、方法和資源，讓這些工具在你的旅程當中支持你。請考慮把我當成你的團隊成員，並讓我知道你的進展！在成長心態方面，我期待看到你的回饋，也期待你的回饋能夠進一步讓這些想法以及我的團隊工作更完善。

　　和我一起踏上這趟創造包容成長文化的寶貴旅程，讓我們一起為每個人創造公平、歸屬感、發展和成功所需要的條件。

致謝

　　寫這本書是我在疫情期間的計畫。我以前從沒寫過書，我做得到嗎？我該從哪裡開始呢？來談談定型心態的誘因吧！我採納自己的想法，並培養出一個成長文化小組。我很幸運，小組成員願意和我一起踏上這段旅程。科學不會憑空發生，寫一本有科學根據的書也是如此。我需要一整個團隊的人協助，也非常感激我的團隊願意幫助我。

　　首先，如果沒有我那才華洋溢、充滿熱情的夥伴Kelly Madrone的陪伴，就不會有這本書。我要簽合約時，我的書籍經紀人Jim Levine介紹我們倆認識（Jim，謝謝你！），後來的事大家都知道了。Kelly的智慧、淵博的知識和堅定的投入，讓我有信心可以度過難關。她幫我催生這本書，和我攜手走過草稿和訪談的過程，確保我還撐得下去並持續寫作。如果你喜歡本書的故事和例子，那麼可能要感謝Kelly。她不僅了解這些現象，也對這項研究和世界上的相關例子十分著迷。Kelly謝謝你，謝謝妳相信我做得到，謝謝妳花很多時間研究和編輯。最重要的是，謝謝妳幫我找到自己的聲音。非常感謝。

　　其次，如果沒有Jim Levine，也不會有這本書。我在朋友的介紹下見過很多經紀人，但Jim很特別，他馬上就對這本書有想法，在我簽約之前就給我很多豐富的例子。他看出這本書可以帶來什麼貢獻，以及這些想法能夠如何幫助世界上的人。他幫我擬定了一份出色的書籍提案，和我及Kelly一起充當媒人，並在整個過程裡大力支持我。Jim真心相信我，他的信心啟發了我。每當我有問題，Jim都會給我很好的答案。我不敢相信我有多麼幸運能與他合作。Jim，我非常感謝你。

　　然後是Stephanie Frerich。當我在賽門舒斯特出版社（Simon and Schuster）和Stephanie與Jon Karp談話時，我馬上就覺得跟她很合拍。她很快就了解我的想法，並提出很好的問題。如果她在對工作還了解不多的情況下就能夠提出那些問題，我可以想像當我們開始工作時，她能夠做到什麼！就各位讀者今天讀到的這本書來說，Stephanie的建議和智慧有很大的貢獻。她知道要在哪裡刪減和增加內容，以及我什麼時候不用再重複說「實務、政策、規範和互動」！Stephanie，編輯的工作很不容易，需要優雅和平衡，而妳無疑在這個項目裡兩者兼備。感謝妳願意成為成長團隊的一份子！

　　當然，如果沒有我的導師、合作者和學生，我就沒有研究成果可以分享。我從未發表過獨自撰寫的研究文章，因為我們這門學科不是那樣運作的，我們從事的是團隊科學。克勞德·史提爾從我在研究所的第一天就開始激勵我，多年來教我提出讓世界變得更公平的重要問題。克勞德的指導和建議從未讓我走錯路，他讓我感受到並相信我有歸屬感，我永遠感謝他的指導和友誼。

我在研究所的最後一年，和剛在史丹佛大學任職的卡蘿·杜維克進行過一次重要會面。我們很慶幸沒有錯過彼此。我沒想到那次會面，將開啟我們長達數十年的美好合作與友誼。我非常感謝卡蘿以成長心態看待我對心態文化的看法，我們從那時候開始就一起努力把這個概念分享給全世界。

我還要感謝 Jennifer Richeson 的指導和友誼，她支持我在西北大學進行博士後研究，幫助我成為學者。我的研究所好友過世了，我於是建立自己的成長文化小組，在攻讀博士期間以及後來的時光裡彼此扶持。

Valerie Jones Taylor、Sapna Cheryan、Nic Anderson、Julie Heiser、Natalia Mislavsky Khilko、Nick Davidenko、Dave Nussbaum、Paul Hamilton、Chris Bryan、Kelly Wilson、Jennifer Wagner、Hal Hershfield、Valerie Purdie Greenaway、Phil Solomon、Paul Davies、Joyce Ehrlinger 以及 Kali Trzesniewski，我非常感謝我們擁有的歡笑。我的合作者與合寫論文的朋友，一直堅守在我們的研究和實驗的第一線。當許多期刊和獎

助金計畫拒絕我們時，我們一起度過那些日子，也一同享受計畫通過的甜蜜勝利。

　　我有太多人要感謝，但要特別感謝 Sabrina Zirkel、Julie Garcia、Daryl Wout、Stephanie Fryberg、Laura Brady、Megan Bang、Amanda Diekman、Greg Walton、David Yeager、Nick Bowman、Ken Fujita、Laura Wallace、Aneeta Rattan、Josh Clarkson、Ben Tauber 以及 Chris Samsa。我還要特別感謝我工作上的親密夥伴 Christine Logel，他參與了這個工作，也參與我們實驗室的運作，並提醒我要休息、吃飯和去做 SPA。我也要感謝 Tiffany Han，她在過去五年裡指導和支持我。我要感謝 2015－2016 屆的 Margaret Levi，以及史丹佛大學行為科學高級研究中心的工作人員，我因為得到獎學金計畫而在那裡度過很棒的一年，思考並寫下這些想法，然後開始撰寫本書。

　　我也非常感謝我的學生、博士後研究員和實驗室的管理員，因為他們的才華和貢獻豐富了我的想法。我在本書報告的大部分工作，都是和這些敬業的科學家合作完成。Sylvia Perry、Kathy Emerson、Evelyn Carter、Katie Kroeper、Elise Ozier、Heidi Williams、Caitlyn Jones、Katie Boucher、Elizabeth Canning、Katie Muenks、Dorainne Green、Jennifer La-Cosse、Stephanie Reeves、Wen Bu、Asha Ganesan、Nedim Yel、Shahana Ansari、Julian Rucker、Trisha Dehrone、Tiffany

Estep、Ben Oistad，感謝你們過去16年和我合作。我很驕傲你們為世界帶來改變。

我還要感謝公平加速器現在和過去的團隊，感謝他們致力於把成長文化的工作，帶給世界各地數以萬計的學校和公司。Steve Bernardini、Jen Coakley、Kathy Emerson、Cassie Hartzog、Sophie Kuchynka、Katie Mathias、Krysti Ryan、Stephanie Schacht、Samantha Stevens、Chris Smith、Chaghig Walker和Sara Woodruff，感謝你們的創新，並致力於打造更公平的學習和教育工作環境，感謝你們在我們的組織裡共同創造和維護成長文化。

我很感謝伊利諾大學芝加哥分校，以及印第安納大學的同事，多年來他們對我的工作給予回饋、審閱獎助金提案，並支持我和我的學生。伊利諾大學芝加哥分校的Courtney Bonam、Bette Bottoms、Dan Cervone、Jim Larson、Linda Skitka、Sabine French-Rolnick以及印第安納大學的Amanda Diekman、Dorainne Green、Ed Hirt、Kurt Hugenberg、Anne Krendl、BJ Rydell、Jim Sherman、Rich Shiffrin和Eliot Smith Shiffrin，謝謝你們讓我們的工作變得更好。我感謝多年來支持這項工作的贊助人，包括美國國家科學基金會、雷克斯基金會（Raikes Foundation）、品格實驗室（Character Lab）、比爾和梅琳達蓋茲基金會、史賓塞基金會（Spencer Foundation）、羅素塞奇基金會（Russell Sage Foundation）、斯隆基金會（Alfred P. Sloan Foundation）、寇恩家庭基金會（Kern Family Foundation）、考夫曼基金會（Ewing Marion Kauffman Foundation）和學生體驗研究網絡（Student Experience Research Network）。我要特別感謝 Lisa Quay、Dina Blum 和 Zoe Stemm-Calderon 多年來給我的指導和支持。

感謝所有接受個人採訪並分享他們故事的人：艾莉森・穆迪特、Amanda Arrington、艾美・波斯麗、Becki Cohn-Vargas、班・陶貝爾、Bill Strickland、布魯斯・弗里德里希、坎迪・鄧肯、卡蘿・杜維克、Cassie Roma、克勞德・史提爾、Dina Blum、賈桂琳・諾佛葛拉茲、珍妮佛・達內克、喬里特・范德托格特、凱倫・格羅斯、凱瑟琳・博伊爾・達倫、溫蒂・托倫斯、金尼・扎萊納、羅拉・布雷登、路易斯・伍爾、桑佛・舒加特、蘇珊・麥基、湯姆・庫德爾，以及凡爾納・哈尼什。由於篇幅限制，我很遺憾無法列出所有人，但我仍十分感謝大家。

感謝亞當・格蘭特、安琪拉・達克沃斯、Dave Nussbaum、Dolly Chugh、Eli Finkel、艾蜜莉・芭絲苔、伊莉莎白・鄧恩、Jennifer Eberhardt、Katherine Howe、凱蒂・米爾克曼、Kerry Ann Rockquemore、Michele Gelfand 以及 Tim Wilson，他們在我寫作的過程中給我建議，並把我介紹給其他能夠協助我的人。最後，我非常感謝我的家人，尤其是媽媽（Bertie）、爸爸（Richard）、爸爸（Tom）、Patrick、Maureen、Yen以及整個艾斯奇維爾（Esquivel）團隊，他們一直支持我，讓我能擁有我的生活和事業。我特別感謝的是Victor Quintanilla，我們在朋友的婚禮第一次相遇時，他就堅持要和我跳舞。從那時起，我們跳的這支舞就沒有停過。Victor，謝謝你和我一起生活。有了你，我的人生更有意義、更快樂，也更讓人欣喜，因為你是我各方面的夥伴。

資料來源

前言

1. 我將在本書解釋：Ashley Stewart 和 Shana Lebowitz 寫的 "Satya Nadella Employed a 'Growth Mindset' to Overhaul Microsoft's Cutthroat Culture and Turn it Into a Trillion-Dollar Company—Here's How He Did It," Business Insider, March 7, 2020, https://www.businessinsider.com/microsoft-ceo-satya-nadella-company-culture-change-growth-mindset.

2. 2014 年納德拉接任微軟時：Eric Jackson, "Steve Ballmer Deserves His Due as a Great CEO," CNBC, January 17, 2018, https://www.cnbc.com/2018/01/17/steve-ballmer-deserves-his-due-as-a-great-ceo.html.

3. 2021 年 11 月："Microsoft Corp," Barchart, accessed May 5, 2023, https:// www.barchart.com/stocks/quotes/MSFT/performance.

4. 原本高度依賴 Windows 作業系統的微軟：Will Feuer, "Microsoft Becomes Second US Company to Reach $2 Trillion Valuation," New York Post, June 23, 2021, https://nypost.com/2021/06/23/microsoft-second-us-company-to-reach-2-trillion-valuation/.

5. 在微軟的聊天機器人 Tay：Amy Kraft, "Microsoft Shuts Down AI Chatbot After It Turned into a Nazi," CBS News, March 25, 2016, https://www.cbsnews.com/news/microsoft-shuts-down-ai-chatbot-after-it-turned-into-racist-nazi/.

6. 以及最近的 Bing：Kif Leswing, "Microsoft's Bing A.I. Made Several Factual Errors in Last Week's Launch Demo," CNBC, February 14, 2023, https:// www.cnbc.com/2023/02/14/microsoft-bing-ai-made-several-errors-in-launch-demo-last-week-.html.

7. 在此值得一提的是："Celtics' Brad Stevens Discusses a Growth Mindset," Mindset Works, August 10, 2016, https://blog.mindsetworks.com/entry/celtics-brad-stevens-discusses-a-growth-mindset-1; Kevin Ding, "This LeBron Season Exemplifies His Lifelong Mindset," The Point, March 30, 2020, https://www.nba.com/lakers/the-point-lebron-season-exemplifies-his-lifelong-mindset; Lee Jenkins, "From 'The Dungeon' to the Top: Erik Spoelstra's Rise with the Heat," https://www.si.com/nba/2014/09/24/erik-spoelstra-miami-heat.

8. 第一個是療診公司的執行長伊麗莎白‧霍姆斯：Avery Hartmans, Sarah Jackson, and Azmi Haroun, "The Rise and Fall of Elizabeth Holmes, the Former Theranos CEO Found Guilty of Wire Fraud and Conspiracy—Who Just Managed to Delay Her Prison Reporting Date," Business Insider, April 26, 2023, https://www.businessin sider.com/theranos-founder-ceo-elizabeth-holmes-life-story-bio-2018-4.

9. 另一個是阿里夫‧納克維：David Smith, "A Financial Fairytale: How One Man Fooled the Global Elite," Guardian, July 14, 2021, https://www.theguardian.com/books/2021/jul/14/the-key-man-simon-clark-will-louch-private-equity.

10. 還有法蘭克的執行長查理‧賈維斯：Arwa Mahdawi, "30 Under 30-Year Sentences: Why So Many of Forbes' Young Heroes Face Jail," Guardian, April 7, 2023, https://www.theguardian.com/business/2023/apr/06/forbes-30-under-30-tech-finance-prison.

11. 因此去這些組織應徵工作的人：Mary C. Murphy and Carol S. Dweck, "A Culture of Genius: How an Organization's Lay Theory Shapes People's Cognition, Affect, and Behavior," Personality and Social Psychology Bulletin 36, no. 3 (October 2009): 283–96, https://doi.org/10.1177/0146167209347380.

第一章：心態光譜

1. 心態是一個光譜：Mary C. Murphy and Stephanie L. Reeves, "Personal and Organizational Mindsets at Work," Research in Organizational Behavior 39 (2019), https://doi.org/10.1016/j.riob.2020.100121.

2. 自從卡蘿‧杜維克第一次提出：Carol S. Dweck and Ellen L. Leggett, "A Social-Cognitive Approach to Motivation and Personality," Psychological Review 95, no. 2 (1988): 256–73, https://doi.org/10.1037/0033-295X.95.2.256; Carol S. Dweck, Self-Theories: Their Role in Motivation, Personality, and Development (Philadelphia: Psychology Press, 2000); Carol Dweck, Mindset: The New Psychology of Success (New York: Ballantine Books, 2007).

3. 看到下面這張插圖：Murphy and Reeves, "Personal and Organizational Mindsets at Work"；graphic by Reid Wilson, Wayfaring Path, www.wayfar ingpath.com.

4. 具備較多成長心態的人和文化：Carol Dweck, "What Having a 'Growth Mindset' Actually Means," Harvard Business Review, January 13, 2016, https://hbr.org/2016/01/what-having-a-growth-mindset-actually-means; Carol Dweck, "Carol Dweck Revisits the 'Growth Mindset'," Education Week, September 22, 2015,

https://www.edweek.org/leadership/opinion-carol-dweck-revisits-the-growth-mindset/2015/09?print=1; Carol Dweck, "Recognizing and Overcoming False Growth Mindset," Edutopia, January 11, 2016, https://www.edutopia.org/blog/recognizing-overcoming-false-growth-mindset-carol-dweck; Christine Gross-Loh, "How Praise Became a Consolation Prize," Atlantic, December 16, 2016, https://www.theatlantic.com/education/archive/2016/12/how-praise-became-a-consolation-prize/510845/.

5. 我和同事在我們創辦的教師訓練機構裡：Mary Murphy, Stephanie Fryberg, Laura Brady, Elizabeth Canning, and Cameron Hecht, "Global Mindset Initiative Paper 1: Growth Mindset Cultures and Teacher Practices," Growth Mindset Cultures and Practices (August 27, 2021), http://dx.doi.org/10.2139/ssrn.3911594; K. Morman, L. Brady, C. Wang, M. C. Murphy, M. Bang, and S. Fryberg, "Creating Identity Safe Classrooms: A Cultural Educational Psychology Approach to Teacher Interventions," paper presented at the American Educational Research Association Annual Meeting, Chicago, IL (April 2023).

6. 「沒關係，不是每個人」：Aneeta Rattan, Catherine Good, and Carol Dweck, "'It's Ok—Not Everyone Can Be Good at Math': Instructors with an Entity Theory Comfort (and Demotivate) Students," Journal of Experimental Social Psychology 48, no. 3 (May 2012): 731–37, https://doi.org/10.1016/j.jesp.2011.12.012.

7. 我們並非單純擁有定型心態或成長心態：Murphy and Reeves, "Personal and Organizational Mindsets at Work"; Dweck, "What Having a 'Growth Mindset' Actually Means."

8. 了解我們的預設心態：Dweck, Mindset; Peter A. Heslin, Lauren A. Keating, and Susan J. Ashford, "How Being in Learning Mode May Enable a Sustainable Career Across the Lifespan," Journal of Vocational Behavior 117 (March 2020), https://doi.org/10.1016/j.jvb.2019.103324.

9. 事實上，在我們的研究裡，最讓人意外的一個發現：Murphy and Reeves, "Personal and Organizational Mindsets at Work"; L. S. Blackwell, K. H. Trzesniewski, and C. S. Dweck, "Implicit Theories of Intelligence Predict Achievement Across an Adolescent Transition: A Longitudinal Study and an Intervention," Child Development 78, no. 1 (2007): 246–63, http://dx.doi.org/10.1111/j.1467-8624.2007.00995.x;Y. Hong, C. Chiu, C. S. Dweck, D. M.-S. Lin, and W. Wan, "Implicit Theories, Attributions, and Coping: A Meaning System

Approach," Journal of Personality and Social Psychology 77 (1999): 588–99, https://doi.org/10.1037/0022-3514.77.3.588; A.David Nussbaum and Carol S. Dweck, "Defensiveness Versus Remediation: Self-Theories and Modes of Self-Esteem Maintenance," Personality and Social Psychology Bulletin 34, no. 5 (March 5, 2008): 599–612, https://doi.org/10.1177/0146167207312960; Dweck and Leggett, "A Social-Cognitive Approach to Motivation and Personality"; Heslin, Keating, and Ashford, "How Being in Learning Mode May Enable a Sustainable Career Across the Lifespan."

10. 我們周遭的文化：Murphy and Reeves, "Personal and Organizational Mindsets at Work"; Mary C. Murphy and Carol S. Dweck, "A Culture of Genius: How an Organization's Lay Theory Shapes People's Cognition, Affect, and Behavior," Personality and Social Psychology Bulletin 36, no. 3 (October 2009): 283–96, https://doi.org/10.1177/0146167209347380; Murphy et al., "Global Mindset Initiative Paper 1"; Katherine T. U. Emerson and Mary C. Murphy, "Identity Threat at Work: How Social Identity Threat and Situational Cues Contribute to Racial and Ethnic Disparities in the Workplace," Cultural Diversity and Ethnic Minority Psychology 20, no. 4 (October 2014): 508–20, https://doi.org/10.1037/a0035403; Elizabeth A. Canning, Mary C. Murphy, Katherine T. U. Emerson, Jennifer A. Chatman, Carol S. Dweck, and Laura J. Kray, "Cultures of Genius at Work: Organizational Mindsets Predict Cultural Norms, Trust, and Commitment," Personality and Social Psychology Bulletin 46, no. 4 (2020): 626–42.

11. 心態文化的力量如此之大：Murphy and Reeves, "Personal and Organizational Mindsets at Work"; Murphy and Dweck, "A Culture of Genius"; Elizabeth A. Canning, Katherine Muenks, Dorainne J. Green, and Mary C. Murphy, "STEM Faculty Who Believe Ability Is Fixed Have Larger Racial Achievement Gaps and Inspire Less Student Motivation in Their Classes," Science Advances 5, no. 2 (February 15, 2019), https://doi.org/10.1126/sciadv.aau4734; Mary C. Murphy and Carol S. Dweck, "Mindsets Shape Consumer Behavior," Journal of Consumer Psychology 26, no. 1 (2016): 127–36, http://dx.doi.org/10.1016/j.jcps.2015.06.005; K. Muenks, E. A. Canning, J. LaCosse, D. J. Green, S. Zirkel, and J. A. Garcia, "Does My Professor Think My Ability Can Change? Students' Perceptions of Their STEM Professors' Mindset Beliefs Predict Their Psychological Vulnerability, Engagement, and Performance in Class," Journal of Experimental Psychology: General 149, no. 11 (2020): 2119–44, https://doi.org/10.1037/xge0000763; Canning

et al., "Cultures of Genius at Work"; David S. Yeager, Jamie M. Carroll, Jenny Buontempo, Andrei Cimpian, Spencer Woody, Robert Crosnoe, Chandra Muller, Jared Murray, Pratik Mhatre, Nicole Kersting, Christopher Hulleman, Molly Kudym, Mary Murphy, Angela Lee Duckworth, Gregory M. Walton, and Carol S. Dweck, "Teacher Mindsets Help Explain Where a Growth-Mindset Intervention Does and Doesn't Work," Psychological Science 33, no. 1 (2022): 18–32, https://doi.org/10.1177/09567976211028984; Elizabeth A. Canning, Elise Ozier, Heidi E. Williams, Rashed AlRasheed, and Mary C. Murphy, "Professors Who Signal a Fixed Mindset about Ability Undermine Women's Performance in STEM," Social Psychological and Personality Science 13, no. 5 (2022): 927–37, https://doi.org/10.1177/19485506211030398; Cameron A. Hecht, David S. Yeager, Carol S. Dweck, and Mary C. Murphy, "Beliefs, Affordances, and Adolescent Development: Lessons from a Decade of Growth Mindset Interventions," Advances in Child Development and Behavior 61 (2021): 169–197, https://doi.org/10.1016/bs.acdb.2021.04.004; Cameron A. Hecht, Carol S. Dweck, Mary C. Murphy, Kathryn M. Kroeper, and David S. Yeager, "Efficiently Exploring the Causal Role of Contextual Moderators in Behavioral Science," Proceedings of the National Academy of Sciences 120, no. 1 (2023): https://doi.org/10.1073/pnas.2216315120.

12. 例如，健身公司Barre3的執行長莎蒂・林肯：Megan DiTrolio, "Being a Female CEO Is Not My Identity," Marie Claire, July 3, 2019, https://www.marieclaire.com/career-advice/a28243947/sadie-lincoln-barre-3/; "Sadie Lincoln Is Rewriting the Fitness Story: Thoughts on Movement, Community, Risk & Vulnerability, Episode 501," interview by Rich Roll, Rich Roll Podcast, February 24, 2020, https://www.richroll.com/podcast/sadie-lincoln-501/.

13. 「我失去一些團隊成員」：DiTrolio, "Being a Female CEO Is Not My Identity."

14. 誠如林肯……所說："How I Built Resilience: Live with Sadie Lincoln," interview by Guy Raz, How I Built This, June 20, 2020, https://www.npr.org/2020/06/18/880460529/how-i-built-resilience-live-with-sadie-lincoln.

15. 為了響應「黑人的命也是命」運動："How I Built Resilience: Live with Sadie Lincoln," interview by Guy Raz.

16. Barre3一直……合作：The company has been working with: "Diversity, Equity, and Inclusion Update at Barre3: An Update," Barre3 Magazine, February 4, 2021, https://blog.barre3.com/diversity-equity-inclusion-update/.

17. 組織心態是指……共同信念：Murphy and Reeves, "Personal and Organizational Mindsets at Work"；Murphy and Dweck, "A Culture of Genius"；Katherine T. U. Emerson and Mary C. Murphy, "A Company I Can Trust? Organizational Lay Theories Moderate Stereotype Threat for Women," Personality and Social Psychology Bulletin 41, no. 2 (February 1, 2015): 295–307, https://doi.org/10.1177/01461672145649; Canning et al., "Cultures of Genius at Work."

18. 組織心態也有：同上。

19. 組織心態抱持的理念：同上。

20. 定型組織心態（也就是信奉天才文化的組織）：同上。

21. 誠如哈佛大學教授瑪嘉莉・葛伯：Marjorie Garber, "Our Genius Problem: Why This Obsession with the Word, with the Idea, and with the People on Whom We've Bestowed the Designation?" Atlantic, December 2002, https://www.theat lantic.com/magazine/archive/2002/12/our-genius-problem/308435/.

22. 當我問卡蘿・杜維克：Carol Dweck, interview by Mary Murphy, June 23, 2021.

23. 史丹佛大學心理學教授克勞德・史提爾：Claude Steele, interview by Mary Murphy, July 9, 2021.

24. 我的研究結果和這些分析相仿：Murphy and Reeves, "Personal and Organizational Mindsets at Work;" Canning et al., "Professors Who Signal a Fixed Mindset"；Murphy et al., "Global Mindset Initiative Paper 1"；Canning et al., "STEM Faculty Who Believe Ability Is Fixed"；L. Bian, S. Leslie, M. C. Murphy, and A. Cimpian, "Messages about Brilliance Undermine Women's Interest in Educational and Professional Opportunities," Journal of Experimental Social Psychology 76 (May 2018): 404–20, https://doi.org/10.1016/j.jesp.2017.11.006; Lile Jia, Chun Hui Lim, Ismaharif Ismail, and Yia Chin Tan, "Stunted Upward Mobility in Learning Environment Reduces the Academic Benefits of Growth Mindset," Proceedings of the National Academy of Sciences 118, no. 10 (March 1, 2021): https://doi.org/10.1073/pnas.20118321. 請見：D. Storage, T. E. S. Charlesworth, M. R. Banaji, and A. Cimpian, "Adults and Children Implicitly Associate Brilliance with Men More than Women," Journal of Experimental Social Psychology 90 (2020), https://doi.org/10.1016/j.jesp.2020.104020; L. Bian, S. J. Leslie, and A. Cimpian, "Evidence of Bias Against Girls and Women in Contexts that Emphasize Intellectual Ability," American Psychologist 73, no. 9 (2018): 1139–53, https://doi.org/10.1037/amp0000427; E. K. Chestnut, R. F. Lei, S. J. Leslie, and A. Cimpian, "The Myth

that Only Brilliant People are Good at Math and Its Implications for Diversity,"
Education Sciences 8, no. 2 (2018): 65, https://doi.org/10.3390/educsci8020065;
Andrei Cimpian and Sarah-Jane Leslie, "The Brilliance Paradox: What Really
Keeps Women and Minorities from Excelling in Academia," Scientific American,
September 1, 2017, https://www.scientificamerican.com/article/the-brilliance-par-
adox-what-really-keeps-women-and-minorities-from-excelling-in-academia/; D.
Storage, Z. Horne, A. Cimpian, and S. J. Leslie, "The Frequency of 'Brilliant'
and 'Genius' in Teaching Evaluations Predicts the Representation of Women
and African Americans Across Fields," PLOS ONE 11, no. 3, (March 3, 2016),
https://doi.org/10.1371/journal.pone.0150194; and S. J. Leslie, A. Cimpian, M.
Meyer, and E. Freeland, "Expectations of Brilliance Underlie Gender Distributions
Across Academic Disciplines," Science 347, no. 6219, (2015): 262–65, https://doi.
org/10.1126/science.1261375.

25.　但這些想法和我的研究背道而馳：Canning et al., "STEM Faculty Who Believe
Ability Is Fixed"；Yeager et al., "Teacher Mindsets"；K. M. Kroeper, A. Fried,
and M. C. Murphy, "Toward Fostering Growth Mindset Classrooms: Identifying
Teaching Behaviors that Signal Instructors' Fixed and Growth Mindset Beliefs
to Students," Social Psychology of Education 25 (2022): 371–98, https://doi.
org/10.1007/s11218-022-09689-4; K. M. Kroeper, K. Muenks, E. A. Canning,
and M. C. Murphy, "An Exploratory Study of the Behaviors that Communicate
Perceived Instructor Mindset Beliefs in College STEM Classrooms," Teaching and
Teacher Education 114 (2022), https://doi.org/10.1016/j.tate.2022.103717; Muenks
et al., "Does My Professor Think My Ability Can Change?"；J. LaCosse, M. C.
Murphy, J. A. Garcia, and S. Zirkel, "The Role of STEM Professors' Mindset
Beliefs on Students' Anticipated Psychological Experiences and Course Interest,"
Journal of Educational Psychology 113 (2021): 949–71, https://doi.org/10.1037/
edu0000620; K. L. Boucher, M. A. Fuesting, A. Diekman, and M. C. Murphy, "Can
I Work With and Help Others in the Field? How Communal Goals Influence Interest
and Participation in STEM Fields," Frontiers in Psychology 8 (2017), https://doi.
org/10.3389/fpsyg.2017.00901; Melissa A. Fuesting, Amanda B. Diekman, Kathryn
L. Boucher, Mary C. Murphy, Dana L. Manson, and Brianne L. Safer, "Growing
STEM: Perceived Faculty Mindset as an Indicator of Communal Affordances in
STEM," Journal of Personality and Social Psychology 117, no. 2 (2019): 260–81,
https://doi.org/10.1037/pspa0000154; K. Boucher, M. C. Murphy, D. Bartel, J.

Smail, C. Logel, and J. Danek, "Centering the Student Experience: What Faculty and Institutions Can Do to Advance Equity," Change: The Magazine of Higher Learning 53 (2021): 42–50, https://doi.org/10.1080/00091383.2021.1987804.

26. 我的研究顯示，組織的心態文化：Murphy and Reeves, "Personal and Organizational Mindsets at Work"；Murphy and Dweck, "A Culture of Genius"；Emerson and Murphy, "A Company I Can Trust?"；Canning et al., "Cultures of Genius at Work."

27. 組織心態可能建立在：同上。

28. 組織心態和個人心態一樣：同上。

29. 你和其他人⋯⋯心態誘因：Murphy and Reeves, "Personal and Organizational Mindsets at Work."

第二章：組織心態

1. 威廉・詹姆斯經常被公認為：William James, The Principles of Psychology (New York: Henry Holt, 1890), 294.

2. 大量研究顯示：Carol Dweck, Mindset: The New Psychology of Success (New York: Ballantine Books, 2007); H. Grant and C. S. Dweck, "Clarifying Achievement Goals and their Impact," Journal of Personality and Social Psychology 85 (2003): 541–53, https://doi.org/10.1037/0022-3514.85.3.541; Y. Hong, C. Chiu, C. S. Dweck, D. M.-S.Lin, and W. Wan, "Implicit Theories, Attributions, and Coping: A Meaning System Approach," Journal of Personality and Social Psychology 77 (1999): 588–99, https://doi.org/10.1037/0022-3514.77.3.588; D. C. Molden and C. S. Dweck, "Finding 'Meaning' in Psychology: A Lay Theories Approach to Self Regulation, Social Perception, and Social Development," American Psychologist, 61 (2006): 192–203, https://doi.org/10.1037/0003-066X.61.3.192; Dweck and Leggett, "A Social-Cognitive Approach to Motivation and Personality"；David Nussbaum and Carol S. Dweck, "Defensiveness Versus Remediation: Self-Theories and Modes of Self-Esteem Maintenance," Personality and Social Psychology Bulletin 34, no. 5 (March 5, 2008): 599–612, https://doi.org/10.1177/0146167207312960; J. S. Moser, H. S. Schroder, C. Heeter, T. P. Moran, and Y.-H.Lee, "Mind Your Errors: Evidence for a Neural Mechanism Linking Growth Mind-Set to Adaptive Posterror Adjustments," Psychological Science 22 (2011): 1484–89, https://doi.org/10.1177/0956797611419520; J. A. Mangels, B. Butterfield, J. Lamb, C.

Good, and C. S. Dweck, "Why Do Beliefs about Intelligence Influence Learning Success? A Social Cognitive Neuroscience Model," Social Cognitive and Affective Neuroscience 1 (2006): 75–86; https://doi.org/10.1093/scan/nsl013; L. S. Blackwell, K. H. Trzesniewski, and C. S. Dweck, "Implicit Theories of Intelligence Predict Achievement Across an Adolescent Transition: A Longitudinal Study and an Intervention," Child Development 78, no. 1 (2007): 246–63, http://dx.doi.org/10.1111/j.1467-8624.2007.00995.x; C. S. Dweck, C. Chiu, and Y. Hong, "Implicit Theories and Their Role in Judgments and Reactions: A World from Two Perspectives," Psychological Inquiry 6, (1995): 267–85, https://doi.org/10.1207/s15327965pli0604_1; S. R. Levy, J. E. Plaks, Y. Hong, C. Chiu, and C. S. Dweck, "Static Versus Dynamic Theories and the Perception of Groups: Different Routes to Different Destinations," Personality and Social Psychology Review 5 (2001): 156–68, https://doi.org/10.1207/S15327957PSPR0502_6; C. Chiu, Y. Hong, and C. S. Dweck, "Lay Dispositionism and Implicit Theories of Personality," Journal of Personality and Social Psychology 73 (1997): 19–30, https://doi.org/10.1037/0022-3514.73.1.19; C. A. Erdley and C. S. Dweck, "Children's Implicit Personality Theories as Predictors of their Social Judgments," Child Development 64 (1993): 863–78, https://doi.org/10.2307/1131223; S. R. Levy, S. J. Stroessner, and C. S. Dweck, "Stereotype Formation and Endorsement: The Role of Implicit Theories," Journal of Personality and Social Psychology 74 (1998): 1421–36, https://doi.org/10.1037/0022-3514.74.6.1421; J. E. Plaks, S. J. Stroessner, C. S. Dweck, and J. W. Sherman, "Person Theories and Attention Allocation: Preferences for Stereotypic Versus Counter stereotypic Information," Journal of Personality and Social Psychology 80 (2001): 876–93, https:// doi.org/10.1037/0022-3514.80.6.876; J. E. Plaks, "Implicit Theories: Assumptions that Shape Social and Moral Cognition," in Advances in Experimental Social Psychology 56, ed.J. M. Olson (New York: Academic Press, 2017), 259–310.

3.　我的團隊評估過人們對心態文化的反應，其中一個方法：Mary C. Murphy and Stephanie L. Reeves, "Personal and Organizational Mindsets at Work," Research in Organizational Behavior 39 (2019), https://doi.org/10.1016/j.riob.2020.100121; Mary C. Murphy and Carol S. Dweck, "A Culture of Genius: How an Organization's Lay Theory Shapes People's Cognition, Affect, and Behavior," Personality and Social Psychology Bulletin 36, no. 3 (October 2009): 283–96, https://doi.org/10.1177/0146167209347380; Katherine T. U. Emerson and Mary C. Murphy, "A

Company I Can Trust? Organizational Lay Theories Moderate Stereotype Threat for Women," Personality and Social Psychology Bulletin 41, no. 2 (February 1, 2015): 295–307, https://doi.org/10.1177/01461672145649; Elizabeth A. Canning, Mary C. Murphy, Katherine T. U. Emerson, Jennifer A. Chatman, Carol S. Dweck, and Laura J. Kray, "Cultures of Genius at Work: Organizational Mindsets Predict Cultural Norms, Trust, and Commitment," Personality and Social Psychology Bulletin 46, no. 4 (2020): 626–42.

4. 我的研究顯示，具備成長文化的組織：Murphy and Reeves, "Personal and Organizational Mindsets at Work"；Canning et al., "Cultures of Genius at Work."

5. 以下是我們在心態文化光譜的兩極所看到的公司特徵：Murphy and Reeves, "Personal and Organizational Mindsets at Work"；Emerson and Murphy, "A Company I Can Trust?"；Canning et al., "Cultures of Genius at Work."

6. 但這種才華捷思法：Benjamin Frimodig, "Heuristics: Definition, Examples, and How They Work," Simply Psychology, February 14, 2023, https://www.simply psychology.org/what-is-a-heuristic.html; L. Bian, S. J. Leslie, and A. Cimpian, "Gender Stereotypes About Intellectual Ability Emerge Early and Influence Children's Interests," Science 355 (2017): 389–91, https://doi.org/10.1126/science.aah6524; M. Bennett, "Men's and Women's Self-Estimates of Intelligence," Journal of Social Psychology 136 (1996): 411–12, https://doi.org/10.1080/00224545.1996.971402 1; M. Bennett, "Self-Estimates of Ability in Men and Women," Journal of Social Psychology 137 (1997): 540–41, https://doi.org/10.1080/00224549709595475; K. C. Elmore and M. Luna-Lucero, "Light Bulbs or Seeds? How Metaphors for Ideas Influence Judgments about Genius," Social Psychological and Personality Science 8 (2017): 200–8, https://doi.org/10.1177/1948550616667611; B. Kirkcaldy, P. Noack, A. Furnham, and G. Siefen, "Parental Estimates of Their Own and Their Children's Intelligence," European Psychologist 12 (2007): 173–80, https://doi.org/10.1027/1016-9040.12.3.173; A. Lecklider, Inventing the Egghead: The Battle over Brainpower in American Culture (Philadelphia: University of Pennsylvania Press, 2013); Seth Stephens-Davidowitz, "Google, Tell Me. Is My Son a Genius?" New York Times, January 18, 2014, http://www.nytimes.com/2014/01/19/opinion/sunday/google-tell-me-is-my-son-a-genius.html; J. Tiedemann, "Gender-Related Beliefs of Teachers in Elementary School Mathematics," Educational Studies in Mathematics 41 (2000): 191–207, https://doi.org/10.1023/A:1003953801526; Sandra Upson and Lauren F. Friedman, "Where are

all the Female Geniuses?" Scientific American Mind, November 1, 2012, https://www.scientificamerican.com/article/where-are-all-the-female-geniuses/.

7. 為了好玩："What Does Genius Look Like?" Google search, accessed May 6, 2023, https://www.google.com/search?q=what+does+a+genius+look+like&tbm=isch&ved=2ahUKEwj9h5Obi-H-AhUTLN4AHXhZAQIQ2-cCegQIABAA&oq=what+does+a+genius+look+like&gs _lcp=CgNpbWcQAzI ECCMQJzIG CA AQBx AeMgYIA BAIEB5Q9g JYoAlgpQpo A X A Ae ACA AZ MBi AHx AZIBAzEuMZgBAKABAaoBC2d3cyl3aXotaWlnwAEB&sclient=img&ei=53xWZ L34I5PY-LYP-LKFEA.

8. 在天才文化裡：L. Bian, S. Leslie, M. C. Murphy, and A. Cimpian, "Messages about Brilliance Undermine Women's Interest in Educational and Professional Opportunities," Journal of Experimental Social Psychology 76 (May 2018): 404–20; https://doi.org/10.1016/j.jesp.2017.11.006.

9. 如何影響行為規範：Canning et al., "Cultures of Genius at Work."

10. 麻省理工學院榮譽教授艾德格・施奇恩：Edgar H. Schein, Organizational Culture and Leadership, 4th ed.(San Francisco: Jossey-Bass, 2010).

11. 心態也是影響人類行為的一種核心信念：Murphy and Reeves, "Personal and Organizational Mindsets at Work"；Canning et al., "Cultures of Genius at Work."

12. 我們會根據自己對公司價值觀的看法：Murphy and Reeves, "Personal and Organizational Mindsets at Work."

13. 在我們實驗室的研究裡，我們發現：Murphy and Reeves, "Personal and Organizational Mindsets at Work"；Murphy and Dweck, "A Culture of Genius."

14. 員工對天才文化的信任度和投入感較低：Murphy and Reeves, "Personal and Organizational Mindsets at Work"；Murphy and Dweck, "A Culture of Genius"；Emerson and Murphy, "A Company I Can Trust?"；Canning et al., "Cultures of Genius at Work."

15. 我和同事發現：Canning et al., "Cultures of Genius at Work."

16. 我們的分析……環境裡：Emerson and Murphy, "A Company I Can Trust?"；Canning et al., "Cultures of Genius at Work."

17. 接下來……看待公司：Canning et al., "Cultures of Genius at Work." See also: P. A. Heslin, "'Potential' in the Eye of the Beholder: The Role of Managers Who Spot Rising Stars," Industrial and Organizational Psychology: Perspectives

on Science and Practice 2, no. 4 (2009): 420–24, https://doi.org/10.1111/j.1754-9434.2009.01166.x

18. 我們的研究與《財星》500大的結果一致：Mary C. Murphy, "Mindsets in Entrepreneurship: Measurement and Validation Results," report to the G2 Advisory Group and the Kauffman Foundation (April 2020).

第三章：合作

1. 我們的研究顯示，成長文化 ：Mary C. Murphy and Stephanie L. Reeves, "Personal and Organizational Mindsets at Work," Research in Organizational Behavior 39 (2019), https://doi.org/10.1016/j.riob.2020.100121; Mary C. Murphy and Carol S. Dweck, "A Culture of Genius: How an Organization's Lay Theory Shapes People's Cognition, Affect, and Behavior," Personality and Social Psychology Bulletin 36, no. 3 (October 2009): 283–96, https://doi.org/10.1177/0146167209347380; Elizabeth A. Canning, Mary C. Murphy, Katherine T. U. Emerson, Jennifer A. Chatman, Carol S. Dweck, and Laura J. Kray, "Cultures of Genius at Work: Organizational Mindsets Predict Cultural Norms, Trust, and Commitment," Personality and Social Psychology Bulletin 46, no. 4 (2020): 626–42; M. C. Murphy, B. Tauber, C. Samsa, and C. S. Dweck, "Founders' Mindsets Predict Company Culture and Organizational Success in Early Stage Startups" (working paper); Mary C. Murphy, "Mindsets in Entrepreneurship: Measurement and Validation Results," report to the G2 Advisory Group and the Kauffman Foundation (April 2020). 注意：和考夫曼基金會的工作，是和Wendy Torrance與Kathleen Boyle Dalen合作進行。

2. 共享空間WeWork創辦人亞當‧紐曼表示：WeWork: Or the Making and Breaking of a $47 Billion Unicorn, directed by Jed Rothstein, Campfire/Forbes Entertainment/Olive Hill Media, 2021.

3. 人們稱這個過程為分級排名：Steve Bates, "Forced Ranking," HR Magazine, June 1, 2003, https://www.shrm.org/hr-today/news/hr-magazine/pages/0603bates.aspx.

4. 但在WeWork……「珍妮大屠殺」：Reeves Wiedeman, Billion Dollar Loser: The Epic Rise and Fall of WeWork (London: Hodder & Stoughton, 2020).

5. 美國進步中心的數據顯示："There Are Significant Business Costs to Replacing Employees," Center for American Progress, November 16, 2012, https://www.americanprogress.org/article/there-are-significant-business-costs-to-replacing-employees/.

6. 根據蓋洛普估計，光是千禧世代的流動率：Amy Adkins, "Millennials: The Job-Hopping Generation," Gallup, accessed May 6, 2023, https://www.gallup.com/workplace/231587/millennials-job-hopping-generation.aspx.

7. 千禧世代最重視的是：Lauren Vesty, "Millennials Want Purpose Over Paychecks. So Why Can't We Find It at Work?" Guardian, September 14, 2016, https:// www. theguardian.com/sustainable-business/2016/sep/14/millennials-work-purpose-linke-din-survey.

8. 就像我們針對 Glassdoor 數據所做的研究顯示 ： Canning et al., "Cultures of Genius at Work."

9. 2021 年，勞動市場出現史無前例的「大辭職潮」："Quits: Total Nonfarm," Federal Reserve Bank of St. Louis, accessed May 6, 2023, https://fred.stlouisfed.org/series/JTSQUL?utm_source=npr_newsletter&utm_medium=email&utm_content=20220122&utm_term=6236291&utm_campaign=money&utm_id=1253516&orgid=278&utm_att1=nprnews.

10. 組織行為專家指出：Donald Sull, Charles Sull, and Ben Zweig, "Toxic Culture Is Driving the Great Resignation," MIT Sloan Management Review, January 11, 2022, https://sloanreview.mit.edu/article/toxic-culture-is-driving-the-great-resignation/.

11. 員工如何認知……極大影響：Murphy and Reeves, "Personal and Organizational Mindsets at Work"；Katherine T. U. Emerson and Mary C. Murphy, "A Company I Can Trust? Organizational Lay Theories Moderate Stereotype Threat for Women," Personality and Social Psychology Bulletin 41, no. 2 (February 1, 2015): 295–307, https://doi.org/10.1177/01461672145649; Canning et al., "Cultures of Genius at Work"；P. A. Heslin, " 'Potential' in the Eye of the Beholder: The Role of Managers Who Spot Rising Stars," Industrial and Organizational Psychology: Perspectives on Science and Practice 2, no. 4 (2009): 420–24, https://doi.org/10.1111/j.1754-9434.2009.01166.x; Heslin, Keating, and Ashford, "How Being in Learning Mode May Enable a Sustainable Career Across the Lifespan."

12. 紐曼的前助理一直到她最後離開公司時 ： WeWork: Or the Making and Breaking of a $47 Billion Unicorn.

13. 然而，正如我們的研究所示：Murphy and Reeves, "Personal and Organizational Mindsets at Work"；Emerson and Murphy, "A Company I Can Trust?"；Canning et al., "Cultures of Genius at Work."

14. 諷刺的是，WeWork 以公司文化為賣點：WeWork: Or the Making and Breaking of a $47 Billion Unicorn.

15. 被趕下台：Samantha Subin, "Outsted WeWork CEO Says $47 Billion Valuation Went to His Head Before Botched IPO," CNBC, November 9, 2021, https://www.cnbc.com/2021/11/09/ousted-wework-ceo-adam-neumann-47-billion-valuation-went-to-his-head.html; Wiedeman, Billion Dollar Loser.

16. 透過近期的WeWork：Wiedeman, Billion Dollar Loser.

17. 和療診公司：John Carreyrou, Bad Blood: Secrets and Lies in a Silicon Valley Startup (New York: Knopf, 2018); The Inventor: Out for Blood in Silicon Valley, directed by Alex Gibney, HBO Documentary Films/Jigsaw Productions, 2019.

18. 富國銀行：Chris Prentice and Pete Schroeder, "Former Wells Fargo Exec Faces Prison, Will Pay $17 Million Fine Over Fake Accounts Scandal," Reuters, March 15, 2023, https://www.reuters.com/legal/former-wells-fargo-executive-pleads-guilty-obstructing-bank-examination-fined-17-2023-03-15/.

19. 與安隆：Bethany McLean and Peter Elkind, Smartest Guys in the Room: The Amazing Rise and Scandalous Fall of Enron (New York: Portfolio, 2003).

20. 讓人不安的是，分級排名的做法：A. J. Hess, "Ranking Workers Can Hurt Morale and Productivity. Tech Companies Are Doing It Anyway," Fast Company, February 16, 2023, https://www.fastcompany.com/90850190/stack-ranking-workers-hurt-morale-productivity-tech-companies?utm_source=newsletters&utm_medium=email&utm_campaign=FC%20-%20Compass%20Newsletter.Newsletter%20-%20FC%20-%20Compass%202 17-23&leadId=7181911.

21. 相反的，競爭可以直接：Murphy and Reeves, "Personal and Organizational Mindsets at Work"；Emerson and Murphy, "A Company I Can Trust?"；Canning et al., "Cultures of Genius at Work."

22. 在我對《財星》500大公司的研究中：Canning et al., "Cultures of Genius at Work."

23. 誠如執行長、創業家和商學教授瑪格麗特‧赫弗南所寫：Margaret Heffernan, A Bigger Prize: How We Can Do Better than the Competition (Philadelphia: PublicAffairs, 2014).

24. 巧的是……一組研究人員：Omri Gillath, Christian S. Crandall, Daniel L. Wann, and Mark H. White II, "Buying and Building Success: Perceptions of Organizational Strategies for Improvement," Journal of Applied Psychology 51, no. 5 (May 2021): 534–46, https://doi.org/10.1111/jasp.12755.

25. 例如，公司會向設計部門的應徵者保證："How to Nail Your Design Interview: What to Expect and What We Look For," Atlassian, accessed May 6, 2023, https://www.atlassian.com/company/careers/resources/interviewing/how-to-nail-your-design-interview.

26. Atlassian網站："Breaking the Glass Ceiling in Tech: Advice from Three Atlassian Engineering Managers," Atlassian, accessed May 6, 2023, https:// www.atlassian.com/company/careers/resources/career-growth/breaking-the-glass-ceiling-in-tech.

27. 還有一個頁面是提供給實習生和應屆畢業生參考的問答："Common Challenges of Interns and Grads and the Solutions to Them," Atlassian, accessed May 6, 2023, https://www.atlassian.com/company/careers/resources/career-growth/common-challenges-of-interns-and-grads.

28. Atlassian的理念是："Employee Development Templates," Atlassian, accessed May 6, 2023, https://www.atlassian.com/software/confluence/templates/collec tions/employee-development.

29. Atlassian也會分享員工的升遷過程："From New Grads to Engineering Managers: Three Atlassian[s] on their Journeys, Constant Learning, and Support Along the Way," Atlassian, accessed May 6, 2023, https://www.atlassian.com/company/careers/resources/career-growth/from-new-grads-to-engineering-managers.

30. 也會不斷了解：Sarah Larson, "The Employee Attrition Spike is Here: How to Hang on to Your Best People," Atlassian, June 22, 2021, https://www.atlassian.com/blog/leadership/attrition-spike.

31. 根據Glassdoor在2023年的數據："Atlassian," Glassdoor, accessed May 6, 2023, https://www.glassdoor.com/Reviews/Atlassian-Reviews-E115699.htm.

32. 擔心成長文化在市場上競爭力較差的人："Atlassian," MarketCap, accessed May 6, 2023, https:// companiesmarketcap.com/atlassian/marketcap/.

33. 葉杜二氏法則：Ronald A. Cohen, "Yerkes-Dodson Law," Encyclopedia of Clinical Neuropsychology, accessed May 6, 2023, https://link.springer.com/refer ence-workentry/10.1007/978-0-387-79948-3_1340.

34. 我們的研究再次顯示：Canning et al., "Cultures of Genius at Work"；Murphy and Reeves, "Personal and Organizational Mindsets at Work"；Emerson and Murphy, "A Company I Can Trust?"

35. 珍妮佛‧道納還是個小女孩時：Walter Isaacson, The Code Breaker: Jennifer Doudna, Gene Editing, and the Future of the Human Race (New York, Simon & Schuster, 2021).

36. 她也放下：Walter Isaacson, "CRISPR Rivals Put Patents Aside to Help in Fight Against Covid-19," STAT, March 3, 2021, https://www.statnews.com/2021/03/03/crispr-rivals-put-patents-aside-fight-against-covid-19/.

37. 結果他們以CRISPR為基礎的檢測："STATus List 2022: Jennifer Doudna," STAT, accessed May 6, 2023, https://www.statnews.com/status-list/2022/jennifer-do udna/.

38. 對道納來說，維護：Walter Isaacson, The Code Breaker.

39. 從公司創立開始：Yvon Chouinard, Let My People Go Surfing: The Education of a Reluctant Businessman─Including 10 More Years of Business Unusual (New York: Penguin, 2016).

40. 蘭格是……神經外科主任："Overview," Lenox Hill Hospital, accessed May 6, 2023, https://lenoxhill.northwell.edu/about.

41. 「如果沒有合作」：Lenox Hill, season 1, episode 1, "Growth Hurts." Netflix, 2020.

42. 跑步教練史提夫・麥格尼斯："Steve Magness: How to Do Hard Things and the Surprising Science of Resilience, Episode 686," interview by Rich Roll, Rich Roll Podcast, June 13, 2022, https://www.richroll.com/podcast/steve-magness-686/.

43. 在美國情境喜劇《六人行》中：On the sitcom Friends: Friends, season 5, episode 5.13, "The One with Joey's Bag," NBC, February 4, 1999.

44. 科技公司數位海洋：Lisa Bodell, "Reward Programs that Actually Boost Collaboration," Forbes, November 30, 2019, https://www.forbes.com/sites/lisa bodell/2019/11/30/reward-programs-that-actually-boost-collaboration/?sh=706c797871ee.

45. 2013年，微軟拋棄：Stephen Miller, " 'Stack Ranking' Ends at Microsoft, Generating Heated Debate," SHRM, November 20, 2013, https://www.shrm.org/resourcesandtools/hr-topics/compensation/pages/stack-ranking-microsoft.aspx.

46. 人力資源主管迪恩・卡特："Can Patagonia Change the World? With CHRO Dean Carter and Dr. David Rock," interview by Chris Weller, Your Brain at Work, August 5, 2019, https://neuroleadership.com/podcast/planting-seeds-at-patagonia-with-dean-carter.

47. 人才評估計畫裡，其中一部分："Talent Assessment Program," GitLab, accessed May 6, 2023, https://about.gitlab.com/handbook/people-group/talent-assess-ment/#measuring-growth-potential.

第四章：創新與創造力

1. 「我們不知道轉型的速度有多快」：Jorrit van der Togt, interview by Mary Murphy, July 8, 2021.

2. 殼牌在2007年設定「零事故」的目標："Safety: Our Approach," Shell, accessed May 6, 2023, https://www.shell.com/sustainability/safety/our-approach.html.

3. 鄧肯在接受採訪時表示：Candace Duncan, interview by Kelly Madrone, December 2, 2020.

4. 以身作則是鄧肯成功的原因：Crystal L. Hoyt, Jeni L. Burnette, and Audrey N. Innella, "I Can Do That: The Impact of Implicit Theories on Leadership Role Model Effectiveness," Personality and Social Psychology Bulletin 38, no. 2 (December 5, 2011) https://doi.org/10.1177/0146167211427922.

5. 以共乘汽車應用程式優步為例：Mike Isaac, Super Pumped: The Battle for Uber (New York: W. W. Norton & Company, 2019).

6. 在安侯建業：Candace Duncan, interview by Kelly Madrone, December 2, 2020.

7. 相較之下，優步：Mike Isaac, Super Pumped.

8. 傅萊大力加強高階主管的教育：Frances Frei, "How to Build (and Rebuild) Trust," TED2018, April 2018, https://www.ted.com/talks/frances_frei_how_to_build_and_rebuild_trust#t-848544.

9. 附帶一提，優步新任執行長：Kara Swisher, "Here's One of Uber CEO Dara Khosrowshahi's New Rules of the Road: 'We Do the Right Thing. Period.,' " Vox, November 7, 2017, https://www.vox.com/2017/11/7/16617340/read-uber-dara-khosrowshahi-new-rule-values-meeting.

10. 當我們處於「證明與表現」的模式時：Marie Crouzevialle and Fabrizio Butera, "Performance-Approach Goals Deplete Working Memory and Impair Cognitive Performance," Journal of Experimental Psychology 142, no. 3 (August 2013): 666–78, https://doi.org/10.1037/a0029632.

11. 相反的，另一個研究顯示：Nujaree Intasao and Ning Hao, "Beliefs about Creativity Influence Creative Performance: The Mediation Effects of Flexibility and Positive Affect," Frontiers in Psychology 9 (September 24, 2018), https://doi.org/10.3389/fpsyg.2018.01810.s

12. 研究人員曾透過一項研究來衡量：Alexander J. O'Connor, Charlan J. Nemeth, and Satoshi Akutsu, "Consequences of Beliefs about the Malleability of Creativity,"

Creativity Research Journal 25, no. 2 (May 17, 2013): 155–62, https://doi.org/10.108 0/10400419.2013.783739.

13. 在另一項研究裡……收斂性思維。同上。

14. 正如達爾文經常引用的一句話："It Is Not the Strongest of the Species that Survives but the Most Adaptable," Quote Investigator, accessed May 8, 2023, https://quoteinvestigator.com/2014/05/04/adapt/.adapt/.

15. 然而，企業常常面臨一個困境：Charles A. O'Reilly and Michael L. Tushman, Lead and Disrupt: How to Solve the Innovator's Dilemma (Redwood City, CA: Stanford Business Books, 2016).

16. 研究顯示，長期保持成長心態的個人和組織：Elizabeth A. Canning, Mary C. Murphy, Katherine T. U. Emerson, Jennifer A. Chatman, Carol S. Dweck, and LauraJ.Kray, "Cultures of Genius at Work: Organizational Mindsets Predict Cultural Norms, Trust, and Commitment," Personality and Social Psychology Bulletin 46, no. 4 (2020): 626–42; Don Vandenwalle, "A Growth and Fixed Mindset Exposition of the Value of Conceptual Clarity," Industrial and Organizational Psychology 5, no. 3 (January 7, 2015): 301–05, https://doi.org/10.1111/j/1754-9434.2012.01450.x.

17. 賈桂琳・諾佛葛拉茲……有出色的職涯表現：Jacqueline Novogratz, The Blue Sweater: Bridging the Gap Between Rich and Poor in an Interconnected World (New York: Rodale, 2009); Jacqueline Novogratz, Manifesto for a Moral Revolution: Practices to Build a Better World (New York: Henry Holt, 2020); Jacqueline Novogratz, interview by Mary Murphy, March 16, 2023.

18. 截至2023年，d.light已經幫助："1,400,000 Lives. Transformed." d.light, accessed May 8, 2023, https://www.dlight.com/.

19. 諾佛葛拉茲表示：Jacqueline Novogratz, Manifesto for a Moral Revolution.

20. 我和諾佛葛拉茲談話時：Jacqueline Novogratz, interview by Mary Murphy, March 16, 2023.

21. 根據多項研究：Mary C. Murphy and Carol S. Dweck, "Mindsets Shape Consumer Behavior," Journal of Consumer Psychology 26, no. 1 (2016): 127–36, http://dx.doi. org/10.1016/j.jcps.2015.06.005.

22. 辛辛那提大學的研究員喬許・克拉克森（Josh Clarkson）：Cammy Crolic, Joshua J. Clarkson, Ashley S. Otto, and Mary C. Murphy, "Motivated Knowledge Acquisition: Implicit Self-Theories and the Preference for Knowledge Breadth or Depth," Personality and Social Psychology Bulletin (forthcoming, 2024).

23. 傾向以定型心態思考的人：Carol S. Dweck and Ellen L. Leggett, "A Social Cognitive Approach to Motivation and Personality," Psychological Review 95, no. 2 (1988): 256–73, https://doi.org/10.1037/0033-295X.95.2.256.

24. 產品的行銷方式：Murphy and Dweck, "Mindsets Shape Consumer Behavior"；Mary C. Murphy and Carol S. Dweck, "Mindsets and Consumer Psychology: A Response," Journal of Consumer Psychology 26 (2015): 165–66, https://doi.org/10.1016/j.jcps.2015.06.006.

25. 組織行為的研究顯示：Murphy and Dweck, "Mindsets Shape Consumer Behavior"；J. K. Park, and D. R. John, "Got to Get You Into My Life: Do Brand Personalities Rub Off on Consumers?," Journal of Consumer Research 37 (2010): 655–669, https://doi.org/10.1086/655807; J. K. Park and D. R. John, "Capitalizing on Brand Personalities in Advertising: The Influence of Implicit Self-Theories on Ad Appeal Effectiveness," Journal of Consumer Psychology 22 (2012): 424–32, https://doi.org/10.1016/j.jcps.2011.05.004.

26. 人們通常認為，定型心態的組織：Murphy and Dweck, "Mindsets Shape Consumer Behavior"；Emerson and Murphy, "A Company I Can Trust?"；Mary C. Murphy and Carol S. Dweck, "A Culture of Genius: How an Organization's Lay Theory Shapes People's Cognition, Affect, and Behavior," Personality and Social Psychology Bulletin 36, no. 3 (October 2009): 283–96, https://doi.org/10.1177/0146167209347380.

27. 一個原因：Seth Stevenson, "We're No. 2! We're No. 2! How a Mad Men–Era Ad Firm Discovered the Perks of Being an Underdog," Slate, August 12, 2013, https://slate.com/business/2013/08/hertz-vs-avis-advertising-wars-how-an-ad-firm-made-a-virtue-out-of-second-place.html; Murphy and Dweck, "Mindsets Shape Consumer Behavior."

28. 一項針對千禧世代的調查顯示："Millennials + Money: The Unfiltered Journey," Meta, September 25, 2016, https://www.facebook.com/business/news/insights/millennials-money-the-unfiltered-journey.

29. 這是可口可樂……的訊息：Christopher Klein, "Why Coca-Cola's 'New Coke' Flopped," History, March 13, 2020, https://www.history.com/news/why-coca-cola-new-coke-flopped; Murphy and Dweck, "Mindsets Shape Consumer Behavior.

30. 另一個例子是番茄醬公司：Sandie Glass, "What Were They Thinking? The Day Ketchup Crossed the Line from Perfect to Purple," Fast Company, September

14, 2011, https://www.fastcompany.com/1779591/what-were-they-thinking-day-ketchup-crossed-line-perfect-purple.

31. 這類品牌激發消費者的成長心態：Murphy and Dweck, "Mindsets Shape Consumer Behavior"; E. A. Yorkston, J. C. Nunes, and S. Matta, "The Malleable Brand: The Role of Implicit Theories in Evaluating Brand Extensions," Journal of Marketing 74 (2010): 80–93, https://doi.org/10.1509/jmkg.74.1.80; P. Mathur, S. P. Jain, and D. Maheswaran, "Consumers' Implicit Theories about Personality Influence Their Brand Personality Judgments," Journal of Consumer Psychology 22 (2012): 545–57, https://doi.org/10.1016/j.jcps.2012.01.005.

32. 組織心態也會在創新時發揮作用：Murphy and Dweck, "Mindsets Shape Consumer Behavior."

33. 群體間心態是指：E. Halperin, A. Russell, K. Trzesniewski, J. J. Gross, and C. S. Dweck, "Promoting the Middle East Peace Process by Changing Beliefs about Group Malleability," Science 333, no. 6050 (2011): 1767–69, https://doi.org/10.1126/science.1202925; R. J. Rydell, K. Hugenberg, D. Ray, and D. M. Mackie, "Implicit Theories about Groups and Stereotyping: The Role of Group Entitativity," Personality and Social Psychology Bulletin 33 (2007): 549–58, https://doi.org/10.1177/0146167206296956.

34. 塔可鐘快餐店……這樣的例子：Mark Stevenson, "Taco Bell's Fare Baffles Mexicans," Seattle Times, October 10, 2007, https://www.seattletimes.com/business/taco-bells-fare-baffles-mexicans/; Murphy and Dweck, "Mindsets Shape Consumer Behavior."

35. 麥當勞……則更靈活的注意到：Murphy and Dweck, "Mindsets Shape Consumer Behavior"; D. Daszkowski, "How American Fast Food Franchises Expanded Abroad," About.com, accessed May 15, 2023, http://franchises.about.com.

36. 「恐懼會阻礙學習」：Amy Edmonson, The Fearless Organization: Creating Psychological Safety in the Workplace for Learning, Innovation, and Growth (New York: Wiley, 2018).

37. 誠如諾佛葛拉茲在創立聰明人基金前觀察到的：Novogratz, The Blue Sweater.

38. 「如果中階主管」：Jorrit van der Togt, interview by Mary Murphy, July 8, 2021.

39. 2020年，殼牌朝「零事故目標」向前邁出一大步：Jorrit van der Togt, interview by Mary Murphy, July 8, 2021; "Oil and Gas Extraction," U.S. Bureau of Labor

Statistics, accessed May 15, 2023, https://www.bls.gov/iag/tgs/iag211.htm; "Oil Mining and Gas Extraction," U. S. Bureau of Labor Statistics, accessed May 15, 2023, https://data.bls.gov/pdq/SurveyOutputServlet.

40. 巴塔哥尼亞的理念是：Chouinard, Let My People Go Surfing.

41. 皮克斯採取許多策略：Ed Catmull with Amy Wallace, Creativity, Inc.: Overcoming the Unseen Forces that Stand in the Way of True Inspiration (New York: Random House, 2014).

42. 公司共同創辦人艾瑪・麥克羅伊："The Wildfang Way: Emma McIlroy," interview by Jonathan Fields, The Good Life Podcast, August 7, 2019, https://www. goodlifeproject.com/podcast/emma-mcilroy-wildfang/.

43. Visa共同創辦人狄伊・哈克曾說："Dee Hock," Quotes, accessed May 8, 2023, https://www.quotes.net/quote/41629.

44. Atlassian把這些規範和他們的推出日結合起來："ShipIt," Atlassian, accessed May 8, 2023, https:// www.atlassian.com/company/shipit.

45. 許多組織也有類似鼓勵創新的機制：Kaomi Goetz, "How 3M Gave Everyone Days Off and Created an Innovation Dynamo," Fast Company, February 1, 2011, https://www.fastcompany.com/1663137/how-3m-gave-everyone-days-off-and-created-an-innovation-dynamo.

46. Google讓員工：Bill Murphy Jr., "Google Says It Still Uses '20 Percent Rule' and You Should Totally Copy It," Inc., November 11, 2020, https://www.inc.com/bill-murphy-jr/google-says-it-still-uses-20-percent-rule-you-should-totally-copy-it.html.

47. 在製造商戈爾公司裡：Heffernan, A Bigger Prize; Jay Rao, "W. L. Gore: Culture of Innovation," Babson College, April 2012, http://www.elmayorportalde gerencia. com/Documentos/Innovacion/%5bPD%5d%20Documentos%20-%20 Culture%20 of%20innovation.pdf.

48. 但就像范德托格特所說：Jorrit van der Togt, interview by Mary Murphy, July 8, 2021.

49. 就像律師、民權倡議者：Novogratz, The Blue Sweater.

50. 一個管理研究小組：Nikolaus Franke, Marion K. Poetz, and Martin Schreier, "Integrating Problem Solvers from Analogous Markets in New Product Ideation," Management Science 60, no. 4 (November 26, 2013): 805–1081, https:// doi. org/10.1287/mnsc.2013.1805.

51. 金融和投資顧問公司：J ohn Mackey, Steve McIntosh, and Carter Phipps, Conscious Leadership: Elevating Humanity Through Business (New York: Portfolio, 2020).

52. 我的同事金貝利‧奎恩：@kimberlyquinn, "Have you heard of a surprise journal? When people do something that surprised you, write it down. If you analyze it and figure out why it was surprising, you can learn about what your implicit default expectations are－which can suggest interesting hypotheses." March, 8, 2021, 1:50pm, https://twitter.com/kimberlyquinn/status/1369012627217788928.

第五章：冒險與韌性

1. 我並不知道當時：David Smith, "Is Donald Trump's Love-Hate Relationship with Twitter on the Rocks?" Guardian, May 31, 2020, https://www.theguardian.com/us-news/2020/may/31/donald-trump-twitter-love-hate-relationship.

2. 我徵詢班‧陶貝爾的看法：Ben Tauber, interview by Mary Murphy, June 30, 2021.

3. 紐曼甚至還吹噓說：Reeves Wiedeman, Billion Dollar Loser: The Epic Rise and Fall of WeWork (London: Hodder & Stoughton, 2020).

4. 即使在WeWork遇到重大挫敗之後：Clint Rainey, "Adam Neumann Talked About Flow for a Full Hour and We Still Don't Know What It Is," Fast Company, February 8, 2023, https://www.fastcompany.com/90847220/adam-neumann-a16z-flow-startup-real-estate-explained.

5. 「當你在早期階段去做募資簡報時」：Ben Tauber, interview by Mary Murphy, June 30, 2021.

6. 矽谷以「快速失敗」的口號聞名：Rob Asghar, "Why Silicon Valley's 'Fail Fast' Mantra is Just Hype," Forbes, July 14, 2014, https://www.forbes.com/sites/robasghar/2014/07/14/why-silicon-valleys-fail-fast-mantra-is-just-hype/?sh=3f-54c7d724bc.

7. 「在定型心態下」：Ben Tauber, interview by Mary Murphy, June 30, 2021.

8. 納德拉接手微軟時：Herminia Ibarra, Aneeta Rattan, and Anna Johnston, "Satya Nadella at Microsoft: Instilling a Growth Mindset," London Business School, 2018, https://hbsp.harvard.edu/product/LBS128-PDF-ENG.

9. 誠如納德拉在《刷新未來》書中寫道：Satya Nadella, Hit Refresh: The Quest to Rediscover Microsoft's Soul and Imagine a Better Future for Everyone (New York: Harper Business, 2017).

10. 微軟前企業策略總經理金尼·扎萊納：Kinney Zalesne, interview by Mary Murphy, June 29, 2021.

11. 我們發現，在成長文化中，每一個人都可以取得數據：Catherine Poirier, Carina Cheng, Ellora Sarkar, Henry Silva, and Tom Kudrle, "The Culture of Data Leaders," Keystone, February 2, 2021, https://www.keystone.ai/news-publications/whitepaper-the-culture-of-data-leaders/.

12. 數據幫助路易斯·伍爾：Louis Wool, interview by Mary Murphy, September 29, 2020.

13. 前教育委員會成員：David A. Singer, "Harrison School's Louis N. Wool Named New York Superintendent of the Year," HuffPost, December 11, 2009, https://www.huffpost.com/entry/harrison-schools-louis-n_b_389177.

14. 在整個社區裡：Louis Wool, interview by Mary Murphy, September 29, 2020.

15. 事實上，研究不斷顯示：Amy Stuart Wells, Lauren Fox, and Diana Cordova-Cobo, "How Racially Diverse Schools and Classrooms Can Benefit All Students," Century Foundation, February 9, 2016, https://tcf.org/content/report/how-racially-diverse-schools-and-classrooms-can-benefit-all-students/?agreed=1.See also: Aaliyah Samuel, "Why an Equitable Curriculum Matters," NWEA, September 19, 2019, https://www.nwea.org/blog/2019/why-an-equitable-curriculum-matters/.

16. 伍爾在2009年被評為紐約年度最佳督學：Singer, "Harrison School's Louis N. Wool Named New York Superintendent of the Year."

17. 學生的表現：Louis Wool, interview by Mary Murphy, September 29, 2020。以熟練為導向的目標，不僅可以幫助學生走向成長心態，還可以強化他們的恆毅力。安琪拉·達克沃斯（Angela Duckworth）和她的團隊研究顯示，「學生如果認為學校更注重熟練的目標，這些學生會更有恆毅力，成績單上的成績也更高。」相較之下，那些認為自己的學校比較注重表現目標的學生，恆毅力則較低，成績單上的分數也較低。」Daeun Park, Alisa Yu, Rebecca N. Baelen, Eli Tsukayama, and Angela L. Duckworth, "Fostering Grit: Perceived School Goal-Structure Predicts Growth in Grit and Grades," Contemporary Educational Psychology 55 (October 2018): 120–28, https://doi.org/10.1016/j.cedpsych.2018.09.007.

18. 2023年，這個改變：Louis Wool, correspondence with Mary Murphy, May 3, 2023.

19. 伍爾解釋說：「我會說，我和大多數人不一樣的地方」：Louis Wool, interview by Mary Murphy, September 29, 2020.

20. 巴塔哥尼亞公司的人力資源主管狄恩・卡特：Chris Weller, "Patagonia and the Regenerative Approach to Performance Management," NeuroLeadership Institute, August 15, 2019, https://neuroleadership.com/your-brain-at-work/pata-gonia-your-brain-at-workpodcast; "Can Patagonia Change the World? With CHRO Dean Carter and Dr. David Rock," interview by Chris Weller, Your Brain at Work, August 5, 2019, https://neurole adership.com/podcast/planting-seeds-at-patagonia-with-dean-carter.

21. 順帶一提，巴塔哥尼亞很自豪的說：Ash Jurberg, "Patagonia Has Provided a Business Blueprint in How to Avoid the Great Resignation," Entrepreneur's Handbook, November 26, 2021, https://medium.com/entrepreneur-s-handbook/patagonia-has-provided-a-business-blueprint-in-how-to-avoid-the-great-resignation-6dcd6ea6f668.

22. 伊隆・馬斯克收購推特⋯⋯的兩週內：John Corrigan, "Elon Musk Gives Remaining Twitter Employees an Ultimatum," November 16, 2022, https://www.hcamag.com/us/specialization/employee-engagement/elon-musk-gives-remain-ing-twitter-employees-an-ultimatum/427677.

23. 就像Wildfang共同創辦人艾瑪・麥克羅伊："The Wildfang Way: Emma McIlroy," interview by Jonathan Fields, The Good Life Podcast, August 7, 2019, https://www.goodlifeproject.com/podcast/emma-mcilroy-wildfang/.

24. 順帶一提，研究人員指出：Robert C. Wilson, Amitai Shenhav, Mark Straccia, and Jonathan D. Cohen, "The Eighty Five Percent Rule for Optimal Learning," Nature Communications 10, no. 1 (November 5, 2019), https://doi.org/10.1038/s41467-019-12552-4.

25. 撇開批評不談⋯⋯特別好的一件事就是：Taylor Soper, " 'Failure and Innovation are Inseparable Twins' : Amazon Founder Jeff Bezos Offers 7 Leadership Principles," GeekWire, October 28, 2016, https://www.geekwire.com/2016/amazon-founder-jeff-bezos-offers-6-leadership-principles-change-mind-lot-embrace-failure-ditch-powerpoints/.

第六章：誠信和倫理的行為

1. 這並不是說成長文化永遠不會有倫理問題：Mary C. Murphy and Stephanie

L. Reeves, "Personal and Organizational Mindsets at Work," Research in Organizational Behavior 39 (2019), https://doi.org/10.1016/j.riob.2020.100121; Mary C. Murphy and Carol S. Dweck, "Mindsets Shape Consumer Behavior," Journal of Consumer Psychology 26, no. 1 (2016): 127–36, http://dx.doi.org/10.1016/j.jcps.2015.06.005.

2. 2017年，工程師蘇珊‧福勒離開優步兩個月後：Susan Fowler, "Reflecting on One Very, Very Strange Year at Uber," Susan Fowler blog, February 19, 2017, https://www.susanjfowler.com/blog/2017/2/19/reflecting-on-one-very-strange-year-at-uber.

3. 他們是「出色的混蛋」：Mike Isaac, Super Pumped: The Battle for Uber (New York: W. W. Norton & Company, 2019).

4. 療診：John Carreyrou, Bad Blood: Secrets and Lies in a Silicon Valley Startup (New York: Knopf, 2018).

5. WeWork：Reeves Wiedeman, Billion Dollar Loser: The Epic Rise and Fall of WeWork (London: Hodder & Stoughton, 2020).

6. 高盛也是如此：Emily Flitter, Kate Kelly, and David Enrich, "A Top Goldman Banker Raised Ethics Concerns. Then He Was Gone," New York Times, September 11, 2018, https://www.nytimes.com/2018/09/11/business/goldman-sachs-whis-tleblower.html.

7. 在《我在高盛的金錢與仇女人生》書中：Jamie Fiore Higgins, Bully Market: My Story of Money and Misogyny at Goldman Sachs (New York: Simon & Schuster, 2022).

8. 他並不打算創辦像：Bruce Friedrich, interview by Mary Murphy, July 8, 2021.

9. 好食品研究中心的監理事務副理羅拉‧布雷登：Laura Braden, interview by Kelly Madrone, October 10, 2022.

10. 好食品研究中心也將成長心態運用到：Bruce Friedrich, interview by Mary Murphy, July 8, 2021.

11. 福斯汽車的排放醜聞就是一個失敗的例子：Robert Glazer, "The Biggest Lesson from Volkswagen: Culture Dictates Behavior," Entrepreneur, January 8, 2016, https://www.entrepreneur.com/leadership/the-biggest-lesson-from-volkswagen-cul-ture-dictates/254178.

12. 認知科學家蘇珊‧麥基向我描述：Susan Mackie, interview by Mary Murphy, July

13, 2021; Susan Mackie, correspondence with Mary Murphy, May 8, 2023. 蘇珊指出有三個主要策略可以改變客戶體驗計畫：1. 設計以目標為導向的客戶對話，而不是以任務為導向的對話；2. 創造績效管理和獎勵系統，讓目標導向能夠持續下去；以及 3. 培養成長心態，鼓勵要面對客戶的員工採取以目標為主和以目標為導向的對話。為了從任務導向轉向目標導向，組織不僅要提供員工完成基礎工作的基本技能，還要培養他們思考、參與和解決問題的能力。他們必須區分訓練和學習。訓練是為了處理角色的例行性和基本的工作，而學習則是為了教員工找方法解決一些意義不清楚的問題。例如，在組織文化的鼓勵下，處於定型心態的員工接到客戶的電話後，可能會思考：「我應該要挽留這位客戶，但如果我花太多時間和他們說話，我的績效數據看起來會很糟糕。」至於受到成長文化支持而具備成長心態的員工，則可能對顧客說：「你覺得這個產品不符合你的需求，那麼我能否請你說明一下你的需求，好讓我找到更適合你的產品？」當然，用這種方式培養員工需要做更多工作，畢竟一般來說，蒐集和衡量與任務相關的績效指標，並教導以任務為導向的行為，比教導和幫助人們培養更複雜的技巧容易很多。然而，成長文化更著重於挽留客戶的長期價值和正向的顧客關係，以及擁有更高自我效能感的員工等後續效益。

13. 創辦人凡爾納・哈尼什：Verne Harnish, interview by Mary Murphy, July 14, 2021.

14. 誠如墨爾本大學：Simine Vazire, "Do We Want to Be Credible or Incredible?" Association for Psychological Science, December 23, 2019, https://www.psy chologicalscience.org/observer/do-we-want-to-be-credible-or-incredible.108 The lure of the incredible: Walter Isaacson, The Code Breaker: Jennifer Doudna, Gene Editing, and the Future of the Human Race (New York, Simon & Schuster, 2021).

15. 賀建奎在中國接受審判：Antonio Regalado, "The Creator of the CRISPR Babies has been Released from a Chinese Prison," MIT Technology Review, April 4, 2022, https://www.technologyreview.com/2022/04/04/1048829/he-jiankui-prison-free-crispr-babies/. 所以，就像 Regalado 在稍早前一篇文章中表示，即使賀建奎是自己做錯事，但他的同儕仍然鼓勵他這樣做：「雖然他和其他中國團隊成員要負起這個責任，但許多其他科學家都知道並鼓勵這個計畫。這些人包括參與實驗的萊斯大學（Rice University）前教授麥可・蒂姆（Michael Deem），以及紐約一家大型試管嬰兒診所負責人 John Zhang，他曾計劃將這個技術商業化。」Antonio Regalado, "Disgraced CRISPR Scientist had Plans to Start a Designer-Baby Business," MIT Technology Review, August 1, 2019, https://www.technologyreview.

com/2019/08/01/133932/crispr-baby-maker-explored-starting-a-business-in-design-er-baby-tourism/.

16. 當我和公共科學圖書館執行長：Alison Mudditt, interview by Mary Murphy, September 30, 2020.

17. 就像……斯圖爾特‧費爾斯坦：Stuart Firestein, Failure: Why Science Is So Successful (Oxford: Oxford University Press, 2015).

18. 卡羅琳‧貝爾托西：@史丹佛，「我知道身為女性的我，以及如今身為#諾貝爾科學獎得主的我有多重要，像我們這樣的人還不多。」Prof. @CarolynBertozzi on chemistry, mentorship and representation, October 5, 2022, 10:45pm, https://twitter.com/Stanford/status/1577882613293146113.

19. 2020年，我帶領來自不同領域和背景的28位研究人員：Mary C. Murphy, Amanda F. Mejia, Jorge Mejia, Xiaoran Yan, Sapna Cheryan, Nilanjana Dasgupta, Mesmin Destin, Stephanie A. Fryberg, Julie A. Garcia, Elizabeth L. Haines, Judith M. Harackiewicz, Alison Ledgerwood, Corinne A. Moss-Racusin, Lora E. Park, Sylvia P. Perry, Kate A. Ratliff, Aneeta Rattan, Diana T. Sanchez, Krishna Savani, Denise Sekaquaptewa, Jessi L. Smith, Valerie Jones Taylor, Dustin B. Thoman, Daryl A. Wout, Patricia L. Mabry, Susanne Ressl, Amanda B. Diekman, and Franco Pestilli, "Open Science, Communal Culture, and Women's Participation in the Movement to Improve Science," Proceedings of the National Academy of Sciences, 117, no. 39 (September 29, 2020): 24154–64, https://doi.org/10.1073/pnas.1921320117.

20. 我在研究大公司與新創公司時：Murphy and Reeves, "Personal and Organizational Mindsets at Work"; Elizabeth A. Canning, Mary C. Murphy, Katherine T. U. Emerson, Jennifer A. Chatman, Carol S. Dweck, and Laura J. Kray, "Cultures of Genius at Work: Organizational Mindsets Predict Cultural Norms, Trust, and Commitment," Personality and Social Psychology Bulletin 46, no. 4 (2020): 626–42; M. C. Murphy, B. Tauber, C. Samsa, and C. S. Dweck, "Founders' Mindsets Predict Company Culture and Organizational Success in Early Stage Startups" (working paper); Mary C. Murphy, "Mindsets in Entrepreneurship: Measurement and Validation Results," report to the G2 Advisory Group and the Kauffman Foundation (April, 2020).

21. 在所有案例當中，我們在研究中發現最一致的現象：同上。

22. 珍妮佛‧達內克醫師：Jennifer Danek, interview by Mary Murphy, July 2, 2021.

23. 這與艾美‧艾德蒙森：Amy Edmonson, The Fearless Organization: Creating Psychological Safety in the Workplace for Learning, Innovation, and Growth (New York: Wiley, 2018).

24. 「我在這種系統裡覺得如釋重負」：Jennifer Danek, interview by Mary Murphy, July 2, 2021.

25. 第二次世界大戰剛結束時："Seiko's Duelling Factories," Teamistry Podcast, season 2, episode 1, September 20, 2020, https://www.atlassian.com/blog/podcast/teamistry/season/season-2/seiko-duelling-factories.

26. 就像艾瑪‧麥克羅伊所說："The Wildfang Way: Emma McIlroy," interview by Jonathan Fields, The Good Life Podcast, August 7, 2019, https://www.goodlifeproject.com/podcast/emma-mcilroy-wildfang/.

27. 歷史上最危險的兩起產品失敗事件：Murphy and Dweck, "Mindsets Shape Consumer Behavior."

28. 回想一下蘇珊‧麥基……結果一致：Susan Mackie, interview by Mary Murphy, July 13, 2021.

29. 亞利桑那州立大學商業倫理教授瑪麗安‧詹寧斯：Marianne Jennings, The Seven Signs of Ethical Collapse: How to Spot Moral Meltdowns in Companies . . . Before It's Too Late (New York: St. Martin's Press, 2006).

30. 諾佛葛拉茲表示：Jacqueline Novogratz, interview by Mary Murphy, March 16, 2023.

31. 法蘭克的創辦人查理‧賈維斯：Arwa Mahdawi, "30 Under 30-Year Sentences: Why So Many of Forbes' Young Heroes Face Jail," Guardian, April 7, 2023, https://www.theguardian.com/business/2023/apr/06/forbes-30-under-30-tech-finance-prison.

32. 聰明人基金在世界各地的辦事處：Jacqueline Novogratz, interview by Mary Murphy, March 16, 2023.

33. 蘇珊‧麥基鼓勵：Susan Mackie, interview by Mary Murphy, July 13, 2021.

34. 與珍妮佛‧達內克描述的醫療問題類似：Jennifer Danek, interview by Mary Murphy, July 2, 2021.

35. 暫停並確認的做法：Susan Mackie, interview by Mary Murphy, July 13, 2021.

36. 瑪麗安‧詹寧斯稱之為：ennings, The Seven Signs of Ethical Collapse.

第七章：多元、平等與包容

1. 我和我的……進行的研究：Mary C. Murphy, Claude M. Steele, and James J. Gross, "Signaling Threat: How Situational Cues Affect Women in Math, Science, and Engineering Settings," Psychological Science, 18, no. 10 (October 2007): 879–85, https://doi.org/10.1111/j.1467-9280.2007.01995.x; Kathryn M. Kroeper, Heidi E. Williams, and Mary C. Murphy, "Counterfeit Diversity: How Strategically Misrepresenting Gender Diversity Dampens Organizations' Perceived Sincerity and Elevates Women's Identity Threat Concerns," Journal of Personality and Social Psychology 122, no. 3 (2022): 399–426, https://doi.org/10.1037/pspi0000348; M. C. Murphy and V. J. Taylor, "The Role of Situational Cues in Signaling and Maintaining Stereotype Threat," in Stereotype Threat: Theory, Process, and Applications, ed.M. Inzlicht and T. Schmader (Oxford: Oxford University Press, 2012), 17–33; K. L. Boucher and M. C. Murphy, "Why So Few? The Role of Social Identity and Situational Cues in Understanding the Underrepresentation of Women in STEM Fields," in Self and Social Identity in Educational Contexts, ed.K. I. Mavor, M. Platow, and B. Bizumic (Philadelphia: Routledge/Taylor & Francis, 2017), 93–111; M. C. Murphy, K. M. Kroeper, and E. Ozier, "Prejudiced Places: How Contexts Shape Inequality and How We Can Change Them," Policy Insights from the Behavioral and Brain Sciences 5 (2018): 66–74, https://doi.org/10.1177/2372732217748671; Katherine T. U. Emerson and Mary C. Murphy, "Identity Threat at Work: How Social Identity Threat and Situational Cues Contribute to Racial and Ethnic Disparities in the Workplace," Cultural Diversity and Ethnic Minority Psychology 20, no. 4 (October 2014): 508–20, https://doi.org/10.1037/a0035403; G. M. Walton, M. C. Murphy, and A. M. Ryan, "Stereotype Threat in Organizations: Implications for Equity and Performance," Annual Review of Organizational Psychology and Organizational Behavior 2 (2015): 523–50, https:// doi.org/10.1146/annurev-orgpsych-032414-111322.

2. 過去十年，我的研究顯示：Mary C. Murphy and Stephanie L. Reeves, "Personal and Organizational Mindsets at Work," Research in Organizational Behavior 39 (2019), https://doi.org/10.1016/j.riob.2020.100121; Mary C. Murphy and Carol S. Dweck, "A Culture of Genius: How an Organization's Lay Theory Shapes People's Cognition, Affect, and Behavior," Personality and Social Psychology Bulletin 36, no. 3 (October 2009): 283–96, https://doi.org/10.1177/0146167209347380; Elizabeth A. Canning, Katherine Muenks, Dorainne J. Green, and Mary C. Murphy,

"STEM Faculty Who Believe Ability Is Fixed Have Larger Racial Achievement Gaps and Inspire Less Student Motivation in Their Classes," Science Advances 5, no. 2 (February 15, 2019), https://doi.org/10.1126/sciadv.aau4734; K. Muenks, E. A. Canning, J. LaCosse, D. J. Green, S. Zirkel, and J. A. Garcia, "Does My Professor Think My Ability Can Change? Students' Perceptions of Their STEM Professors' Mindset Beliefs Predict Their Psychological Vulnerability, Engagement, and Performance in Class," Journal of Experimental Psychology: General 149, no. 11 (2020): 2119– 44, https://doi.org/10.1037/xge0000763; David S. Yeager, Jamie M. Carroll, Jenny Buontempo, Andrei Cimpian, Spencer Woody, Robert Crosnoe, Chandra Muller, Jared Murray, Pratik Mhatre, Nicole Kersting, Christopher Hulleman, Molly Kudym, Mary Murphy, Angela Lee Duckworth, Gregory M. Walton, and Carol S. Dweck, "Teacher Mindsets Help Explain Where a Growth-Mindset Intervention Does and Doesn't Work," Psychological Science 33, no. 1 (2022): 18–32, https://doi.org/10.1177/09567976211028984; Elizabeth A. Canning, Elise Ozier, Heidi E. Williams, Rashed AlRasheed, and Mary C. Murphy, "Professors Who Signal a Fixed Mindset about Ability Undermine Women's Performance in STEM," Social Psychological and Personality Science 13, no. 5 (2022): 927–37, https://doi.org/10.1177/19485506211030398; M. C. Murphy and G. M. Walton, "From Prejudiced People to Prejudiced Places: A Social-Contextual Approach to Prejudice," in Frontiers in Social Psychology Series: Stereotyping and Prejudice, eds.C. Stangor and C. Crandall (New York: Psychology Press, 2013), 181–203; Emerson and Murphy, "Identity Threat at Work" ; Katherine T. U. Emerson and Mary C. Murphy, "A Company I Can Trust? Organizational Lay Theories Moderate Stereotype Threat for Women," Personality and Social Psychology Bulletin 41, no. 2 (February 1, 2015): 295–307, https://doi.org/10.1177/01461672145649; Walton, Murphy, and Ryan, "Stereotype Threat in Organizations" ; Boucher and Murphy, "Why So Few?" ; L. Bian, S. Leslie, M. C. Murphy, and A. Cimpian, "Messages about Brilliance Undermine Women's Interest in Educational and Professional Opportunities," Journal of Experimental Social Psychology 76 (May 2018): 404–20, https://doi.org/10.1016/j.jesp.2017.11.006; MelissaA. Fuesting, Amanda B. Diekman, Kathryn L. Boucher, Mary C. Murphy, Dana L. Manson, and Brianne L. Safer, "Growing STEM: Perceived Faculty Mindset as an Indicator of Communal Affordances in STEM," Journal of Personality and Social Psychology 117, no. 2 (2019): 260–81, https://

doi.org/10.1037/pspa0000154; L. A. Murdock-Perriera, K. L. Boucher, E. R. Carter, and M. C. Murphy, "Belonging and Campus Climate: Belonging Interventions and Institutional Synergies to Support Student Success in Higher Education," in Higher Education Handbook of Theory and Research, vol.34, ed.M. Paulsen (New York: Springer, 2019), 291–323; Murphy et al., "Open Science, Communal Culture, and Women's Participation in the Movement to Improve Science," Proceedings of the National Academy of Sciences, 117, no. 39 (September 29, 2020): 24154–64, https://doi.org/10.1073/pnas.1921320117; K. Boucher, M. C. Murphy, D. Bartel, J. Smail, C. Logel, and J. Danek, "Centering the Student Experience: What Faculty and Institutions Can Do to Advance Equity," Change: The Magazine of Higher Learning 53 (2021): 42–50, https://doi.org/10.1080/00091383.2021.1987804; Canning et al., "Professors Who Signal a Fixed Mindset"; D. J. Green, D. A. Wout, and M. C. Murphy, "Learning Goals Mitigate Identity Threat for Black Individuals in Threatening Interracial Interactions," Cultural Diversity and Ethnic Minority Psychology 27 (2021): 201–13, https://doi.org/10.1037/cdp0000331; J. LaCosse, M. C. Murphy, J. A. Garcia, and S. Zirkel, "The Role of STEM Professors' Mindset Beliefs on Students' Anticipated Psychological Experiences and Course Interest," Journal of Educational Psychology 113 (2021): 949–71, https://doi.org/10.1037/edu0000620; Mary Murphy, Stephanie Fryberg, Laura Brady, Elizabeth Canning, and Cameron Hecht, "Global Mindset Initiative Paper 1: Growth Mindset Cultures and Teacher Practices," Growth Mindset Cultures and Practices (August 27, 2021), http://dx.doi.org/10.2139/ssrn.3911594.

3.　在美國社會：Jilana Jaxon, Ryan F. Lei, Reut Shachnai, Eleanor K. Chestnut, and Andrei Cimpian, "The Acquisition of Gender Stereotypes and Intellectual Ability: Intersections with Race," Journal of Social Issues 75, no. 4 (December 2019): 1192–1215, https://doi.org/10.1111/josi.12352.

4.　許多時候，這些群體……刻板印象：Murphy and Reeves, "Personal and Organizational Mindsets at Work"; Canning et al., "STEM Faculty Who Believe Ability Is Fixed"; Canning et al., "Professors Who Signal a Fixed Mindset"; Murphy and Walton, "From Prejudiced People to Prejudiced Places"; Emerson and Murphy, "A Company I Can Trust?"; Walton, Murphy, and Ryan, "Stereotype Threat in Organizations"; Boucher and Murphy, "Why So Few?"; Bian et al., "Messages about Brilliance"; Canning at al., "Professors Who Signal a Fixed Mindset"; LaCosse et al., "The Role of STEM Professors' Mindset Beliefs";

Murphy et al., "Global Mindset Initiative Paper 1"；M. C. Murphy and S. Zirkel, "Race and Belonging in School: How Anticipated and Experienced Belonging Affect Choice, Persistence, and Performance," Teacher's College Record 117 (2015): 1–40, https://doi.org/10.1177/016146811511701204; Murphy and Taylor, "The Role of Situational Cues."

5. 當接收到的：Murphy, Steele, and Gross, "Signaling Threat: How Situational Cues Affect Women in Math, Science, and Engineering Settings"；Murphy and Taylor, "The Role of Situational Cues"；Boucher and Murphy, "Why So Few?"；Murphy, Kroeper, and Ozier, "Prejudiced Places: How Contexts Shape Inequality and How We Can Change Them"；Emerson and Murphy, "Identity Threat at Work"；Walton, Murphy, and Ryan, "Stereotype Threat in Organizations"；Claude M. Steele and Joshua Aronson, "Stereotype Threat and the Intellectual Test Performance of African Americans," Journal of Personality and Social Psychology 69, no. 5 (1995): 797–811, https://doi.org/10.1037/0022-3514.69.5.797; Claude M. Steele, Steven J. Spencer, and Joshua Aronson, "Contending with Group Image: The Psychology of Stereotype and Social Identity Threat," in Advances in Experimental Social Psychology, vol.34, ed.M. P. Zanna (New York: Academic Press: 2002), https://doi.org/10.1016/S0065-2601(02)80009-0; Claude M. Steele, "A Threat in the Air: How Stereotypes Shape Intellectual Identity and Performance," American Psychologist 52, no. 6 (1997): 613–29, https://doi.org/10.1037/0003-066X.52.6.613; Claude Steele, Whistling Vivaldi: How Stereotypes Affect Us and What We Can Do (New York: W. W. Norton & Company, 2010); Steven J. Spencer, Christine Logel, and Paul G. Davies, "Stereotype Threat," Annual Review of Psychology 67 (2015): 415–37, https://doi.org/10.1146/annurev-psych-0731150103235; Geoffrey L. Cohen and Julio Garcia, "Identity, Belonging, and Achievement: A Model, Interventions, Implications," Current Directions in Psychological Science 17, no. 6 (2008): https://doi.org/10.1111/j.1467-8721.2008.00607.x.

6. 刻板印象的威脅就會加劇：Murphy, Steele, and Gross, "Signaling Threat: How Situational Cues Affect Women in Math, Science, and Engineering Settings"；Murphy and Taylor, "The Role of Situational Cues"；Boucher and Murphy, "Why So Few?"；Emerson and Murphy, "Identity Threat at Work"；Walton, Murphy, and Ryan, "Stereotype Threat in Organizations"；Steele, Spencer, and Aronson, "Contending with Group Image"；Spencer, Logel, and Davies, "Stereotype Threat"；D. Sekaquaptewa and M. Thompson, "Solo Status, Stereotype Threat,

and Performance Expectancies: Their Effects on Women's Performance," Journal of Experimental Social Psychology 39, no. 1 (2003): 68–74, https://doi.org/10.1016/S0022-1031(02)00508-5; Nicholas A. Bowman, Christine Logel, Jennifer LaCosse, Lindsay Jarratt, Elizabeth A. Canning, Katherine T. U. Emerson, and Mary C. Murphy, "Gender Representation and Academic Achievement Among STEM Interested Students in College STEM Courses," Journal of Research in Science Teaching, 59, no. 10 (2022): 1876-1900, https://doi.org/10.1002/tea.21778.

7. 例如在世界各地，女性：2021年，全球擔任高階管理職的女性比例為31％。非洲以39％位居世界第一，其次是東南亞的38％，北美和亞太地區則分別以33％和28％緊追在後。"Women in Management (Quick Take)," Catalyst, March 1, 2022, https://www.catalyst.org/research/women-in-management/. 在《財星》500大裡，2022年只有15％的公司由女性領導。Katharina Buchholz, "How Has the Number of Female CEOs in Fortune 500 Companies Changed Over the Last 20 Years?" World Economic Forum, March 10, 2022, https://www.weforum.org/agenda/2022/03/ceos-fortune-500-companies-female. 當然，女性有色人種的這個比例更小很多。2021年，只有兩家《財星》500大公司由黑人女性領導。Beth Kowitt, "Roz Brewer on What It Feels Like to Be 1 of 2 Black Female CEOs in the Fortune 500," Fortune, October 4, 2021, https://fortune.com/longform/roz-brewer-ceo-walgreens-boots-alliance-interview-fortune-500-black-female-ceos/.

8. 研究顯示，刻板印象威脅：M. Johns, M. Inzlicht, and T. Schmader, "Stereotype Threat and Executive Resource Depletion: Examining the Influence of Emotion Regulation," Journal of Experimental Psychology: General 137, no. 4 (2008): 691–705, https://doi.org/10.1037/a0013834; W. B. Mendes and J. Jamieson, "Embodied Stereotype Threat: Exploring Brain and Body Mechanisms Underlying Performance Impairment," in Stereotype Threat: Theory, Process, and Application, ed. M. Inzlicht and T. Schmader, 51–68; R. J. Rydell and K. L. Boucher, "Stereotype Threat and Learning," in Advances in Experimental Social Psychology (New York: Elsevier Academic Press, 2017): 81–129, https://doi.org/10.1016/bs.aesp.2017.02.002; R. J. Rydell, A. R. McConnell, and S. L. Beilock, "Multiple Social Identities and Stereotype Threat: Imbalance, Accessibility, and Working Memory," Journal of Personality and Social Psychology 96, no. 5 (2009): 949–66, https://doi.org/10.1037/a0014846; T. Schmader and S. Beilock, "An Integration of Processes that Underlie Stereotype Threat," in Stereotype Threat: Theory, Process, and Application, ed. M. Inzlicht and T. Schmader, 34–50; T. Schmader, C. E. Forbes, S. Zhang, and W.

B. Mendes, "A Metacognitive Perspective on the Cognitive Deficits Experienced in Intellectually Threatening Environments," Personality and Social Psychology Bulletin 35, no. 5 (2009): 584–96, https://doi.org/10.1177/0146167208330450; T. Schmader and M. Johns, "Converging Evidence that Stereotype Threat Reduces Working Memory Capacity," Journal of Personality and Social Psychology 85 no. 3 (2003): 440–52, https://doi.org/10.1037/0022-3514.85.3.440; Spencer, Logel, and Davies, "Stereotype Threat"; Murphy, Steele, and Gross, "Signaling Threat: How Situational Cues Affect Women in Math, Science, and Engineering Settings"; C. Logel, G. M. Walton, S. J. Spencer, E. C. Iserman, W. von Hippel, and A. E. Bell, "Interacting with Sexist Men Triggers Social Identity Threat Among Female Engineers," Journal of Personality and Social Psychology 96 no. 6 (2009): 1089–1103, https://doi.org/10.1037/a0015703.

9. 在一系列研究當中，我和我的前研究生：Emerson and Murphy, "Identity Threat at Work"; Emerson and Murphy, "A Company I Can Trust?"

10. 在另一個研究裡，我們告訴參與者：同上。

11. 在我們和考夫曼基金會的研究裡：Murphy, "Mindsets in Entrepreneurship: Measurement and Validation Results."

12. 我們對整個大學理工科教職員的研究：Canning et al., "STEM Faculty Who Believe Ability Is Fixed."

13. 之前我曾經提到，根據我的研究：Murphy and Reeves, "Personal and Organizational Mindsets at Work"; Murphy and Dweck, "A Culture of Genius"; Canning et al., "STEM Faculty Who Believe Ability Is Fixed"; Muenks et al., "Does My Professor Think My Ability Can Change?"; Elizabeth A. Canning, Mary C. Murphy, Katherine T. U. Emerson, Jennifer A. Chatman, Carol S. Dweck, and Laura J. Kray, "Cultures of Genius at Work: Organizational Mindsets Predict Cultural Norms, Trust, and Commitment," Personality and Social Psychology Bulletin 46, no. 4 (2020): 626–42; Canning et al., "Professors Who Signal a Fixed Mindset"; Emerson and Murphy, "Identity Threat at Work"; Emerson and Murphy, "A Company I Can Trust?"; Walton, Murphy, and Ryan, "Stereotype Threat in Organizations"; Green et al., "Learning Goals Mitigate Identity Threat for Black Individuals in Threatening Interracial Interactions"; LaCosse et al., "The Role of STEM Professors' Mindset Beliefs"; Murphy et al., "Global Mindset Initiative Paper 1."

14. 就像哥倫比亞商學院資深副院長：Katherine W. Phillips, "How Diversity Makes Us Smarter: Being Around People Who are Different from Us Makes Us More Creative, More Diligent and Harder-Working," Scientific American, October 1, 2014, https://www.scientificamerican.com/article/how-diversity-makes-us-smarter/. 此外：一項針對全球2,360家公司的分析顯示，當董事會裡至少有一名女性時，公司的回報和成長都會表現更好（儘管我將在本章後面討論我對「一位女性」的現象所做的研究）。在對177家美國公有銀行的調查裡，更著重創新和種族多樣性的銀行，預估會有更好的財務表現。

15. 麥肯錫的一項調查顯示：Dame Vivian Hunt, Dennis Layton, and Sara Prince, "Why Diversity Matters," McKinsey & Company, January 1, 2015, https:// www.mckinsey.com/capabilities/people-and-organizational-performance/our-insights/why-diversity-matters.

16. 研究也確實顯示，實施多元化：J. A. Richeson and J. N. Shelton, "Negotiating Interracial Interactions: Costs, Consequences, and Possibilities," Current Directions in Psychological Science 16, no. 6 (2007): 316–20, https://doi.org/10.1111/j.1467-8721.2007.00528.x; Sophie Trawalter, Jennifer A. Richeson, and J. Nicole Shelton, "Predicting Behavior During Interracial Interactions: A Stress and Coping Approach," Personality and Social Psychology Review 13, no. 4 (2009), https://doi.org/10.1177/1088868309345850; A. D. Galinsky, A. R. Todd, A. C. Homan,K. W. Phillips, E. P. Apfelbaum, S. J. Sasaki, J. A. Richeson, J. B. Olayon, and W. W. Maddux, "Maximizing the Gains and Minimizing the Pains of Diversity: A Policy Perspective," Perspectives on Psychological Science, 10 (2015): 742–48, https://doi.org/10.1177/1745691615598513; D. van Knippenberg, C. K. W. De Dreu, and A. C. Homan, "Work Group Diversity and Group Performance: An Integrative Model and Research Agenda," Journal of Applied Psychology, 89 (2004): 1008–22, https:// doi.org/10.1037/0021-9010.89.6.1008; John F. Dovidio, Samuel L. Gaertner, and Kerry Kawakami, "Intergroup Contact: The Past, the Present, and the Future," Group Processes and Intergroup Relations, 6, no. 1 (2003), https://doi.org/10.1177/1368430203006001009; J. F. Dovidio, S. E. Gaertner, K. Kawakami, and G. Hodson, "Why Can't We Just Get Along? Interpersonal Biases and Interracial Distrust," Cultural Diversity and Ethnic Minority Psychology 8, no. 2 (2002): 88–102, https://doi.org/10.1037/1099-9809.8.2.88.

17. 霍羅伊德……兼執行長：Samantha Goddiess, "The 10 Largest Recruiting Firms in the United States," Zippia, April 12, 2022, https://www.zippia.com/advice/largest-recruiting-firms/.

18. 就創辦這家公司：Starting the company when: "Act One Group: Janice Bryant Howroyd (2018)," interview by Guy Raz, How I Built This, December 28, 2020, https://www.npr.org/2020/12/22/949258732/actone-group-janice-bryant-howroyd-2018; "Janice Bryant Howroyd and Family," Forbes, accessed May 11, 2023, https://www.forbes.com/profile/janice-bryant-howroyd/?sh=244962786da8.

19. 雖然霍羅伊德……問題："Being an Underrepresented Founder with Courtney Blagrove," interview by Jenny Stojkovic, VWS Pathfinders Podcast, Spotify, May 3, 2021, https://podcasters.spotify.com/pod/pod/show/vegan womensummit/episodes/Being-an-Underrepresented-Founder-with-Courtney-Blagrove--Co-founder-of-Whipped--on-the-VWS-Pathfinders-Podcast-with-Jenny-Stojkovic-e10668i.

20. 順帶一提，目前仍欠缺：Ray Douglas, "Lack of Diversity Increases Risk of Tech Product Failures," Financial Times, November 13, 2018, https://www.ft.com/content/0ef656a8-cd8a-11e8-8d0b-a6539b949662.

21. 臉部和影像辨識軟體：Shane Ferro, "Here's Why Facial Recognition Tech Can't Figure Out Black People," HuffPost, March 2, 2016, https://www.huffpost.com/entry/heres-why-facial-recognition-tech-cant-figure-out-black-people_n_56d5c-2b1e4b0bf0dab3371eb.

22. 艾麗卡・貝克：同上。

23. 喬治・艾伊曾是IDEO公司的員工：George Aye, "Surviving IDEO," Medium, May 23, 2021, https://medium.com/surviving-ideo/surviving-ideo-4568d51bcfb6. 艾伊繼續寫道，一位女同事在法律保障的產假期間被公司解雇。據說，解雇她的那位經理，之前曾向這位女性同仁抱怨說：「公司必須為另一位員工支付一整年的產假費用，才能讓那個員工不用再回來工作」。還有些人告訴艾伊一件事：公司問員工是否反對為一家支持反LGBTQ的快餐連鎖店工作。當幾名員工直言發聲後，公司斥責他們一頓，最後公司還是和這家連鎖餐廳合作。IDEO因訴求天才文化而受到設計行業的讚揚，公司的多元共融評估發現，「男性和白人員工最容易在公司裡有歸屬感，他們參與決策，而且公司會聽他們的意見。男性和白人員工在領導職位上的比例也明顯過高。」

24. 潔思禮・賽斯表示："The STEM Struggle," interview by Mark Reggers, 3M Science of Safety, November 12, 2018, https://3mscienceofsafety.libsyn.com/episode-18-the-stem-struggle.

25. 3M能有效：在以數據為準的專案裡，3M有「包容冠軍」（Inclusion Champions）和「包容團隊」（Inclusion Teams），它們和公司的員工資源網絡（Employee

Resource Networks）密切合作，以確保多元共融的品質，讓不同地區和不同的職場文化裡，員工和領導者都能夠致力於包容的行為，並在整個企業裡擁抱多元化。它們的做法包括讓包容冠軍、員工資源網絡的主事者以及高階主管之間定期開會。3M和思愛普軟體公司一樣，也承諾在財務上支持各種環境裡的理工科教育，包括出資為有色人種社區創造更多教育機會。3M的公平與社區組織（Equity & Community）肩負多種職能，包括在整個企業裡確保公平和共融，並在產品開發、政策倡導和供應商多樣性等領域裡，支持社會正義。2020年，3M設立兩個領導職來支持多元共融的計畫，分別是社會正義策略與倡議（Social Justice Strategy & Initiatives）總監，以及公平與社區（Equity & Community）副總與公平長。3M密切關注公司的多樣性數據，根據2020年的報告，3M在全球非製造工人裡，達成接近50％的多樣性（包括39.7 % 的女性，8.7％的種族和民族多樣性，1.4％和身障相關的多元化，以及0.5％的LGBTQ+）。在副總裁及以上的職位裡，則達成近70％的多樣性（包括34.7％的女性，以及24.8％的種族和族群多樣性）。此外，公司董事會有36.4％是女性。在一項公司調查中，76％的3M員工表示，他們覺得自己屬於公司的一分子，公司也接納他們。"Global Diversity, Equity & Inclusion Report," 3M, 2020, https://multimedia.3m. com/mws/media/1955238O/3m-global-diversity-equity-and-inclusion-report-2020. pdf.

26. 賽斯在推廣科學和科學工作的部分工作內容："The STEM Struggle," interview by Mark Reggers.

27. 我在本章一開始：Emerson and Murphy, "Identity Threat at Work"; Emerson and Murphy, "A Company I Can Trust?"

28. 多元及包容長朱迪絲・米歇爾・威廉斯：Madeline Bennett, "Black History Month: SAP's Diversity Chief Busts the Talent Pipeline Myth," Diginomica, February 2, 2021, https:// diginomica.com/black-history-month-saps-diversity-chief-busts-talent-pipeline-myth; Emily Chang, Brotopia: Breaking Up the Boys' Club of Silicon Valley (New York: Portfolio, 2018).

29. 「現有的人才管道」：在英國，只有4％的科技工作者來自非裔、亞裔與少數族裔（Black, Asian, and minority ethnic, BAME），然而根據總部位於倫敦且致力於科技產業多元化的非營利組織Colorintech的數據顯示，在2013－2014學年度，學習科學、工程和技術的少數族裔學生比白人學生多。如今，這些曾經是學生的人表面上可以從事理工方面的職業，但Colorintech的共同創辦人迪翁・麥肯齊（Dion McKenzie）表示，問題不在於人才管道。他說：「如果我正在幫我投資組合裡的一家公司招募員工，我們會發現來自BAME背景的申請人，在篩選階段就會被刷掉了。你必須問問自己，為什麼會這樣？」Douglas, "Lack of Diversity Increases Risk of Tech Product Failures."

30. 我常透過我的組織「公平加速器」和公司合作："Equity Accelerator," https://accelerateequity.org/.

31. 已有40年歷史的格雷斯頓："Open Hiring at Greyston Bakery," YouTube, July 30, 2020, https://www.youtube.com/watch?v=fiKwkh2teQg; "Homepage," Greyston, accessed May 11, 2023, https://www.greyston.org/.

32. 創業家凱倫·格羅斯：Karen Gross, interview by Mary Murphy, July 13, 2021; Karen Gross, "A Case for Getting Proximate," University of St. Thomas, accessed May 11, 2023, https://blogs.stthomas.edu/holloran-center/a-case-for-get ting-proxi-mate/.

33. 我和我的研究合作者喬許·克拉克森、喬許·貝克：Joshua J. Clarkson, Joshua T. Beck, and Mary C. Murphy, "To Repeat or Diversify? The Impact of Implicit Self-Theories and Preferences Forecasting on Anticipated Consumption Variety," (manuscript under review).

34. 頂尖學者勞拉·克雷：L. J. Kray and M. P. Haselhuhn, "Implicit Negotiation Beliefs and Performance: Experimental and Longitudinal Evidence," Journal of Personality and Social Psychology 93, no. 1 (2007): 49–64, https://doi.org/10.1037/0022-3514.93.1.49. 此外，他們在這項工作於現實世界的延伸裡，測量了商學院學生對談判的長期心態，並研究這些信念如何影響學生駕馭有挑戰性的議價能力，這些議價往往以失敗告終。雙方越是認同成長心態，讓你來我往變得更有挑戰性時，他們就愈能堅持下去，並能夠發展出更全面的解決方案。

35. 根據我們對財星500大的研究：Mary C. Murphy, "Cultures of Genius and Cultures of Growth: Effects on Board Gender Diversity in the Fortune 500," unpublished manuscript.

36. 我們和……300多名理工科教師合作：Boucher et al., "Centering the Student Experience"; "Increasing Equity in College Student Experience: Findings from a National Collaborative. A Report of the Student Experience Project," https://student-experienceproject.org/wp-content/uploads/Increasing-Equity-in-Student-Experience-Findings-from-a-NationalCollaborative.pdf; https://studentexperienceproject.org/.

37. 桑佛·「桑迪」·舒加特：Sanford Shugart, interview by Mary Murphy, September 23, 2020.

38. 這個計畫和紐約哈里森中央學區的計畫類似：Louis Wool, interview by Mary Murphy, September 29, 2020.

39. 有數萬名學生：Sanford Shugart, interview by Mary Murphy, September 23, 2020.

40. 瓦倫西亞學院前組織發展和人力資源副總裁艾美・波斯麗：Amy Bosley, interview by Kelly Madrone, October 22, 2020.

41. 瓦倫西亞學院的一大成功：Sanford Shugart, interview by Mary Murphy, September 23, 2020.

42. 相較之下，在天才文化裡：Courtney L. McCluney, Kathrina Robotham, Serenity Lee, Richard Smith, and Myles Durkee, "The Costs of Code-Switching," Harvard Business Review, November 15, 2019, https://hbr.org/2019/11/the-costs-of-codeswitching.

43. 就像我的研究顯示，當我們採用：Emerson and Murphy, "A Company I Can Trust?"; Murphy and Reeves, "Personal and Organizational Mindsets at Work"; Emerson and Murphy, "Identity Threat at Work"; Canning et al., "Professors Who Signal a Fixed Mindset"; LaCosse et al., "The Role of STEM Professors' Mindset Beliefs."

44. 拉納・艾爾文是一位女同性戀："Lanaya Irvin: Talking About Race at Work," interview by Veronica Dagher, Secrets of Wealthy Women, Wall Street Journal podcast, June 10, 2020, https://www.wsj.com/podcasts/secrets-of-wealthy-women/lanaya-irvin-talking-about-race-at-work/918158fb-b9a6-422e-b21d-cd6d4a82ffff.

45. 「刻意執行」：同上。

46. 艾爾文表示……很重要：同上。

47. 拉納・艾爾文表示：同上。

48. 發起包容計畫的鮑康如表示：Ellen Pao, Reset: My Fight for Inclusion and Lasting Change (New York: Random House, 2017).

49. 在凱倫・格羅斯的……公民論述裡：Karen Gross, interview by Mary Murphy, July 13, 2021; "Compassion Contract," Citizen Discourse, accessed May 11, 2023. 想了解更多，請造訪公民論述網站－－www.citizendiscourse.org－－並下載同理心契約：https://citizendiscourse.org/compassion-contract/.

50. 就像格雷斯頓的莎拉・馬庫斯所說："Open Hiring at Greyston Bakery," YouTube.

51. 幾乎所有麻省理工學院：Mara Leighton, "MIT Offers Over 2,000 Free Online Courses—Here Are 13 of the Best Ones," Business Insider, February 9, 2021, https://www.businessinsider.com/guides/learning/free-massachusetts-institute-of-technology-online-courses.

第八章：心態微文化

1. 在檢視過大量數據和文獻後 ：Mary C. Murphy and Stephanie L. Reeves, "Personal and Organizational Mindsets at Work," Research in Organizational Behavior 39 (2019), https://doi.org/10.1016/j.riob.2020.100121.

2. 情境線索可以告訴我們：Mary C. Murphy, Claude M. Steele, and James J. Gross, "Signaling Threat: How Situational Cues Affect Women in Math, Science, and Engineering Settings," Psychological Science 18, no. 10 (October 2007): 879–85, https://doi.org/10.1111/j.1467-9280.2007.01995.x; Katherine T. U. Emerson and Mary C. Murphy, "Identity Threat at Work: How Social Identity Threat and Situational Cues Contribute to Racial and Ethnic Disparities in the Workplace," Cultural Diversity and Ethnic Minority Psychology 20, no. 4 (October 2014): 508–20, https://doi.org/10.1037/a0035403; G. M. Walton, M. C. Murphy, and A. M. Ryan, "Stereotype Threat in Organizations: Implications for Equity and Performance," Annual Review of Organizational Psychology and Organizational Behavior 2 (2015): 523–50, https://doi.org/10.1146/annurev-orgpsych-032414-111322; Murphy and Taylor, "The Role of Situational Cues in Signaling and Maintaining Stereotype Threat;" Murphy and Reeves, "Personal and Organizational Mindsets at Work" ; Elizabeth A. Canning, Mary C. Murphy, Katherine T. U. Emerson, Jennifer A. Chatman, Carol S. Dweck, and Laura J. Kray, "Cultures of Genius at Work: Organizational Mindsets Predict Cultural Norms, Trust, and Commitment," Personality and Social Psychology Bulletin 46, no. 4 (2020): 626–42; Elizabeth A. Canning, Elise Ozier, Heidi E. Williams, Rashed AlRasheed, and Mary C. Murphy, "Professors Who Signal a Fixed Mindset about Ability Undermine Women's Performance in STEM," Social Psychological and Personality Science 13, no. 5 (2022): 927–37, https://doi.org/10.1177/19485506211030398; J. LaCosse, M. C. Murphy, J. A. Garcia, and S. Zirkel, "The Role of STEM Professors' Mindset Beliefs on Students' Anticipated Psychological Experiences and Course Interest," Journal of Educational Psychology 113 (2021): 949–71, https://doi.org/10.1037/edu0000620; K. Muenks, E. A. Canning, J. LaCosse, D. J. Green, S. Zirkel, and

J. A. Garcia, "Does My Professor Think My Ability Can Change? Students' Perceptions of Their STEM Professors' Mindset Beliefs Predict Their Psychological Vulnerability, Engagement, and Performance in Class," Journal of Experimental Psychology: General 149, no. 11 (2020): 2119–44, https://doi.org/10.1037/xge0000763.

3. 我的研究顯示，每個人：Murphy and Reeves, "Personal and Organizational Mindsets at Work"; Canning et al., "Cultures of Genius at Work"; Emerson and Murphy, "Identity Threat at Work"; Katherine T. U. Emerson and Mary C. Murphy, "A Company I Can Trust? Organizational Lay Theories Moderate Stereotype Threat for Women," Personality and Social Psychology Bulletin 41, no. 2 (February 1, 2015): 295–307, https://doi.org/10.1177/01461672145649; Canning et al., "Professors Who Signal a Fixed Mindset"; LaCosse et al., "The Role of STEM Professors' Mindset Beliefs."

4. 讓我們看看丹尼爾‧魯迪‧休廷傑：Dan Scofield, "Daniel 'Rudy' Ruettiger, Notre Dame's Famous Walk-On: The True Story," Bleacher Report, January 18, 2010, https://bleacherreport.com/articles/328263-the-true-story-of-notre-dames-famous-walk-on-daniel-rudy-reutigger.

5. 事實上，大腦研究顯示："How to Change Your Brain with Dr. Andrew Huberman, Episode 533," interview by Rich Roll, Rich Roll Podcast, July 20, 2020, https://www.richroll.com/podcast/andrew-huberman-533/.

6. 熟悉我們的定型心態：Mary C. Murphy and Carol S. Dweck, "A Culture of Genius: How an Organization's Lay Theory Shapes People's Cognition, Affect, and Behavior," Personality and Social Psychology Bulletin 36, no. 3 (October 2009): 283–96, https://doi.org/10.1177/0146167209347380; Emerson and Murphy, "A Company I Can Trust?"

7. 然而即使在這些領域裡：Candace Duncan, interview by Kelly Madrone, December 2, 2020.

8. 或是殼牌……看到的一樣：Jorrit van der Togt, interview by Mary Murphy, July 8, 2021.

第九章：評價情境

1. 我們從定型心態出發：L. S. Blackwell, K. H. Trzesniewski, and C. S. Dweck, "Implicit Theories of Intelligence Predict Achievement Across an Adolescent

Transition: A Longitudinal Study and an Intervention," Child Development 78, no. 1 (2007): 246–63, http://dx.doi.org/10.1111/j.1467-8624.2007.00995.x; Y. Hong, C. Chiu, C. S. Dweck, D. M.-S.Lin, and W. Wan, "Implicit Theories, Attributions, and Coping: A Meaning System Approach," Journal of Personality and Social Psychology 77 (1999): 588–99, https://doi.org/10.1037/0022-3514.77.3.588; A. David Nussbaum and Carol S. Dweck, "Defensiveness Versus Remediation: Self-Theories and Modes of Self-Esteem Maintenance," Personality and Social Psychology Bulletin 34, no. 5 (March 5, 2008): 599–612, https://doi.org/10.1177/0146167207312960.

2. 正如《華爾街日報》：John Carreyrou, Bad Blood: Secrets and Lies in a Silicon Valley Startup (New York: Knopf, 2018).

3. 「我一直告訴她」：The Inventor: Out for Blood in Silicon Valley, directed by Alex Gibney, HBO Documentary Films/Jigsaw Productions, 2019.

4. 而是欺騙投資人：Avery Hartmans, Sarah Jackson, and Azmi Haroun, "The Rise and Fall of Elizabeth Holmes, the Former Theranos CEO Found Guilty of Wire Fraud and Conspiracy—Who Just Managed to Delay Her Prison Reporting Date," Business Insider, April 26, 2023, https://www.businessinsider.com/theranos-founder-ceo-elizabeth-holmes-life-story-bio-2018-4.

5. 工作人員偽造檢驗結果：Carreyrou, Bad Blood.

6. 相反的，療診在2018年解散：The Inventor, directed by Alex Gibney; Hartmans, Jackson, and Haroun, "The Rise and Fall of Elizabeth Holmes."

7. 雷克和霍姆斯一樣就讀史丹佛大學："Style Startup to IPO with Katrina Lake at the Commonwealth Club," interview by Lauren Schiller, Inflection Point, YouTube, June 20, 2018, https://www.youtube.com/watch?v=69MiU-4v3NU; Jessica Pressler, "How Stitch Fix CEO Katrina Lake Built a $2 Billion Company," Elle, February 28, 2018, https://www.elle.com/fashion/a15895336/katrina-lake-stitch-fix-ceo-interview/.

8. 上市前兩天："Katrina Lake," interview by Carly Zakin and Danielle Weisberg, Skimm'd from the Couch, July 25, 2018, https://www.theskimm.com/money/sftc-katrina-lake.

9. 矽谷最成功的創辦人和執行長之一：在後疫情的經濟裡，許多科技公司的估值受到影響，包括Stitch Fix。但事實上，卡翠娜．雷克遇到公司上市這樣的評價情境時，依然採取成長心態，讓Stitch Fix多年來獲得巨大成功。雷克在2021

年卸下執行長一職，並在2023年回任。Adriana Lee, "Stitch Fix Plans to Return Focus to What Built the Business," Yahoo!Money, March 8, 2023, https://money.yahoo.com/stitch-fix-plans-return-focus-222156568.html.

10. 一場會議："These Are Not Uncertain Times: Ways to Pivot, Lead, and Thrive — Simon Sinek with Dave Asprey, #740," Human Upgrade, May 21, 2020, https://daveasprey.com/simon-sinek-740/.

11. 誠如文化作家……書中所寫：Anne Helen Petersen, Can't Even: How Millennials Became the Burnout Generation (New York: Houghton Mifflin Harcourt, 2020).

12. 2020年，我參加……短期專案：Catherine Poirier, Carina Cheng, Ellora Sarkar, Henry Silva, and Tom Kudrle, "The Culture of Data Leaders," Keystone, February 2, 2021, https://www.keystone.ai/news-publications/whitepaper-the-culture-of-data-leaders/.

13. 這個洞見來自：Mary Murphy, Stephanie Fryberg, Laura Brady, Elizabeth Canning, and Cameron Hecht, "Global Mindset Initiative Paper 1: Growth Mindset Cultures and Teacher Practices," Growth Mindset Cultures and Practices (August 27, 2021), http://dx.doi.org/10.2139/ssrn.3911594; K. Morman, L. Brady, C. Wang, M. C. Murphy, M. Bang, and S. Fryberg, "Creating Identity Safe Classrooms: A Cultural Educational Psychology Approach to Teacher Interventions." Paper presented at the American Educational Research Association Annual Meeting, Chicago, IL, April 2023.

14. 約翰・麥基是全食超市的共同創辦人，也是前執行長：John Mackey, Steve McIntosh, and Carter Phipps, Conscious Leadership: Elevating Humanity Through Business (New York: Portfolio, 2020).

15. 或者，我們可以看看波澤瑪・聖約翰："Badass Bozoma Saint John," interview by Charli Penn and Cori Murray, Yes, Girl!, October 26, 2020, https://www.essence.com/lifestyle/career-advice-uber-cbo-bozoma-saint-john/.

16. 這個策略體現出馬克・祖克伯：Kurt Wagner, "Mark Zuckerberg Shares Facebook's Secrets with All His Employees, and Almost None of It Leaks," Vox, January 5, 2017, https://www.vox.com/2017/1/5/13987714/mark-zuckerberg-facebook-qa-weekly.

第十章：高強度情境

1. 在高強度情境下：Mary C. Murphy and Stephanie L. Reeves, "Personal and

Organizational Mindsets at Work," Research in Organizational Behavior 39 (2019), https://doi.org/10.1016/j.riob.2020.100121.

2. 總裁兼執行長："Ramona Hood," interview by Carly Zakin and Danielle Weisberg, Skimm'd from the Couch, November 11, 2020, https://www.theskimm.com/money/skimmd-from-the-couch-ramona-hood.

3. 史蒂芬・金從事寫作多年：Stephen King, On Writing: A Memoir of the Craft (New York: Scribner, 2000).

4. 金已經寫了60多本書："Stephen King Books in Order: Complete Series List," Candid Cover, May 3, 2023, https://candidcover.net/stephen-king-books-in-order-list/.

5. 他每天都寫作2,000字：King, On Writing.

6. 為了回答這個問題：Jason R. Tregellas, Deana B. Davalos, and Donald C. Rojas, "Effect of Task Difficulty on the Functional Anatomy of Temporal Processing," Neuroimage 32, no. 1 (April 19, 2006): 307–15, https://doi.org/10.1016/j.neuroimage.2006.02.036.

7. 研究還顯示，並不是任何努力：National Research Council, How People Learn: Brain, Mind, Experience, and School: Expanded Edition (Washington, DC: National Academies Press, 2020).

8. 花一個下午的時間：Cathy O'Neil, "Weapons of Math Destruction," Discover, August 31, 2016, https://www.discovermagazine.com/the-sciences/weapons-of-math-destruction.

9. 神經科學家大衛・伊葛門表示："The Inside Story of the Ever-Changing Brain," interview by Brené Brown, Unlocking Us, December 2, 2020, https://brenebrown.com/podcast/brene-with-david-eagleman-on-the-inside-story-of-the-ever-changing-brain/.

10. 截至2023年，全球有超過3,100萬人：David Curry, "Fitbit Revenue and Usage Statistics (2023)," Business of Apps, January 9, 2023, https://www.businessofapps.com/data/fitbit-statistics/.

11. 儘管可穿戴技術："Fitbit: James Park," interview by Guy Raz, How I Built This, April 27, 2020, https://www.npr.org/2020/04/22/841267648/fitbit-james-park.

12. 「我們移民……一定會把事情搞定」：Lin-Manuel Miranda, Keinan Warsame, Claudia Feliciano, Rizwan Ahmed, René Pérez Joglar, and Jeffrey Penalva,

"Immigrants (We Get the Job Done)," The Hamilton Mixtape, Atlantic Records, December 2, 2016.

13. 研究員朱麗亞‧李奧納多：Julia A. Leonard, Dominique N. Martinez, Samantha C. Dashineau, Anne T. Park, and Allyson P. Mackey, "Children Persist Less When Adults Take Over," Child Development 92, no. 4 (July/August 2021): 1325–36, https://doi.org/10.1111/cdev.13492.

14. 你可能熟悉："Don't Be a Duck! How to Resist the Stanford Duck Syndrome," Stanford University, accessed May 11, 2023, https://studentaffairs.stanford.edu/focus-dont-be-duck-how-resist-stanford-duck-syndrome.

15. 因此被稱為「自殺學校」：Jennifer Epstein, "A 'Suicide School'?" Inside Higher Ed, March 15, 2010, https://www.insidehighered.com/news/2010/03/16/suicide-school; Trip Gabriel, "After 3 Suspected Suicides, Cornell Reaches Out," New York Times, March 16, 2010, https://www.nytimes.com/2010/03/17/education/17cornell.html; Tovia Smith, "Deaths Revive Cornell's Reputation as 'Suicide School,'" NPR, March 18, 2010, https://www.npr.org/templates/story/story.php?storyId=124807724.

16. 2016到2017學年：Nancy Doolittle, "Cornell Reviews Its Mental Health Approach, Looks Ahead," Cornell Chronicle, January 18, 2018, https://news.cornell.edu/stories/2018/01/cornell-reviews-its-mental-health-approach-looks-ahead.

17. 誠如研究人員伊麗莎白和羅伯特‧畢約克所發現：Elizabeth Bjork and Robert A. Bjork, "Making Things Hard on Yourself, but in a Good Way: Creating Desirable Difficulties to Enhance Learning," in Psychology and the Real World, ed.Morton Ann Gernsbacher, Richard W. Pew, Leaetta M. Hough, and James R. Pomerantz (New York: Worth, 2009), 56–64.

18. 認知心理學家內特‧科內爾說：David Epstein, Range: Why Generalists Triumph in a Specialized World (New York: Macmillan, 2019).

19. 相反的，在中國和日本：Epstein, Range; Harold W. Stevenson and James W. Stigler, The Learning Gap: Why Our Schools Are Failing and What We Can Learn from Japanese and Chinese Education (New York: Touchstone, 1992).

20. 研究人員哈羅德‧史蒂文森和詹姆斯‧史蒂格勒：Stevenson and Stigler, The Learning Gap.

21. 就像科內爾和同事發現的：Nate Kornell, Matthew Jensen Hays, and Robert A.

Bjork, "Unsuccessful Retrieval Attempts Enhance Subsequent Learning," Journal of Experimental Psychology 35, no. 4 (2009): 989–98, https://doi.org/10.1037/a0015729.

22. 研究進一步顯示：Shui-Fong Lam, Pui-shan Lim, and Yee-lam Ng, "Is Effort Praise Motivational? The Role of Beliefs in the Effort–Ability Relationship," Contemporary Educational Psychology 33, no. 4 (October 2008): 694–710, https://doi.org/10.1016/j.cedpsych.2008.01.005.

23. 往往是從人們年輕時就開始 ： Lam, Lim, and Ng, "Is Effort Praise Motivational?"；Michael Chapman and Ellen A. Skinner, "Children's Agency Beliefs, Cognitive Performance, and Conceptions of Effort and Ability: Individual and Developmental Differences," Child Development, 60, no. 5 (1989): 1229–38, https://doi.org/10.2307/1130796; John G. Nicholls, "The Development of the Concepts of Effort and Ability, Perception of Academic Attainment, and the Understanding that Difficult Tasks Require More Ability," Child Development 49, no. 3 (1978): 800–14, https://doi.org/10.2307/1128250.

24. 有一個年輕人就讀神學院：@sarahelizalewis，馬丁・路德・金恩在公開演講中得了兩個C。實際上，下學期他從C+變成C。這裡有文字稿。實現你的夢想。」January 11, 2020, 5:09pm, https://twitter.com/sarah elizalewis/status/121615025412 0247297?lang=en.

25. 在一系列共五項的研究當中：Paul A. O'Keefe, Carol S. Dweck, Gregory M. Walton, "Implicit Theories of Interest: Finding Your Passion or Developing It?" Psychological Science, 29, no. 10 (September 6, 2018): 1653–64, https://doi.org/10.1177/0956797618780643.

26. 莎普娜・謝麗安是華盛頓大學的教授："Meet the Speakers: Dr. Sapna Cheryan," interview by Andrew Watson, Learning & the Brain, October 15, 2017, https://www.learning andthebrain.com/blog/meet-the-speakers-dr-sapna-cheryan/.

27. 計算機科學領域出現性別差距：Emily Chang, Brotopia: Breaking Up the Boys' Club of Silicon Valley (New York: Portfolio, 2018).

28. 賈伯斯：Walter Isaacson, Steve Jobs (New York: Simon & Schuster, 2011).

29. 艾瑪・麥克羅伊："The Wildfang Way: Emma McIlroy," interview by Jonathan Fields, The Good Life Podcast, August 7, 2019, https://www.goodlifeproject.com/podcast/emma-mcilroy-wildfang/.

30. 另一個阻礙：Katherine T. U. Emerson and Mary C. Murphy, "Identity Threat at Work: How Social Identity Threat and Situational Cues Contribute to Racial and Ethnic Disparities in the Workplace," Cultural Diversity and Ethnic Minority Psychology 20, no. 4 (October 2014): 508–20, https://doi.org/10.1037/a0035403; Ashley Bittner and Brigette Lau, "Women-Led Startups Received Just 2.3% of VC Funding in 2020," Harvard Business Review, February 25, 2021, https://hbr.org/2021/02/women-led-startups-received-just-2-3-of-vc-funding-in-2020; Gabrielle Fonrouge, "Venture Capital for Black Entrepreneurs Plummeted 45% in 2022, Data Shows," CNBC, February 2, 2023, https://www.cnbc.com/2023/02/02/venture-capital-black-founders-plummeted.html; Dana Kanze, Mark A. Conley, Tyler G. Okimoto, Damon J. Phillips, and Jennifer Merluzzi, "Evidence that Investors Penalize Female Founders for Lack of Industry Fit," Science Advances 6, no. 48 (2020), https://doi.org/10.1126/sciadv.abd7664; Elsa T. Chan, Pok Man Tang, and Shuhui Chen, "The Psychology of Women in Entrepreneurship: An International Perspective," in The Cambridge Handbook of the International Psychology of Women, ed.Fanny M. Cheung and Diane F. Halpern (Cambridge: Cambridge University Press, 2020), https://www.cambridge.org/core/books/abs/cambridge-handbook-of-the-international-psychology-of-women/psychology-of-women-in-entrepreneurship/029B74F2B34330350BF6C72FADC8363D; L. Bigelow, L. Lundmark, J. McLean Parks, and R. Wuebker, "Skirting the Issues: Experimental Evidence of Gender Bias in IPO Prospectus Evaluations," Journal of Management 40, no. 6 (2012): 1732–59, https://doi.org/10.1177/0149206312441624; E. H. Buttner and B. Rosen, "Bank Loan Officers' Perceptions of the Characteristics of Men, Women, and Successful Entrepreneurs," Journal of Business Venturing 3, no. 3 (1988): 249–58, https://doi.org/10.1016/0883-9026(88)90018-3; Mark Geiger, "A Meta-Analysis of the Gender Gap(s) in Venture Funding: Funderand Entrepreneur-Driven Perspectives," Journal of Business Venturing Insights 13 (2020), https://doi.org/10.1016/j.jbvi.2020.e00167; Candida Brush, Patricia Greene, Lakshmi Balachandra, and Amy Davis, "The Gender Gap in Venture Capital: Progress, Problems, and Perspectives," Venture Capital 20, no. 2 (2018): 115–36, https://doi.org/10.1080/13691066.2017.1349266; Michael S. Barr, "Minority and Women Entrepreneurs: Building Capital, Networks, and Skills," Hamilton Project, discussion paper 2015-03 (March 2015), https://www.brookings.edu/wp-content/uploads/2016/07/minority_women_entrepreneurs_building_skills_barr.pdf; Rosanna

Garcia and Daniel W. Baack, "The Invisible Racialized Minority Entrepreneur: Using White Solipsism to Explain the White Space," Journal of Business Ethics (2022), https://doi.org/10.1007/s10551-022-05308-6.

31. 根據科技媒體 TechCrunch 報導：Dominic-Madori Davis, "Women-Founded Startups Raised 1.9% of All VC Funds in 2022, a Drop from 2021," TechCrunch, January 18, 2023, https://techcrunch.com/2023/01/18/women-founded-startups-raised-1-9-of-all-vc-funds-in-2022-a-drop-from-2021/.

32. 雖然研究公司 PitchBook 指出：Silvia Mah, "Why Female Founders Still Aren't Getting the Big Number Investments—And Why They Should," Forbes, November 30, 2022, https://www.forbes.com/sites/forbesbusinesscouncil/2022/11/30/why-female-founders-still-arent-getting-the-big-number-investments-and-why-they-should/?sh=58c769902761.

33. 同年，黑人創辦人：Dominic-Madori Davis, "Black Founders Still Raised Just 1% of All VC Funds in 2022," TechCrunch, January 6, 2023, https:// techcrunch.com/2023/01/06/black-founders-still-raised-just-1-of-all-vc-funds-in-2022/. CNBC 頻道指出，「人們視投資多元團隊為一種道德責任以及必須做的事情，是因為這是一件對的事。研究顯示，這樣做可以為投資人帶來更高的回報，」Colorwave 的執行董事約翰．魯塞爾（John Roussel）說。Fonrouge, "Venture Capital for Black Entrepreneurs Plummeted 45% in 2022, Data Shows."

34. 我的研究顯示：Mary C. Murphy, "Mindsets in Entrepreneurship: Measurement and Validation Results," report to the G2 Advisory Group and the Kauffman Foundation (April 2020); M. C. Murphy, B. Tauber, C. Samsa, and C. S. Dweck, "Founders' Mindsets Predict Company Culture and Organizational Success in Early Stage Startups" (working paper).

35. 卡翠娜．雷克："Style Startup to IPO with Katrina Lake at the Commonwealth Club," interview by Lauren Schiller, Inflection Point, YouTube, June 20, 2018, https://www.youtube.com/watch?v=69MiU-4v3NU.

36. Calendly 的創辦人托普．阿沃托納："Calendly: Tope Awotona," interview by Guy Raz, How I Built This, September 14, 2020, https://www.npr.org/2020/09/11/911960189/calendly-tope-awotona.

37. 麥克布萊德姊妹開始："McBride Sisters Wine (Part 1 of 2): Robin McBride and Andréa McBride John," interview by Guy Raz, How I Built This, October 19, 2020, https://www.npr.org/2020/10/15/924227706/mcbride-sisters-wine-part-1-of-2-robin-

de Sisters Wine (Part 2 of 2): Robin McBride and Andréa McBride John," interview by Guy Raz, How I Built This, October 26, 2020, https://www.npr.org/2020/10/23/927158151/mcbride-sist ers-wine-part-2-of-2-robin-mcbride-and-andr-a-mcbride-john.

38. 她們的公司麥克布萊德姐妹："Our Story," McBride Sisters Wine Company, accessed May 11, 2023, https://www.mcbridesisters.com/Sisters-Story.

39. 但讓我們倒帶一下："McBride Sisters Wine (Part 1 of 2): Robin McBride and Andréa McBride John," interview by Guy Raz; "McBride Sisters Wine (Part 2 of 2): Robin McBride and Andréa McBride John," interview by Guy Raz.

40. 就像蘋果告訴蓋伊‧拉茲："McBride Sisters Wine (Part 2 of 2): Robin McBride and Andréa McBride John," interview by Guy Raz.

41. 超級登山者亞歷山大‧梅戈斯："Rotpunkt: Alex Megos Climbs His Hardest Project Yet," Patagonia, YouTube, accessed May 11, 2023, https://www.youtube.com/watch?v=COuxNFuAS1Q; Michael Levy, "Interview: Alex Megos on 'Bibliographie,' (5.15d)," Rock & Ice, August 11, 2020, https://www.rockandice.com/climbing-news/inteview-alex-megos-on-bibliographie-5-15d/.

42. 在她的暢銷書《寫作課》裡：Anne Lamott, Bird by Bird: Some Instructions on Writing and Life (New York: Pantheon, 1994).

43. 對許多人來說，要在短短幾個月內："McBride Sisters Wine (Part 2 of 2): Robin McBride and Andréa McBride John," interview by Guy Raz.

44. 我們可以在個人層面採取另一種策略：Claude M. Steele, "The Psychology of Self Affirmation: Sustaining the Integrity of the Self," Advances in Experimental Social Psychology 21 (1988): 261–2, https://doi.org/10.1016/S0065-2601(08)60229-4; David K. Sherman and Geoffrey L. Cohen, "The Psychology of Self-Defense: Self-Affirmation Theory," Advances in Experimental Social Psychology 38 (2006): 183–242, https://doi.org/10.1016/S0065-2601(06)38004-5.

45. 根據蓋洛普的調查，55％的美國人：Rebecca Riffkin, "In U.S., 55% of Workers Get Sense of Identity from Their Job," Gallup, August 22, 2014, https:// news.gallup.com/poll/175400/workers-sense-identity-job.aspx.

46. 自我肯定的過程：Steele, "The Psychology of Self-Affirmation"; Sherman and Cohen, "The Psychology of Self-Defense."

47. 說故事又是實現這個目標最有效的一個方式："Jay-Z: The Hip-Hop Billionaire

Who Couldn't Even Get a Record Deal," Black BOSS Channel, YouTube, accessed May 11, 2023, https:// www.youtube.com/watch?v=aVP4NjvuB50.

48. 正如我之前提到：Charles Duhigg, "What Google Learned from Its Quest to Build the Perfect Team," New York Times Magazine, February 15, 2016, https:// www. nytimes.com/2016/02/28/magazine/what-google-learned-from-its-quest-to-build-the-perfect-team.html.

49. 根據蓋洛普2022年的數據顯示："State of the Global Workplace: 2022 Report," Gallup, accessed May 11, 2023, https://www.gallup.com/workplace/349484/state-of-the-global-workplace-2022-report.aspx#ite-393245.

50. 誠如任何一個人力資源主管都會告訴你的："The Impact of Employee Engagement on Retention," Oak Engagement, April 20, 2023, https://www.oak.com/blog/impact-of-employee-engagement-on-retention/.

第十一章：批評性回饋

1. 誠如亞里斯多德的名言：根據維基百科的說法，原文是：「如果你想避免道德和肉體的挫敗，那就什麼都不做，什麼也不說，什麼也不是，甘於默默無聞，因為只有遺忘才能帶來安全」，出自 Elbert Hubbard, Little Journeys to the Homes of American Statesman (1898), https://en.wikiquote.org/wiki/Aristotle#Misattributed.

2. 當我們從定型心態的眼光來看待事情時：Mary C. Murphy and Stephanie L. Reeves, "Personal and Organizational Mindsets at Work," Research in Organizational Behavior 39 (2019), https://doi.org/10.1016/j.riob.2020.100121; J. N. Belding, K. Z. Naufel, and K. Fujita, "Using High-Level Construal and Perceptions of Changeability to Promote Self-Change Over Self-Protection Motives in Response to Negative Feedback," Personality and Social Psychology Bulletin, 41 no. 6 (2015): 822–38, https://doi.org/10.1177/0146167215580776; David Nussbaum and Carol S. Dweck, "Defensiveness Versus Remediation: Self-Theories and Modes of Self-Esteem Maintenance," Personality and Social Psychology Bulletin 34, no. 5 (March 5, 2008): 599–612, https://doi.org/10.1177/0146167207312960; Y. Trope and E. Neter, "Reconciling Competing Motives in Self-Evaluation: The Role of Self-Control in Feedback Seeking," Journal of Personality and Social Psychology 66, no. 4 (1994): 646–57, https://doi.org/10.1037/0022-3514.66.4.646.

3. 當我們第一次遇到批評性回饋時："Sadie Lincoln Is Rewriting the Fitness

Story—Thoughts on Movement, Community, Risk & Vulnerability, Episode 501," interview by Rich Roll; "How I Built Resilience: Live with Sadie Lincoln," interview by Guy Raz, How I Built This, June 20, 2020, https://www.npr.org/2020/06/18/880460529/how-i-built-resilience-live-with-sadie-lincoln.

4. 但是神經科學家麗莎・費德曼・巴瑞特卻說：Lisa Feldman Barrett, "The Theory of Constructed Emotion: An Active Inference Account of Interoception and Categorization," Social Cognitive and Affective Neuroscience 12, no. 1 (January 2017): 1–23, https://doi.org/10.1093/scan/nsw154; Lisa Feldman Barrett, How Emotions Are Made: The Secret Life of the Brain (New York: Mariner Books, 2017).

5. 幫助林肯轉變的另一件事："Sadie Lincoln Is Rewriting the Fitness Story," interview by Rich Roll.

6. 研究顯示，當我們啟動自我保護機制時，我們的大腦："All About Amygdala Hijack," PsychCentral, accessed May 11, 2023, https://psychcentral.com/health/amygdala-hijack.

7. 「她幫我從數據的角度面對回饋」："Sadie Lincoln Is Rewriting the Fitness Story," interview by Rich Roll.

8. 面對這種狀況時，我們變得像：In response, we become like: Seinfeld, season 9, episode 5, "The Junk Mail," NBC, October 30, 1997.

9. 傑克・尼克遜……飾演的納森・傑瑟普上校：A Few Good Men, directed by Rob Reiner, Columbia Pictures/Castle Rock Entertainment/David Brown Productions, 1992.

10. 為了回答這個問題：Nussbaum and Dweck, "Defensiveness Versus Remediation." 註：其他兩個研究的結果類似。

11. 然而，神經科學顯示：Jennifer A. Mangels, Brady Butterfield, Justin Lamb, Catherine Good, and Carol S. Dweck, "Why Do Beliefs about Intelligence Influence Learning Success? A Social Cognitive Neuroscience Model," Social Cognitive and Affective Neuroscience 1, no. 2 (September 1, 2006): 75–86, https://doi.org/10.1093/scan/nsl013; Hans S. Schroder, Megan E. Fisher, Yanli Lin, Sharon L. Lo, Judith H. Danovitch, and Jason S. Moser, "Neural Evidence for Enhanced Attention to Mistakes among School-Aged Children with a Growth Mindset," Developmental Cognitive Neuroscience 24 (April 2017): 42–50, https://doi.org/10.1016/j.dcn.2017.01.004.

12. 在2020年版的《召喚勇氣》播客裡："The Rise, the Creative Process, and the Difference Between Mastery and Success, with Dr. Sarah Lewis," interview by Brené Brown, Dare to Lead, November 30, 2020, https://brenebrown.com/podcast/brene-with-dr-sarah-lewis-on-the-rise-the-creative-process-and-the-difference-between-mastery-and-success/.

13. 如果我們因為批評性回饋而感到羞恥：D. S. Yeager, H. Y. Lee, and J. P. Jamieson, "How to Improve Adolescent Stress Responses: Insights from Integrating Implicit Theories of Personality and Biopsychosocial Models," Psychological Science 27 (2016): 1078–91, https://doi.org/10.1177/0956797616649604; D. S. Yeager, K. H. Trzesniewski, K. Tirri, P. Nokelainen, and C. S. Dweck, "Adolescents' Implicit Theories Predict Desire for Vengeance After Peer Conflicts: Correlational and Experimental Evidence," Developmental Psychology 47 (2011): 1090–7, https://doi.org/10.1037/a0023769; Weidong Tao, Dongchi Zhao, Huilan Yue, Isabel Horton, Xiuju Tian, Zhen Xu, and Hong-Jin Sun, "The Influence of Growth Mindset on the Mental Health and Life Events of College Students," Frontiers in Psychology 13 (2022), https://doi.org/10.3389/fpsyg.2022.821206; L. S. Blackwell, K. H. Trzesniewski, and C. S. Dweck, "Implicit Theories of Intelligence Predict Achievement Across an Adolescent Transition: A Longitudinal Study and an Intervention," Child Development 78, no. 1 (2007): 246–63, http://dx.doi.org/10.1111/j.1467-8624.2007.00995.x; R. W. Robins and J. L. Pals, "Implicit Self-Theories in the Academic Domain: Implications for Goal Orientation, Attributions, Affect, and SelfEsteem Change," Self and Identity 1, no. 4 (2002): 313–36, https://doi.org/10.1080/15298860290106805; R. B. King, D. M. McInerney, and D. A. Watkins, "How You Think About Your Intelligence Determines How You Feel in School: The Role of Theories of Intelligence on Academic Emotions," Learning and Individual Differences 22, no. 6 (2002): 814–19, https://doi.org/10.1016/j.lindif.2012.04.005.

14. 我和我的合作者……所做的研究顯示：A. Rattan, K. Kroeper, R. Arnett, X. Brown, and M. C. Murphy, "Not Such a Complainer Anymore: Confrontation that Signals a Growth Mindset Can Attenuate Backlash," Journal of Personality and Social Psychology 124, no. 2 (2003): 344–61, https://doi.org/10.1037/pspi0000399.

15. 如果我們和布朗一樣，藉由批評性回饋觸發成長心態：Betsy Ng, "The Neuroscience of Growth Mindset and Intrinsic Motivation," Brain Sciences 8, no. 2 (2018), https://doi.org/10.3390/brainsci8020020; Hans S. Schroder, Megan

E. Fisher, Yanli Lin, Sharon L. Lo, Judith H. Danovitch, Jason S. Moser, "Neural Evidence for Enhanced Attention to Mistakes Among School-Aged Children with a Growth Mindset," Developmental Cognitive Neuroscience 24 (April 2017): 42–50, https://doi.org/10.1016/j.dcn.2017.01.004; J. S. Moser, H. S. Schroder, C. Heeter, T. P. Moran, and Y.-H.Lee, "Mind Your Errors: Evidence for a Neural Mechanism Linking Growth Mind-Set to Adaptive Posterror Adjustments," Psychological Science 22 (2011): 1484–89, https://doi.org/10.1177/0956797611419520; H. S. Schroder, T. P. Moran, M. B. Donnellan, and J. S. Moser, "Mindset Induction Effects on Cognitive Control: A Neurobehavioral Investigation," Biological Psychology 103 (2014): 27–37, https://doi.org/10.1016/j.biopsycho.2014.08.004; Mangels et al., "Why Do Beliefs about Intelligence Influence Learning Success?"

16. 當我們處於成長心態時：同上。

17. 鄧寧-克魯格效應：J ustin Kruger and David Dunning, "Unskilled and Unaware of It: How Difficulties in Recognizing One's Own Incompetence Lead to Inflated Self-Assessments," Journal of Personality and Social Psychology 77, no. 6 (1999): 1121–34, https://doi.org/10.1037/0022-3514.77.6.1121.

18. 之後，喬伊斯‧艾林格：Joyce Ehrlinger, Ainsley L. Mitchum, and Carol S. Dweck, "Understanding Overconfidence: Theories of Intelligence, Preferential Attention, and Distorted Self-Assessment," Journal of Experimental Psychology 63 (March 2016): 94–100, https://doi.org/10.1016/j.jesp.2015.11.001.

19. 有些人長期以成長為導向："The Rise, the Creative Process, and the Difference Between Mastery and Success, with Dr. Sarah Lewis," interview by Brené Brown.

20. 第一位晉升為首席舞者的黑人芭蕾舞演員："Misty Copeland," interview by Carly Zakin and Danielle Weisberg, 9 to 5ish, Apple Podcasts, https://podcasts. apple.com/us/podca st/misty-copeland-principal-dancer-american-ballet-theatre/ id1345547675?i=1000493035612.

21. 人們用這種委婉的方式告訴她："Misty Copeland on Blackness and Ballet," interview by Karen Hunter, Urban View, SiriusXM, https://www.youtube.com/ watch?v=tgn VHGbnLDQ&t=4s.

22. 就像文化歷史學家兼作家：A Ballerina's Tale, directed by Nelson George, Urban Romances/Nice Dissolve/Rumble Audio, 2015.

23. 科普蘭說，她了解："Misty Copeland," interview by Carly Zakin and Danielle Weisberg.

24. 有一篇貼文嘲笑科普蘭：Devon Elizabeth, "Misty Copeland Responds to 'Swan Lake' Performance Criticism," Teen VOGUE, March 28, 2018, https://www. teenvogue.com/story/misty-copeland-responds-criticisms-swan-lake-performance.

25. 回顧她在設計學校受到的批評："Jessica Hische," interview by Debbie Millman, Design Matters, 2020, https://www.designmattersmedia.com/podcast/2020/Jessica-Hische.

26. 當批評性回饋讓我們轉向定型心態時：Blackwell, Trzesniewski, and Dweck, "Implicit Theories of Intelligence Predict Achievement Across an Adolescent Transition"; Carol S. Dweck and Ellen L. Leggett, "A Social-Cognitive Approach to Motivation and Personality," Psychological Review 95, no. 2 (1988): 256–73, https://doi.org/10.1037/0033-295X.95.2.256; Nussbaum and Dweck, "Defensiveness Versus Remediation."

27. 全食超市的前執行長：John Mackey, Steve McIntosh, and Carter Phipps, Conscious Leadership: Elevating Humanity Through Business (New York: Portfolio, 2020); "Whole Foods CEO John Mackey on Conscious Capitalism, Leadership and Win-Win-Win Thinking," interview by Matt Bodner, The Science of Success, September 8, 2020, https://www.successpodcast.com/show-notes/2020/9/8/b-whole-foods-ceo-john-mackey-on-conscious-capitalism-leadership-and-win-win-win-thinking.

28. 克勞德·史提爾對這種情況，提供：Claude Steele, interview by Mary Murphy, July 9, 2021; M. C. Murphy, V. J. Taylor, and C. M. Steele, "Stereotype Threat: A Situated Theory of Social Cognition," in Oxford Handbook of Social Cognition, ed.K. Hugenberg, K. Johnson, and D. Carlston (New York: Oxford University Press, new edition forthcoming).

29. 我之前提到喬伊斯·艾林格談到：Ehrlinger et al., "Understanding Overconfidence."

30. 史提爾和同事：Geoffrey G. Cohen, Claude M. Steele, and Lee Ross, "The Mentor's Dilemma: Providing Critical Feedback Across the Racial Divide," Personality and Social Psychology Bulletin 25, no. 10 (October 1999): 1302–18, https:// doi.org/10.1177/0146167299258011.

31. 明智的回饋是一系列：Cohen et al., "The Mentor's Dilemma"; D. S. Yeager, V. Purdie-Vaughns, J. Garcia, N. Apfel, P. Brzustoski, A. Master, W. T. Hessert, M. E. Williams, and G. L. Cohen, "Breaking the Cycle of Mistrust: Wise Interventions

to Provide Critical Feedback Across the Racial Divide," Journal of Experimental Psychology 142, no. 2 (2014): 804–24, https://doi.org/10.1037/a0033906; Joel Brockner and David K. Sherman, "Wise Interventions in Organizations," Research in Organizational Behavior 39 (2019): 100–25, https://doi.org/10.1016/j.riob.2020.100125.

32. 他們不需要面對：Yeager et al., "Breaking the Cycle of Mistrust." 這個研究還有另一個版本，在那個版本裡，老師給學生修改論文的機會。在明智批評那一組裡，71％的黑人學生選擇修改他們的作業（而在標準回饋組裡，只有17％的學生選擇修改作業）。不僅如此，修改後的作品品質也更好。88％的黑人學生的成績在修改後有所提高，而標準組的黑人學生只有34％的成績提高了。此外，明智的干預對黑人學生最有效，因為他們最不太可能同意「我在學校受到老師和其他大人公平對待」的說法。也就是說，當一開始的信任感較低時，明智干預最有效。當老師們澄清他們為什麼會給予批評性回饋，並減輕學生因其種族而擔心受到負面對待時，明智的批評會讓黑人學生覺得大人更值得信任，這種信任讓他們能夠專注於自己的工作，進而提高他們的表現。

33. 記者卡拉・斯威瑟說："Kara Swisher," interview by Carly Zakin and Danielle Weisberg, 9 to 5ish, Apple Podcasts, https://podcasts.apple.com/us/podcast/kara-swisher-host-pivot-sway-podcasts-co-founder-recode/id1345547675?i=1000503251587.

34. 例如在皮克斯動畫公司：Ed Catmull with Amy Wallace, Creativity, Inc.: Overcoming the Unseen Forces that Stand in the Way of True Inspiration (New York: Random House, 2014).

35. 例如，當莎蒂・林肯："Sadie Lincoln Is Rewriting the Fitness Story," interview by Rich Roll.

36. 當Fitbit的詹姆斯・帕克："Fitbit: James Park," interview by Guy Raz, How I Built This, April 27, 2020, https://www.npr.org/2020/04/22/841267648/fitbit-james-park.

37. 就米斯蒂・科普蘭的例子而言："Misty Copeland Responds to 'Swan Lake' Performance Criticism."

38. 我的團隊在2020年進行研究：K. Muenks, E. A. Canning, J. LaCosse, D. J. Green, S. Zirkel, and J. A. Garcia, "Does My Professor Think My Ability Can Change? Students' Perceptions of Their STEM Professors' Mindset Beliefs Predict Their Psychological Vulnerability, Engagement, and Performance in Class," Journal

of Experimental Psychology: General 149, no. 11 (2020): 2119–44, https://doi. org/10.1037/xge0000763; K. M. Kroeper, A. Fried, and M. C. Murphy, "Toward Fostering Growth Mindset Classrooms: Identifying Teaching Behaviors that Signal Instructors' Fixed and Growth Mindset Beliefs to Students," Social Psychology of Education 25 (2022): 371–98, https://doi.org/10.1007/s11218-022-09689-4;K. M. Kroeper, K. Muenks, E. A. Canning, and M. C. Murphy, "An Exploratory Study of the Behaviors that Communicate Perceived Instructor Mindset Beliefs in College STEM Classrooms," Teaching and Teacher Education 114, no. 4 (2022), https://doi. org/10.1016/j.tate.2022.103717.

39. 當我參加美國有色人種教師學院舉辦的「教職員成功計畫」時：Achieve Academic Success and Better Work–Life Balance," https://www.faculty diversity. org/fsp-bootcamp.

第十二章：他人的成功

1. 當我們透過定型心態來看待別人的成就時：L. S. Blackwell, K. H. Trzesniewski, and C. S. Dweck, "Implicit Theories of Intelligence Predict Achievement Across an Adolescent Transition: A Longitudinal Study and an Intervention," Child Development 78, no. 1 (2007): 246–63, http://dx.doi.org/10.1111/j.1467-8624.2007.00995.x; Carol S. Dweck and Ellen L. Leggett, "A Social-Cognitive Approach to Motivation and Personality," Psychological Review 95, no. 2 (1988): 256–73, https://doi.org/10.1037/0033-295X.95.2.256; F. Rhodewalt, "Conceptions of Ability, Achievement Goals, and Individual Differences in Self-Handicapping Behavior: On the Application of Implicit Theories," Journal of Personality 62, no. 1 (1994): 67–85, http://dx.doi.org/10.1111/j.1467-6494.1994.tb00795.x; Carol S. Dweck, "Mindsets and Human Nature: Promoting Change in the Middle East, the Schoolyard, the Racial Divide, and Willpower," American Psychologist 67, no. 8 (2012): 614–22, https://doi.org/10.1037/a0029783.

2. 在《每隔一週的星期四：成功的女科學家故事和策略》書中：Ellen Daniell, Every Other Thursday: Stories and Strategies from Successful Women Scientists (New Haven, CT: Yale University Press, 2008).

3. 無疑是：30 for 30, season 1, episode 15, "Unmatched (Evert & Navratilova)," Disney-ESPN, September 14, 2010, https://www.youtube.com/ watch?v=7eDGNAw97XM&t=62s.

4. 以交手次數來看，弗雷澤：Greg Logan, "Muhammad Ali vs. Joe Frazier: A Brutal Trilogy," Newsday, June 4, 2016, https://www.newsday.com/sports/boxing/muhammad-ali-vs-joe-frazier-a-brutal-trilogy-v59775.

5. 但艾芙特和娜拉提洛娃：30 for 30, "Unmatched (Evert & Navratilova)," Disney-ESPN.

6. 讓人們暱稱：J. A. Allen, "Queens of the Court: Chris Evert, Never Count Out the 'Ice Maiden,' " Sports Then and Now, December 20, 2009, http://sports.thenandnow.com/2009/12/20/queens-of-the-court-chris-evert-never-count-out-the-ice-maiden/.

7. 抗衡艾芙特的情感力量：30 for 30, "Unmatched (Evert & Navratilova)," Disney-ESPN.

8. 我和同事在研究時發現：Mary C. Murphy and Stephanie L. Reeves, "Personal and Organizational Mindsets at Work," Research in Organizational Behavior 39 (2019), https://doi.org/10.1016/j.riob.2020.100121; K. M. Kroeper, A. Fried, and M. C. Murphy, "Toward Fostering Growth Mindset Classrooms: Identifying Teaching Behaviors that Signal Instructors' Fixed and Growth Mindset Beliefs to Students," Social Psychology of Education 25 (2022): 371–98, https://doi.org/10.1007/s11218-022-09689-4; K. M. Kroeper, K. Muenks, E. A. Canning, and M. C. Murphy, "An Exploratory Study of the Behaviors that Communicate Perceived Instructor Mindset Beliefs in College STEM Classrooms," Teaching and Teacher Education 114, no. 4 (2022), https://doi.org/10.1016/j.tate.2022.103717; Melissa A. Fuesting, Amanda B. Diekman, Kathryn L. Boucher, Mary C. Murphy, Dana L. Manson, and Brianne L. Safer, "Growing STEM: Perceived Faculty Mindset as an Indicator of Communal Affordances in STEM," Journal of Personality and Social Psychology 117, no. 2 (2019): 260–81, https://doi.org/10.1037/pspa0000154; K. L. Boucher, M. A. Fuesting, A. Diekman, and M. C. Murphy, "Can I Work With and Help Others in the Field? How Communal Goals Influence Interest and Participation in STEM Fields," Frontiers in Psychology 8 (2017), https://doi.org/10.3389/fpsyg.2017.00901.

9. 當德西蕾‧林登在波士頓街頭參加：Alisa Chang, "Runner Tells Herself 'Just Show Up for One More Mile' —and Wins the Boston Marathon," NPR, April 17, 2018, https://www.npr.org/2018/04/17/603189901/runner-tells-herself-just-show-up-for-one-more-mile-and-wins-the-boston-marathon.

10. 弗拉納根放棄後：Sarah Lorge Butler and Erin Strout, "Behind the Scenes of

424

Desiree Linden's Incredible Boston Marathon Win," Runner's World, May 1, 2018, https://www.runnersworld.com/news/a20087622/behind-the-scenes-of-desiree-lindens-incredible-boston-marathon-win/.

11. 「再跑一英里」： Chang, "Runner Tells Herself 'Just Show Up for One More Mile.' "

12. 林登知道： Lindsay Crouse, "How the 'Shalane Flanagan Effect' Works," New York Times, November 11, 2017, https://www.nytimes.com/2017/11/11/opinion/sunday/shalane-f lanagan-marathon-running.html.

13. 湯瑪斯‧愛迪生可能會： Patrick J. Kiger, "6 Key Inventions by Thomas Edison," History, March 6, 2020, https://www.history.com/news/thomas-edison-inventions.

14. 雖然愛迪生本身是一位知識的巨人： 愛迪生靠幾十個所謂的「雜工」來實現他的想法。他的名聲讓幾十個受過良好教育的年輕人，願意每週工作55個小時或更長，卻只拿到低於標準的工資。雖然有些人認為為愛迪生工作能鼓舞人心，但他也以挑剔和霸道著稱。正如一位雜工所說的，他的老闆會「用尖酸刻薄的諷刺讓一個人喪志，或者把一個人嘲笑到不行。」有人說，除了解決問題的天賦之外，如果愛迪生還有什麼特別的天賦，那可能是他有能耐吸引到一群高度敬業的員工。然而，愛迪生似乎是一位具備霸道魅力的領導者，他在門洛帕克的實驗室裡有很強的天才文化。 "The Gifted Men Who Worked for Edison," National Park Service, accessed May 12, 2023, https://www.nps.gov/edis/learn/kidsyouth/the-gifted-men-who-worked-for-edison.htm.

15. 有趣的是，雖然人們讚美愛迪生： "The Gifted Men Who Worked for Edison," National Park Service.

16. 年輕天才員工時： Tom McNichol, AC/DC: The Savage Tale of the First Standards War (New York: Jossey-Bass, 2013).

17. 「愛迪生最大的弱點」： American Genius, season 1, episode 8, "Edison vs Tesla," National Geographic, June 22, 2015.

18. 西屋電器公司一度： McNichol, AC/DC.

19. 或許沒有其他做法： Steve Bates, "Forced Ranking," HR Magazine, June 1, 2003, https://www.shrm.org/hr-today/news/hr-magazine/pages/0603bates.aspx.

20. 威爾許曾在2018年發表一篇文章： Jack Welch, "Rank-and-Yank? That's Not How It's Done," Strayer University, April 12, 2018, https://jackwelch.strayer.edu/winning/rank-yank-differentiation/.

21. 就像商業記者阿瓦‧馬哈達維所強調的：Arwa Mahdawi, "30 Under 30-Year Sentences: Why So Many of Forbes' Young Heroes Face Jail," Guardian, April 7, 2023, https://www.theguardian.com/business/2023/apr/06/forbes-30-under-30-tech-finance-prison.

22. 批評分級排名：Jack Welch, "Rank-and-Yank? That's Not How It's Done."

23. 它的反義詞：Juli Fraga, "The Opposite of Schadenfreude Is Freudenfreude. Here's How to Cultivate It," New York Times, November 25, 2022, https://www.nytimes.com/2022/11/25/well/mind/schadenfreude-freudenfreude.html.

24. 競爭本身可能："Fun: What the Hell Is It and Why Do We Need It?," interview by Glennon Doyle, We Can Do Hard Things, June 1, 2021, https://mo mastery.com/blog/episode-04/.

25. 富國銀行曾經發生過一起著名的醜聞：Chris Prentice and Pete Schroeder, "Former Wells Fargo Exec Faces Prison, Will Pay $17 Million Fine Over Fake Accounts Scandal," Reuters, March 15, 2023, https://www.reuters.com/legal/former-wells-fargo-executive-pleads-guilty-obstructing-bank-examina-tion-fined-17-2023-03-15/.

26. 為了爭奪有限的職位彼此激烈競爭：Margaret Heffernan, A Bigger Prize: How We Can Do Better than the Competition (Philadelphia: Public Affairs, 2014); Sarah Childress and Gretchen Gavett, "The News Corp. Phone-Hacking Scandal: A Cheat Sheet," Frontline, July 24, 2012, https://www.pbs.org/wgbh/frontline/arti cle/the-news-corp-phone-hacking-scandal-a-cheat-sheet/.

27. 根據前董事總經理：Jamie Fiore Higgins, Bully Market: My Story of Money and Misogyny at Goldman Sachs (New York: Simon & Schuster, 2022).

28. 「這是一個……十年……。」：Kurt Eichenwald, "Microsoft's Lost Decade," Vanity Fair, July 24, 2012, https://www.vanityfair.com/news/business/2012/08/microsoft-lost-mojo-steve-ballmer.

29. 描述他剛接掌公司時微軟的情況：Satya Nadella, Hit Refresh: The Quest to Rediscover Microsoft's Soul and Imagine a Better Future for Everyone (New York: Harper Business, 2017).

30. 艾肯沃德寫道："Supposing Microsoft"：Eichenwald, "Microsoft's Lost Decade."

31. 受害者之一：Peter Cohan, "Why Stacked Ranking Worked Better at GE than Microsoft," Forbes, July 13, 2012, https://www.forbes.com/sites/pe

tercohan/2012/07/13/why-stack-ranking-worked-better-at-ge-than-microsoft/?sh=62c989d23236.

32. 誠如……所強調：Margaret Heffernan, "Forget the Pecking Order at Work," TEDWomen 2015, May 2015, https://www.ted.com/talks/marga ret_heffernan_forget_the_pecking_order_at_work.

33. 多年前，微軟："The Moment of Lift with Melinda French Gates," interview by Brené Brown, Unlocking Us, January 20, 2021, https://brenebrown.com/podcast/brene-with-david-eagleman-on-the-inside-story-of-the-ever-changing-brain/https://brenebrown.com/podcast/brene-with-melinda-gates-on-the-moment-of-lift/.

34. 在TED演講：Frances Frei, "How to Build (and Rebuild) Trust," TED2018, April 2018, https://www.ted.com/talks/frances_frei_how_to_build_and_rebuild_trust#t-848544.

35. 不久之後："The Moment of Lift with Melinda French Gates," interview by Brené Brown.

36. 我們在數十項研究裡發現：Mary C. Murphy and Carol S. Dweck, "A Culture of Genius: How an Organization's Lay Theory Shapes People's Cognition, Affect, and Behavior," Personality and Social Psychology Bulletin 36, no. 3 (October 2009): 283–96, https://doi.org/10.1177/0146167209347380; Elizabeth A. Canning, Katherine Muenks, Dorainne J. Green, and Mary C. Murphy, "STEM Faculty Who Believe Ability Is Fixed Have Larger Racial Achievement Gaps and Inspire Less Student Motivation in Their Classes," Science Advances 5, no. 2 (February 15, 2019), https://doi.org/10.1126/sciadv.aau4734; K. Muenks, E. A. Canning, J. LaCosse,D. J. Green, S. Zirkel, and J. A. Garcia, "Does My Professor Think My Ability Can Change? Students' Perceptions of Their STEM Professors' Mindset Beliefs Predict Their Psychological Vulnerability, Engagement, and Performance in Class," Journal of Experimental Psychology: General 149, no. 11 (2020): 2119–44, https:// doi.org/10.1037/xge0000763; Elizabeth A. Canning, Mary C. Murphy, Katherine T. U. Emerson, Jennifer A. Chatman, Carol S. Dweck, and Laura J. Kray, "Cultures of Genius at Work: Organizational Mindsets Predict Cultural Norms, Trust, and Commitment," Personality and Social Psychology Bulletin 46, no. 4 (2020): 626–42; L. Bian, S. Leslie, M. C. Murphy, and A. Cimpian, "Messages about Brilliance Undermine Women's Interest in Educational and Professional Opportunities," Journal of Experimental Social Psychology 76 (May 2018): 404–20,

https:// doi.org/10.1016/j.jesp.2017.11.006; Fuesting et al., "Growing STEM: Perceived Faculty Mindset as an Indicator"; Elizabeth A. Canning, Elise Ozier, Heidi E. Williams, Rashed AlRasheed, and Mary C. Murphy, "Professors Who Signal a Fixed Mindset about Ability Undermine Women's Performance in STEM," Social Psychological and Personality Science 13, no. 5 (2022): 927–37, https://doi.org/10.1177/19485506211030398; J. LaCosse, M. C. Murphy, J. A. Garcia, and S. Zirkel, "The Role of STEM Professors' Mindset Beliefs on Students' Anticipated Psychological Experiences and Course Interest," Journal of Educational Psychology 113 (2021): 949–71, https://doi.org/10.1037/edu0000620.

37. 麻省理工學院有一組研究人員：Anita Williams Woolley, Christopher F. Chabris, Alex Pentland, Nada Hashmi, and Thomas W. Malone, "Evidence for a Collective Intelligence Factor in the Performance of Human Groups," Science 330, no. 6004 (September 30, 2010): 686–88, https://doi.org/10.1126/science.1193147.

38. 像皮克斯這樣的成長文化當中：Catmull with Wallace, Creativity, Inc.

39. 性別與領導力研究員：Linda L. Carli and Alice H. Eagly, "Gender and Leadership," in The SAGE Handbook of Leadership, ed.Alan Bryman, David L. Collinson, Keith Grint, Brad Jackson, and Mary Uhl-Bien (New York: SAGE Publications, 2011), 103–17.

40. 根據行為和數據科學家：Paola Cecchi-Dimeglio, "How Gender Bias Corrupts Performance Reviews, and What to Do About It," Harvard Business Review, April 12, 2017, https://hbr.org/2017/04/how-gender-bias-corrupts-performance-reviews-and-what-to-do-about-it.

41. 優步的文化曝光後：Jeff Miller, "Bozoma Saint John Explains Why She Left Uber," Yahoo! Entertainment, March 13, 2019, https://www.yahoo.com/en tertainment/endeavor-bozoma-saint-john-leaving-210150391.html.

42. 卡蘿・杜維克和我在研究裡發現：Murphy and Dweck, "A Culture of Genius"; Kroeper et al., "Toward Fostering Growth Mindset Classrooms"; Kroeper et al., "An Exploratory Study of the Behaviors"; Bian et al., "Messages about Brilliance"; Murphy and Reeves, "Personal and Organizational Mindsets at Work."

43. 我的團隊分析顯示：Fuesting et al., "Growing STEM: Perceived Faculty Mindset as an Indicator"; LaCosse et al., "The Role of STEM Professors' Mindset Beliefs"; Muenks et al., "Does My Professor Think My Ability Can Change?"; Bian et al., "Messages about Brilliance."

44. 成長文化的策略：Fuesting et al., "Growing STEM: Perceived Faculty Mindset as an Indicator"; Boucher et al., "Can I Work With and Help Others"; Murphy and Reeves, "Personal and Organizational Mindsets at Work."

45. 當皮耶‧強森：Rochelle Riley, "Trio's Boys-to-Men Journey Leads to Successful Careers as Doctors," Detroit Free Press, December 16, 2018, https:// www. freep.com/story/news/columnists/rochelle-riley/2018/12/16/riley-doctors-over-come-odds/2324825002/.

46. 根據美國醫學院協會的數據："Diversity in Medicine: Facts and Figures 2019," Association of American Medical Colleges, accessed May 12, 2023, https://www. aamc.org/data-reports/workforce/data/figure-18-per centage-all-active-physicians-race/ethnicity-2018.

47. 誠如他所說：Riley, "Trio's Boys-to-Men Journey Leads to Successful Careers as Doctors."

48. 競爭會破壞心理安全感：Amy Edmonson, The Fearless Organization: Creating Psychological Safety in the Workplace for Learning, Innovation, and Growth (New York: Wiley, 2018).

49. 這種壓力讓許多補習班應運而生：Heffernan, A Bigger Prize.

50. 到了大學階段，社會比較：康乃爾大學的學生可能還面臨額外的證明與表現壓力。康乃爾大學當然是一間頂尖學校，但在某些領域裡，人們認為該校是頂尖學校裡排名墊底的學校，是常春藤學校裡最不常春藤的學校，甚至有人說它是「假常春藤」。人們通常會用各種原因來佐證這個說法，從該校的錄取率較高，有很多大學生能夠獲得錄取，到它與其他常春藤盟校相比起來校齡比較年輕等等。此外，有一些表現較好的學生會申請哈佛或耶魯大學，而他們申請康乃爾大學是把它當成備胎。因此，雖然對許多人來說，認為錄取康乃爾大學不是什麼重大的成就是很荒謬的看法，但實際上有些學生認為那是失敗。

51. 康乃爾大學發起一項大規模的活動：康乃爾大學擁有世界上最好的一個健康傳播系，該校致力於讓該系努力改善全校的心理健康。除了增加健康諮商與心理服務小組的員工人數之外，還為這個計畫籌措250萬美元的資金。

52. 根據美國全國精神疾病聯盟的數據顯示：Nemanja Petkovic, "Top 25 Mental Health Statistics," Health Careers, May 12, 2020, https://healthca reers.co/college-student-mental-health-statistics/.

53. 根據路透社報導：同上。

54. 全球有一半以上的人口：" Average Daily Time Spent on Social Media," Broadband Search, accessed May 12, 2023, https://www.broadbandsearch.net/blog/average-daily-time-on-social-media.

55. 正如紀錄片《智能社會：進退兩難》：The Social Dilemma, directed by Jeff Orlowski-Yang, Exposure Labs/Argent Pictures/The Space Program, 2020.

56. 研究顯示，雖然從理論上來說：Judith B. White, Ellen J. Langer, Leeat Yariv, and John C. Welch IV, "Frequent Social Comparisons and Destructive Emotions and Behaviors: The Dark Side of Social Comparison," Journal of Adult Development 13, no. 1 (2006): 36–44, https://doi.org/10.1007/s10804-006-9005-0. 在同一篇論文裡，有一項研究顯示，經常進行社會比較的警察也會出現更多群體內的偏見，對工作的滿意度更低。

57. 就像我的團隊對教授心態的研究顯示：Fuesting et al., "Growing STEM: Perceived Faculty Mindset as an Indicator"; Canning et al., "STEM Faculty Who Believe Ability Is Fixed"; Muenks et al., "Does My Professor Think My Ability Can Change?"; David S. Yeager, Jamie M. Carroll, Jenny Buontempo, Andrei Cimpian, Spencer Woody, Robert Crosnoe, Chandra Muller, Jared Murray, Pratik Mhatre, Nicole Kersting, Christopher Hulleman, Molly Kudym, Mary Murphy, Angela Lee Duckworth, Gregory M. Walton, and Carol S. Dweck, "Teacher Mindsets Help Explain Where a Growth-Mindset Intervention Does and Doesn't Work," Psychological Science 33, no. 1 (2022): 18–32, https://doi.org/10.1177/09567976211028984; Canning et al., "Professors Who Signal a Fixed Mindset"; Bian et al., "Messages about Brilliance"; K. Boucher, M. C. Murphy, D. Bartel, J. Smail, C. Logel, and J. Danek, "Centering the Student Experience: What Faculty and Institutions Can Do to Advance Equity," Change: The Magazine of Higher Learning 53 (2021): 42–50, https://doi.org/10.1080/00091383.2021.1987804; LaCosse et al., "The Role of STEM Professors' Mindset Beliefs"; Mary Murphy, Stephanie Fryberg, Laura Brady, Elizabeth Canning, and Cameron Hecht, "Global Mindset Initiative Paper 1: Growth Mindset Cultures and Teacher Practices," Growth Mindset Cultures and Practices (August 27, 2021), http://dx.doi.org/10.2139/ssrn.3911594.

58. 在傳記片《帕爾曼的音樂遍歷》：Itzhak, directed by Alison Chernick, American Masters Pictures, 2018.

59. 他和妻子托比一起經營「帕爾曼音樂計畫」："Toby's Dream," Perlman Music

Program, accessed May 12, 2023, https://www.perlmanmusicprogram.org/about-pmp.

60. 伊扎克的父母經常拿他和其他年輕音樂家比較 ："Itzhak Perlman Teaches Violin," MasterClass, https://www.masterclass.com/classes/itzhak-perlman-teaches-violin.

61. 社會心理生理學家吉姆·布拉斯科維奇：Jim Blascovich and Wendy Berry Mendes, "Challenge and Threat Appraisals: The Role of Affective Cues," in Feeling and Thinking: The Role of Affect in Social Cognition, ed.Joseph P. Forgas (Cambridge: Cambridge University Press, 1999), 59–81, https://books.google.com/bo oks?hl=en&lr=&id=PSiU9wsJ13QC&oi=fnd&pg=PA59&dq=challenge+and+threat+appraisals&ots=ekJs1IuyUL&sig=RUndk RkiwgeTyewnTWpl1hL7D DI#v=onepage&q=challenge%20and%20threat%20appraisals&f=false. 在他們的研究裡，布拉斯科維奇和曼德斯透過一種叫做特里爾社會壓力測試（Trier Social Stress Test, TSST）的典型壓力情境，讓參與者進入挑戰或威脅狀態。特里爾社會壓力測試會要求參與者準備和發表演講，並在會評價他們的觀眾面前，口頭回答很有挑戰性的數學問題。這可一點都不好玩！但首先，布拉斯科維奇和曼德斯讓參與者先聽一段錄音說明。在挑戰狀態裡，錄音帶會鼓勵參與者「盡一切所能，把任務想像成一個需要完成和克服的任務」；在威脅狀態下，錄音帶會告訴參與者一定要完成這個任務，而且會有人評估他們的表現。然後，研究人員給他們一系列的數學問題，並監測參與者的心跳和血壓。當他們做數學題目時，兩組參與者的心跳都會增加，他們主要的差異在於身體如何動員血液流動。處在挑戰狀態的人，他們全身的血液流動方式類似做有氧運動時心血管的表現。這種反應表示身體「有效的調用能量來處理」有壓力的情境。但是當人們處在威脅狀態時，情況正好相反：身體引導血液離開四肢，流向身體的中心。他們發現，我們的身體面對挑戰和威脅的生理反應，本質上是「努力表現」和「努力求生」的差異。但受影響的不只有生理反應，挑戰和威脅實際上還影響人們的認知能力。在表現方面，受到威脅的那一組學生，完成的問題數比較少，而且在他們完成的問題裡，答對的題目也比較少。當我們處在成長心態時，當我們必須面對挑戰和壓力時，我們會認知到自己具備的策略和資源，並且將它們組織起來以滿足情況的需求。但當我們處在定型心態時，我們更有可能進入威脅狀態－－這最後會破壞我們的身體健康和認知表現。另外還有一點要說明的是，布拉斯科維奇和曼德斯說，我們是否意識到評估與否，並不會對結果產生實質影響。

62. 研究員艾倫‧丹尼爾：Daniell, Every Other Thursday.

63. 丹尼爾並沒有神奇的感覺良好：社交泡泡與他人的成功相關的另一個好處，是我們可以表現出脆弱，並敞開心扉，談談我們一直在和誰比較，以及他們的成功如何影響我們。

64. 波澤瑪‧聖約翰說服：Miller, "Bozoma Saint John Explains Why She Left Uber."

65. 在社會心理學中，這種歸因偏誤：Kendra Cherry, "Actor–Observer Bias in Social Psychology," Verywell Mind, April 1, 2022, https://www.verywell mind.com/what-is-the-actor-observer-bias-2794813.

66. Atlassian公司推出分享企業故事：Teamistry, Atlassian, accessed May 12, 2023, https://www.atlassian.com/blog/podcast/teamistry/season/season-1.

67. 伊扎克經常問學生："Itzhak Perlman Teaches Violin," MasterClass.

68. 誠如西蒙‧西奈克所說："How Having the Right Kind of Rival Can Help You Thrive in a Changing World," TED, October 15, 2019, https://ideas.ted.com/how-having-the-right-kind-of-rival-can-help-you-thrive-in-a-changing-world/.

69. 女性因為承受了社會壓力，特別：Daniell, Every Other Thursday.

結論

1. 1950年代：Humberto R. Maturana and Francisco J. Varela, The Tree of Knowledge: The Biological Roots of Human Understanding (Boulder, CO: Shambhala, 1992); S. Hirata, K. Watanabe, and M. Kawai. " 'Sweet-Potato Washing' Revisited," in Primate Origins of Human Behavior, ed T. Matsuzawa (New York: SpringerVerlag, 2001); Tetsuro Matsuzawa, "Sweet Potato Washing Revisited: 50th Anniversary of the Primates Article," Primates 56 (2015): 285–87, https://doi.org/10.1007/s10329-015-0492-0

財經企管 BCB843

心態致勝領導學

Cultures of Growth : How the New Science of Mindset Can Transform Individuals, Teams, and Organizations

作者——瑪麗・墨菲 Mary C. Murphy
譯者——周霈英

總編輯——吳佩穎
財經館副總監——蘇鵬元
責任編輯——黃雅蘭
內頁設計——陳玉齡
封面設計——郭志龍

出版者——遠見天下文化出版股份有限公司
創辦人——高希均、王力行
遠見・天下文化 事業群榮譽董事長——高希均
遠見・天下文化 事業群董事長——王力行
天下文化社長——王力行
國際事務開發部兼版權中心總監——潘欣
法律顧問——理律法律事務所陳長文律師
著作權顧問——魏啟翔律師
社址——台北市 104 松江路 93 巷 1 號
讀者服務專線—— 02-2662-0012 ｜ 傳真 02-2662-0007；02-2662-0009
電子郵件信箱—— cwpc@cwgv.com.tw
直接郵撥帳號—— 1326703-6 號 遠見天下文化出版股份有限公司

電腦排版——陳玉齡
製 版 廠——東豪印刷事業有限公司
印 刷 廠——祥峰造像股份有限公司
裝 訂 廠——聿成裝訂股份有限公司
登 記 證——局版台業字第 2517 號
總 經 銷——大和書報圖書股份有限公司 電話／02-8990-2588
出版日期——2024 年 06 月 28 日第一版第一次印行

國家圖書館出版品預行編目(CIP)資料

心態致勝領導學：最新組織心理學,培養成功的成長心態 / 瑪麗.墨菲(Mary C. Murphy)作；周霈英譯. -- 第一版. -- 臺北市：遠見天下文化出版股份有限公司, 2024.06

432面；14.8 X 21 公分. -- (財經企管；BCB843)

譯自：Cultures of growth : how the new science of mindset can transform individuals, teams, and organizations.

ISBN 978-626-355-825-0(平裝)

1.CST: 組織文化 2.CST: 組織行為 3.CST: 組織心理學

494.2014   113008611

定 價 —— 500 元
I S B N —— 9786263558250
EISBN —— 9786263558229（EPUB）；9786263558212（PDF）
書 號 —— BCB843
天下文化官網 —— bookzone.cwgv.com.tw